ISIS文库
科学政治学系列

当代生命科学中的政治纠缠

以黄禹锡被打压事件为中心

方益昉 著

上海交通大学出版社
SHANGHAI JIAO TONG UNIVERSITY PRESS

内容提要

本书以2005年韩国黄禹锡干细胞事件为主轴，辅以历史与当下生命科学技术案例，展开比较研究和平行分析。以“现代生命科技发展依托政治平衡艺术”为学术假设，重点讨论“生命话语与科技畸化”，分析导致其发生与发展，从而影响生命话语的权重因子。将东西方学术共同体有关于细胞克隆的学术纷争置于放大镜下，探索其中的科学政治交锋，主旨并非翻案，而在于建立将生命科学的宏观视角，逐步从传统的技术层面拓展到政治层面进行单元因子解析与多元因子复合，最终达到综合因素回归分析的定量或者半定量水平。2014年，*Nature* 杂志发表《克隆再来》（*Cloning Comeback*）文章，重点分析10年前的黄禹锡事件，其结论与本书数年前获得的结论不谋而合。

图书在版编目（CIP）数据

当代生命科学中的政治纠缠：以黄禹锡被打压事件为中心/
方益昉著. —上海：上海交通大学出版社，2017
（ISIS文库）
ISBN 978-7-313-16086-7

Ⅰ. ①当… Ⅱ. ①方… Ⅲ. ①生命科学—科学社会学—
研究 Ⅳ. ①Q1-0

中国版本图书馆CIP数据核字（2016）第260419号

当代生命科学中的政治纠缠
——以黄禹锡被打压事件为中心

著　　者：方益昉
出版发行：上海交通大学出版社　　地　　址：上海市番禺路951号
邮政编码：200030　　电　　话：021-64071208
出 版 人：郑益慧
印　　制：浙江云广印业股份有限公司　　经　　销：全国新华书店
开　　本：710mm×955mm　1/16　　印　　张：15.5
字　　数：212千字
版　　次：2017年6月第1版　　印　　次：2017年6月第1次印刷
书　　号：ISBN 978-7-313-16086-7/Q
定　　价：68.00元

总　序

江晓原

ISIS 文库是上海交通大学出版社依托本校科学史与科学文化研究院的科研优势和文化资源，重点打造的科学文化类图书品牌。收入文库的图书，以引进翻译为主，兼采原创作品，力求同时满足如下三大原则：

一、与科学技术相关；

二、有较高的思想价值；

三、有趣。

ISIS 是古埃及神话中的丰饶女神，水与风的女神，她被视为女性和忠贞的象征，又是航海女神，还是死者的女庇护神。其形象为女性王者。科学史之父者乔治·萨顿博士把他创办的科学史专业期刊命名为 *ISIS*，寓意深远。

ISIS 文库目前下设“科学政治学”、“科幻研究”、“兵器文化”、“科学与时尚”四个开放系列。

类似文库国内出版社已有尝试，最著名者如上海科技教育出版社的“哲人石”丛书、湖南科学技术出版社的“第一推动”丛书等，珠玉在前，值得重视。但 *ISIS* 文库与这些丛书的最大区别，或许在对待科学技术的态度。如果说前者看待科学技术的眼光有时仍然不免有所仰视的话，那么 *ISIS* 文库决心平视科学技术——甚至可以俯视。

科学有过她的纯真年代，那时她还没有和商业资本结合在一起，那样的科学，可以是传说中牛顿的苹果树，甚至也可以是爱因斯坦年轻时的“奥林匹亚学院”。但是曾几何时，科学技术与商业资本密切结合在一起了。这种结合是我们自己促成的，因为我们向科学技术要生产力，要经济效益。不错，科学技术真的给了我们经济效益，给了我们物质享受。但是，这样的科学技术就已经不再是昔日的纯真少女了。

与商业资本密切结合在一起的科学技术，就像一位工于心计的交际花。她艳光四射，颠倒众生，同时却很清楚自己要谋求的是什么。而且她还非常聪明地利用了这样一种情况：那些围绕在她石榴裙下的倾慕者们，许多人对她的印象还停留在昔日纯真少女的倩影中，他们是真心热爱着她，崇拜着她，对她有求必应，还自愿充当护花使者……

今天的科学技术，又像一列欲望号特快列车，这列车有着极强的加速机制——这种机制曾经是我们热烈讴歌的，它正风驰电掣越开越快，但是却没有刹车装置！

车上的乘客们，没人知道是谁在驾驶列车——莫非已经启用了自动驾驶程序？

而且，没人能够告诉我们，这列欲望号特快列车正在驶向何方！

最要命的是，现在我们大家都在这列列车上，却没有任何人能够下车了！

有鉴于此，*ISIS* 文库将秉持文化多元，思想开放之原则，力争为读者提供优秀读物。

“科学政治学”系列，主要关心科学技术与政治的关系及互动，也包括科学技术运作中本身所表现出来的政治。

“科幻研究”系列，主要关注科幻作品的思想性——对科学负面价值的思考、对技术滥用的警示、科学技术对人性及伦理的挑战等。这个系列以研究论著为主，也会适当包括某些科幻作品的重要选本。

“兵器文化”系列，关注现代武器发展中与文化的联系及相互影响。

“科学与时尚”系列，关注科学在电影、杂志等时尚文化产品中的形象、科学与时尚文化产品之间的相互作用等。

如果你还是那位交际花石榴裙下的倾慕者，希望文库能让你知道她的前世今生。

如果我们已经置身于那一列无法下车的疯狂快车上，希望文库至少能有助于我们认清自身的处境。

2013 年 7 月 18 日

于上海交通大学科学史与科学文化研究院

目 录 | CONTENTS

序 | FOREWORD

江晓原

十年前，上海交通大学的林志新院长带着方益昉到我在浩然高科技大厦的办公室来，林院长介绍说小方是美籍华人，想以留学生的身份跟我念科学技术史专业的博士。小方原是上海第一医学院毕业的，出国前在上海交通大学生物技术研究所任职，所以说起来也可以算是我们交大的旧人了。他在美国获得医学博士认定，曾在著名的西奈山医院工作，后来又下海经商，此时已是往来于纽约上海之间的相当成功的海归商人了。

当时我一听这些情况，就以为这是一个商人的异想天开——都已经有美国的医学博士学位了，又想再念一个中国的冷僻专业的博士学位“玩玩”。就带着一点吓唬他的意思，向他严肃陈述了上海交通大学关于留学生攻读博士学位的有关规定：除了可以免修政治课和公共英语课外，必须和国内同学一样修读课程修满学分，必须和国内同学一样撰写博士学位论文，必须和国内同学一样等候博士学位论文通过两份盲审和一份明审，必须和国内同学一样发表足够的CSSCI论文之后才有资格举行论文答辩……

不过这些陈述似乎没有吓住小方，他很淡定地表示：没有问题，会遵守学校的一切规定认真攻读。我想他既然如此“不知死活”要来“玩票”，那就让他“玩玩”看吧。反正到时候他要是毕不了业，也照旧衣食无忧，连就业压力也不会有。

于是小方进入上海交通大学科学史系，在我指导下开始攻读博士学位。他在同学中年龄已经偏大，所以自嘲为“老童生”。几年下来，他学习认真，成绩优秀，甚至获颁高额奖学金。考虑到他已经是一个成功的商人，我笑称有关部门给他这份奖学金简直是“损不足以奉有余”。当然，这对他是有精神意义的。

小方第一次展示他“孺子可教”的潜质，是入学两年后在《上海交通大学学报》上发表的《通天免酒祭神忙——〈夏小正〉思想年代新探》一文。他的英文当然没问题，他在美国甚至办着一个英文刊物，但这篇论文显示他古汉语的造诣也完全够格，这在如今的博士生中已经不多见了。但更重要的是，他在这篇论文中显示出了某种能够别出心裁的素质——他注意到在《夏小正》中没有出现过“酒”这个字。这一点以前从未见有人注意，而小方却在这一点上发现了重要信息。

这篇文章让我确信小方是有学术潜力的。再往后我又发现，小方这种在外人看来“玩票”性质的攻读，也有意想不到的好处：因为他不再需要稻粮谋，追求起学问来倒是有可能更为纯真，这就为我们两人在“科学政治学”方面的研究开启了合作之门。

我所说的“科学政治学”可以有两层含义，既包括科学与一般意义上的政治之间的互动关系，也包括在科学运作中所呈现出来的政治色彩。

第一层含义指科学与政治之间发生的关系。比如，国内“转基因主粮争议”中，力推转基因主粮的群体，企图影响国家官员、国家政策；又比如“黄禹锡事件”中，韩国政府先是将黄禹锡奉为民族英雄，但一见到西方对他的“造假”指控，就撤销了他的一切职务。这就是平常我们所说的政治对科学的影响。

第二层含义是指科学在自身运作过程中所呈现出的“政治”，类似于我们平常说的“办公室政治”中的“政治”，科学群体也会勾心斗角，这种勾心斗角本身就是政治。

在黄禹锡事件中，这两种情形交织在一起。黄禹锡事件既有政治对科学的影响，也有科学群体内部的“政治”，比如夏腾从黄禹锡的合作者变成了指控者。2005年秋后，短短几十天的时间，韩国细胞分子生物学专家黄禹锡，从韩国民族英雄、最高科学家的耀眼光芒中跌落，被他原来的合作者指控，随后陷入“造假风波”。

方益昉选择这一事件为中心撰写他的博士学位论文，是有相当难度的。写作的动机主要不是为黄禹锡鸣冤（尽管客观上会有这样的效果），而是提供一个学理上的研究。

以前灌输给公众的科学形象，通常都将科学和科学家描绘成纯洁的样子，为科学献身的例子比比皆是。但在这个事件上，我们看到的不是这样，不少科学家在名利上勾心斗角，而且不惜指控昔日同行。虽然最后这个指控没有得到法律的支持，但“造假”指控过后，黄禹锡当年快要得到的科学成果已经落入别人囊中。

黄禹锡是一个很特别的科学家，是彻头彻尾的“韩国制造”——无外国学位，无留学背景，他对主导当今科学的所谓“西方范式”也许不屑一顾，结果眼看他要把桃子摘到手的时候，西方同行用“造假”来指控他，最后把黄禹锡本来应该能摘到的桃子摘走了。科学共同体内部能发生这样的事情，与我们以前被灌输的科学形象大相径庭，这是因为科学已经告别了纯真年代。

多年来，和不少学界中人一样，我在尽本单位学术义务的同时，经营一点自己感兴趣的学术领域。我有几块“学术自留地”，各有小小的合作团队，成员主要来自我已经毕业的博士，他们毕业后乐意继续和我合作，进行我们共同感兴趣的研究。

一块是“对科幻的科学史研究”，合作拍档是穆蕴秋博士，我们主要是将以往从未进入科学史研究视野的科幻活动和作品，纳入科学史研究领域，成果中除了发表的一系列学术论文之外，已有一些著作问世，比如《新科学史：科幻研究》《地外文明探索研究》《江晓原科幻电影指南》等。从这一块延伸出去，我们近几年又展开了对“影响因子”的科学社会学研究，系列成果也正在次第面世。

另一块就是一开始和小方合作的“科学政治学”，我们既联名发表长篇论文，也合作出版著作，比如我们在商务印书馆联名出版的文集《科学中的政治》。现在小方的博士论文经过修订和充实，成为内容新锐的学术专著，是这方面最新的成果。

经营学术新领域，通常都是有风险的。常见的风险之一，是不容易被学术界认可。但既然只是“自留地”，主要动力来自个人兴趣，也就大可“只问耕耘不问收获”，不必那么在意学界的认可了。

记得我和方益昉联合署名的长篇论文《当代东西方科学技术交流中的权益利害与话语争夺——黄禹锡事件的后续发展与定性研究》写成后，北京某学术杂志审稿一年之久，仍然迁延不发，据说就是担心“为黄禹锡鸣冤”会成为错误甚至罪状。那时在前一阶段国内媒体不明真相跟风报导落井下石的影响下，黄禹锡还被“钉在学术的耻辱柱上”（有不少学者至今还这样认为）。后来我失去耐心，通知该杂志撤稿，转投《上海交通大学学报》，承学报青眼，立即刊登，而且很快被《新华文摘》全文转载，封面列目。随后“黄禹锡事件”的一系列后续发展使情况日渐明朗，完全证实了我们论文中的判断。这件事使我和小方都颇受鼓舞，本来我们是“只问耕耘不问收获”的，但只要真是有价值的研究，即使是在新领域中所出，得到学界有识之士的认可也未必那么难。

我本人对于象牙之塔中的学术生涯，原是一向安之若素的，没想到近年来，在上面这些小自留地中，从科学史的研究出发，不经意间，居然介入了好几起当下社会生活中的科学争议，还真有些出乎意料。但这又何尝不可以归因于这些小自留地选择得当，以及和我合作的学术新秀们活力充沛呢！

2016年12月12日

于上海交通大学科学史与科学文化研究院

第 1 章

科学政治框架下的黄禹锡事件研究方法与学术背景

在科学政治理论框架下，研究生命技术领域中的新进展，当下正逢其时。2014 年 1 月 23 日，英国《自然》发表大卫·科伦斯基（David Cyranosky）的《克隆再来》（*Cloning Comeback*），重点分析了 10 年前的黄禹锡事件，对这件科学史上的大事件做了相对客观的总结，其结论与我和江晓原数年前的研究报告不谋而合[①]。“黄禹锡归来”是其科学历程的理性回归，遭遇大起大落，终获学界认同。为此，我提出科学“纯真年代”已经结束，并得到同行接受。

同样是 2014 年 1 月，学术圈内另一起干细胞克隆轰动事件有关日本理化研究所发育生物学中心小保方晴子（Obokata Haruko）。她声称，调整培养基酸碱度即可促使体细胞逆生长，转化成干细胞。整个 2014 年期间，西方学界反复质疑小保方晴子的实验无法复制，理化研究所副所长兼小保方晴子导师笹井芳树（Yoshiki Sasai）认为“有耻”而悬梁自尽。这位曾经誉满学界的发育生物学家对学生的最后寄语是，“一定要将实验重复出来啊”。21 世纪远东学界居然仍然遗存以死自证清白的志士，倒是让西方学术共同体始料不及。这位同龄学者的科学敬畏和献身行为令我肃然起敬。相隔了一泓海峡，此岸的学人又继承了多少道义精神？

2014 年，中国克隆生物学界的大事是与笹井芳树同龄的北京农业大学动物克隆专家李宁院士涉嫌贪污几千万元科研经费，为自

---

① 方益昉，江晓原. 当代东西方科学技术交流中的权益利害与话语争夺——黄禹锡事件的后续发展与定性研究. 上海交通大学学报（哲学社会科学版）[J]. 2011，19（2）.《新华文摘》2011 年第 13 期作为封面文章全文转载。

家公司牟利。基于这条诚信丑闻，即使中国农业板块的大腕们频许转基因学术宏愿，却至今难觅世界学术共同体对其研究成果的认可，便不难理解了。或许，就此把中国学界视作钱包富裕而敬畏贫瘠的学术江湖是夸张了，但一些国产院士不时暴露的低级趣味污染了学术空间，这确是事实。

这些年，我致力于将东西方两大学术共同体的干细胞克隆学术纷争置于放大镜下研究分析，并探索其中的科学政治交锋，这样的问学身段显得既入世又超脱。有意选择境外事件作为启动窗口，切入一条讨巧的学术路径，“他山之石，可以攻玉”，结果证明学路顺畅。稍有积累之后，我又开始调整视角，聚焦身边发生的有关转基因主粮克隆的技术细节、争议事件和产业动向，政治的诡异面目正如预计的那样，隐藏在科学的背后闪烁博弈，问学之路开始变得纠结。再看那些邻国风波，我们似乎置身事外，其实相互关联，难以无动于衷。在这样的工作背景下，重新修订本人始于2005年的黄禹锡事件跟踪研究，并有幸作为上海交通大学出版社 *ISIS* 文库“科学政治学”系列的专著修订出版，现实意义明确。

1.1　课题缘起与案例选择

在当下追求平稳的学术生态中，将论文的讨论重点落实在“生命话语与科技畸化”这个主题，设立“现代生命科技发展依托政治平衡艺术”的学术假设，这是相当冒险的。作者试图探索将生命科学的宏观视角，逐步从传统的技术层面拓展到政治层面，进行单元因子解析，多元因子复合，最终上升到综合因素回归分析的定量或者半定量水平。为此，我慎重选择了发生在邻邦韩国的黄禹锡干细胞克隆事件，作为贯穿研究课题的轴心案例，分析讨论导致其发生与发展的技术、文化、社会和其他政治特征，并采用具备类似特征的其他生命科学相关案例进行比较和分析。最终，推论可能影响生命话语的政治决策和权重因子。

事实上，上述研究路径本身已经是平衡与妥协的综合结果，政治平衡的艺术特质首先在本案的研究过程中得到印证。“他山之石，可以攻玉”这句老话，在这里再次奏效。本文对发生在邻国的案例进行深入细致的政治解剖，并非因我国缺乏类似的学术案例，而是考虑到以海外临近文化圈中的科学政治学案例作为研究的轴心，起码可以避免国内的政治联想和对号入座，避免受到本国利益集团和政治语境的羁绊，抑制自身过敏反应，减少政治伤害；从而有利于研究者全身心地在一个公正、透明和超脱的开放环境中，在没有外界干扰的研究氛围中，有序开展统计、分析、假设、建构与推理步骤，将学术研究轨迹纳入符合现代科学规范的认知途径。

选择发生在隔水相望的韩国的黄禹锡事件作为生命科学技术领域内轴心研究案例的另外一项主要考虑，是基于本人20年生物医学技术的训练特长，在广泛的案例中可深入理解和类比各种科研细节，使得技术史的细节揭示可以从专业精准的角度，达到规范的生命科学技术史研究的学术层面。

1.2　立论假设与研究方法

研究发现，从科学史和科学哲学的专业视角重新考察黄禹锡事件，该案的讨论空间和涉及因素相当多元化，是综合进行科学实证主义和科学建构主义理论分析的难得学术研究样本。简而言之，黄禹锡恰恰被资本和政治相中，又被无限放大到了大众传媒的视角之中，涉及生物医学技术细节，关联了背景各异的科学精英，透视出相似的历史案例。因此，研究者从理论的角度深入探究此案，首先需要超越黄禹锡“作假与否”的大众化认知水准。30年前，科学建构主义理论体系开诚布公地宣称：前沿科学知识是人工制造（manufacture）、构造（construction）、编造（making）、捏造（fabrication）的结果[①]。好在我们所处的社会舆论尚未做出这样的引导和宣判，即科学建构主义就是黄禹锡及其同类的教唆者或者共犯时，本人作为科学史和科学哲学研究者，庆幸生逢其时，这样的

---

① 史蒂芬·科尔．科学的制造——在自然界与社会之间［M］．林建成，等，译．上海：上海人民出版社，2001：5.

科研环境意味着本人得以通过独立的学术视角，享用理性探究的学术自由氛围。

本文论述的研究项目新创了这样的理论假设，即现代生命科学技术研发与运用中，特定因子在特定条件下可能被生命科技发展利用并为其服务；一旦所有的影响因子共同作用于生命科学技术发展过程，生命科学技术本身对抗外界影响力的内部调节作用便趋于失灵，其发展走向取决于各综合因素的政治平衡艺术，后者最终成为使得生命科学技术促进还是干扰社会发展的动力总和。

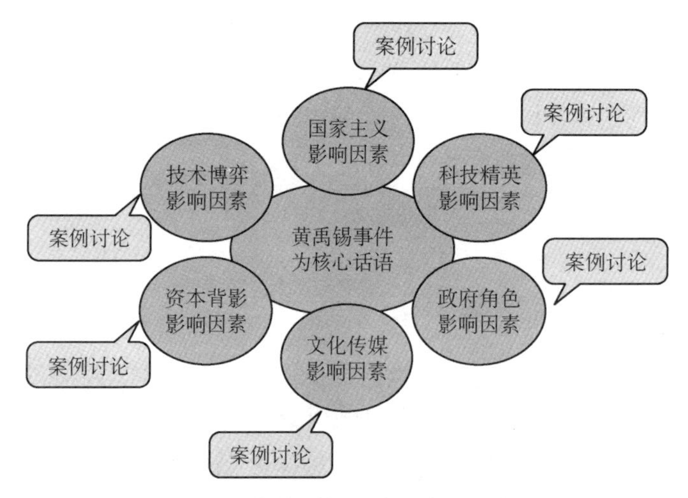

图 1－1　本课题的立论假设与研究方法

依据严谨的史学要求，本文采用的研究路径是基于提出的问题和假设的前提，从而接近历史的真相并重构内外的逻辑关联，力争避免自以为真地单向陈述历史景象。上述研究程序中的独立思考，推导了本文研究的意义所在。距离黄禹锡事件的高潮 5 年之后，我们有机会摆脱新闻报道的狂热和利益集团的诱导，体验一种心境：不是历史学家的读者以为历史就是过去的事实，惟有历史学家应该知道并非如此。“追溯过去，倾听这些事实所发出的分歧杂乱、断断续续的声音，从中选出比较重要的一部分，探索其真意。”① 为了

---

① 柯文. 在中国发现历史——中国中心观在美国的兴起［M］. 北京：中华书局，1989：1.

达到上述研究目的，本文在研究技术上，采用实证、比较和统计的方法，并以此贯穿全书。

1.3　概念界定与论文结构

讨论的主要概念范畴如下：

（1）生命：本书研究探讨的生命是生物性的，包括所有以脱氧核糖核酸（DNA）为结构基础和生物特征的人类、动物、植物、微生物和细胞等具体对象。

（2）生命话语：利用语言、文字、符号、图案、史料、表演、暗示、交流等手段，诠释与控制上述生命范围内物质对象的能力。

（3）生命技术：通过经典物理化学技术和现代生物信息技术发展或者损害上述生命范围内物质对象的方法。

（4）生物克隆："克隆"是英语单词"clone"的译音。"生物克隆"即"生物复制"，指制造与某种特定生物完全相同的复制品，可能应用在DNA（分子克隆）、细胞（细胞克隆）或植物与动物（个体克隆）等各种层次上。

（5）胚胎（embryo）：胚胎是有性生殖的产物。雄性生殖细胞和雌性生殖细胞结合成合子后，经过多次细胞分裂和细胞分化，形成有发育成生物个体能力的雏体。

（6）干细胞（stem cell）：干细胞是主干细胞的汉语简称，生物学上特指原始的未成熟细胞，保留着特定的分化或其他各类细胞的潜力，以及进而再生各种组织和器官的潜在功能。

（7）胚胎干细胞（embryonic stem cells）：胚胎干细胞简称"ES细胞"，来源于胚胎早期阶段，即胚泡未分化的内部细胞团中得到的干细胞。人类的胚胎干细胞基于有性繁殖，指卵子受精后一周内分化形成的50～100个细胞。胚胎干细胞具有万能分化性（pluripotency），可以细胞分化（cellular differentiation）生成多种组织，但无法独自发育成一个个体。

（8）成体干细胞（adult stem cell）：成体干细胞是存在于各种组织器官中的未分化细胞，能够自我更新并且能够特化形成组成该类型组织的细胞。正常情况下大多处于休眠状态，在病理状态或在外因诱导下可以表现出不同程度的再生和更新能力。

(9) 孤雌繁殖（parthenogenesis）：孤雌繁殖是指卵子未经受精，直接发育成正常胚胎新个体，有自然孤雌生殖和人工孤雌生殖两种方式。孤雌繁殖是由生殖细胞而非体细胞完成的繁殖现象。

(10) 国家主义（statism）：国家主义是关于国家主权、国家利益与国家安全问题的一种政治学说，是主张提倡国家权威以达到经济或社会目标的一种意识形态。国家主义认为，国家的正义性毋庸置疑，以国家利益为神圣的本位，倡导所有国民在国家至上的信念导引下，抑制和放弃私我，共同为国家的独立、主权、繁荣和强盛而努力。

(11) 科学国家主义（statism of science）：科学国家主义主张国家在科技发展中占有主要和指挥地位。

(12) 科学政治（politics in science）：影响科学发展的所有相关因子的平衡艺术。

(13) 科技畸化（abnormality of science and technology）：作者原创概念，是整合生物学中诱导染色体质量和数量变化从而发生细胞畸形和死亡的专用概念。在此，特指与外界影响因子有关的生命科技异化现象，是关键的少数。

结构上，本书含导言、各论和结论三大部分，其中各论部分除了研究背景综述，逐一讨论了以下内容：

第2章讨论国家主义在韩国科学大师黄禹锡降临与陨落中的表现特征，同时讨论世界上第一次人工合成胰岛素中的国家主义对科研的影响；核子技术偏离核医学的技术转向，引入核武器研发过程；以及政权维护中生命科学理论的陪绑角色。结论指出：一味崇尚国家利益至高，往往会将科学技术研究导向歧路，以致生命话语也会导致生灵伤害。

第3章介绍2005年黄禹锡中断研究以后，世界主要干细胞和克隆技术实验中心对黄禹锡所有工作成就的复核与认定，以及在无性繁殖或孤雌繁殖的研究方向上，在干细胞克隆领域获得了长足的进取，生命话语的重心再次移到了西方学术共同体。争夺学术话语权的竞争没有硝烟，鹿死谁手，机会是均等的，人类在不断试探现代生命科学的学术极限与伦理底线。

第4章分析黄禹锡事件中，黄禹锡个人、其他相关科学家和科学共同体内同仁的个性特征和所作所为。同时比较现实生活中几次重大生命科技公共事件中，科学技术专业人员的个人素质对于科学事件的发生与发展的影响力。个人的社会属性愈来愈作用于科技项目对于社会与经济的依赖性。

第5章解析了韩国卢武玄政府在扶持黄禹锡团队方面，在人力、财力和国家政策上为其大开绿灯的细节，同时分析了该政府在黄禹锡学术争议出现后，利用公权力极力摆脱干系的作为。政府的作为与政府的行政目标一致，最终有其政治目的，美国与其他政府在生物技术领域的指导性意见，均有其背后深入的战略规划。

第6章讨论韩国黄禹锡事件前后资本市场上生物技术产业的波动，重点分析了国际资本在生物技术研发、产业化和资本化上的作为，揭示了生物技术领域不仅是新兴的高技术博弈领域，也是资本追逐利润的新天地。资本与政治的天然联系，在现代生命科技中具有历史性的同盟关系。

第7章讨论黄禹锡事件中商业媒体的作为，比较了我国近年来大众媒体在涉及生命话语时的失常表现。社会提高科学素养，媒体提高职业自律，合理运用信息化时代媒体技术，是生命科技话语掌控与影响力施展过程中不可忽视的一个关键因素。

最后的总结章节不仅归纳了全文重点，也揭示了今后深入研究的路径。

1.4 研究目的与创新意义

本书将韩国黄禹锡事件作为研究中心，在东亚儒家文化背景下分头延伸探讨生命话语与科技政治的交互作用和联动关系，得以比较分析东西方冲突的焦点，以及在探索全球化文明交汇中，东西方科学共同体与社会利益集团的相处之道。正如当代实力派科学哲学研究者约瑟夫·劳斯所言，科学之于文化和政治的不可或缺性，以及政治问题之于科学的核心地位，远远超出了大多数科学家和哲学家的认可程度[①]。文化与政治，正是本研究致力探讨的几个科学相关因子之一。

笔者在从事专业科学史和科学哲学研究之前，积累了20年生物医学研究经历[②]。通过亲身的研发过程以及观察业内同行的工作，笔者逐步发现：成功与失败对于21世纪的生命科学技术研发，往往仅一步之遥。如果我们切实分析有关项目的成败主因，不仅要检测实验室技术本身，更要重视调查与实验室技术研发应用相关的其他因素，比如：科技精英的伦理底线、政府的科技扶植力度、社会资本的介入能力、媒体与民众的预期程度、司法和决策的背景力量。上述这些千丝万缕的联系，构成了生命科学话语影响的平衡张力，其本质为现代政治在科学技术上的充分体现。

所以，本书的研究特色在于通过生物医学专业视角剖析黄禹锡事件的技术细节，同时平行分析了决定黄禹锡研究成果影响力的其他关键因子，继而主要对比发生在中国近代与当代社会的生物医学技术研究与应用案例。本研究项目致力于发掘现实生命科学技术中的警示因素。

1.5　科学政治学的研究背景

讨论科学政治学研究背景之前，我们首先必须区分“科学政治”与“政治科学”两个概念。前者是研究涉及科学技术发生、发展关键因素的平衡艺术；而后者的探讨范畴属于政治学的问题，不在本书讨论范围内，具体内容可以参阅学者林尚立的工作[③]。

社会学家判断，我国正处经济、社会、生活日益复杂化，需要

---

① 约瑟夫·劳斯. 知识与权力——走向科学的政治哲学 [M]. 盛晓明，等，译. 北京：北京大学出版社，2004：1.

② 自1985年起，本人参与过神经毒理学、微生物发酵生物工程、热敏细胞基因克隆和信息传递、老年痴呆和自闭症遗传学、脐血干细胞、艾滋病公共卫生、食品和营养卫生等生命科学项目的研究工作。

③ 林尚立. 科学的政治学与政治学的科学化 [J]. 政治学研究，1998 (1).

一场社会进步运动的时代，面临着市场经济体制的建立、全球化进程的加速、科学技术的发展、大众消费社会的来临、城市化过程的加快等叠加状况①②。从科学史与科学哲学专业角度观察，我们的基本学术判断与社会学者可谓不谋而合。科学技术伴随了中国近百年的政治与社会生活，科学与政治反复出现在任何无法割裂的历史整体中，也成为促使我们重构多元历史事件的关键两极。

在科学哲学领域内，贝尔纳（J. D. Bernal）主张“科学的社会功能”，开创了对科学本身的研究先例，他的开拓性工作，使其学说成为科学政治学理论建构当之无愧的基石。但是，正如巴伯在其《科学与社会秩序》中文版序言中专门提及的，20世纪60年代之前，不存在科学社会学③。尽管已经有了贝尔纳等学者的科学人文主义基础，但直到目前为止，我们确实也没有发现具有建制的科学政治学系统。仔细研读贝尔纳半个多世纪前发表的《科学的社会功能》《历史上的科学》《必然之自由》《马克思与科学》和《科学与社会》等一系列论著，可以发现：他借用马克思政治经济学研究的基本范式，承认科学技术对政治的推动作用；他从科研领域的生产关系入手，找出科学总体发展规律，最终试图通过政治调控挽救科学所面临的危机。“呼唤新的政治主体调控科学，以使科学为民所用”是贝尔纳思想的主线。他提出的“三角结构体系”，即由具有科技资源占有和分配权力的政治力量、科学家共同体和公众组成一个系统，为科学与政治的互动、公众参与及民主的策略奠定了理论基础，使公众成为规范政治主体和科学主体行为的重要因素④。

对中国学者来说，研究贝尔纳的学说具有文化上的共鸣。在1965年的国际科学史大会上，贝尔纳与麦凯合作了一场开幕式上的联合发言，开门见山地引述《道德经》中的“道，可道，非常

① 孙立平. 社会失序是当下的严峻挑战［N］. 经济观察报，2011-02-28.
② 孙立平. 守卫底线［M］. 北京：社会科学文献出版社，2007：8-10.
③ 巴伯. 科学与社会秩序［M］. 顾昕，等，译. 上海：三联书店，1991：5.
④ 韩来平. 贝尔纳科学政治学思想研究［D］. 山西大学，2007.

道；名，可名，非常名”。在贝尔纳看来，早在2000多年前，中国的文化先贤就已经揭示了“科学是一门发展中的学科”这一内部结构，尽管中国是否存在原生态的科学技术一直是个问题，即所谓的“李约瑟难题”至今尚在争论求解之中，但我们起码可以认同贝尔纳对于老子思想的总体把握，即“过于刻板的定义有使精神实质被阉割的危险”[①]。所以，早在20世纪40年代，贝尔纳就注意到了科学面临的挑战，“科学所带来的新生产方法引起失业和生产过剩，丝毫不能帮助解救贫困……科学应用于实际所创造出来的武器使战争变得更为迫近而可怕……科学对文明的价值一直受到怀疑，至今依然如此”[②]。诸如此类的问题，包括科学幻想的毁灭，科学出路的迷茫，科学对社会的重要性，作为劳动者的科学家利益，以盈利为目的的科学的出现等。为此，贝尔纳逐步确认了综合平衡考虑科学的必要性，科学政治的雏形诞生了。他大声呼吁的第一个科学政治疑问是：“科学能够存在下去吗？”[③] 在考察了人类文明起源以至19世纪的技术演变和科学发生、发展的路径后，贝尔纳敏感地发现，19世纪以前，作为一种纯科学概念的科学事业传统是“科学家们不参与管理国家或企业的大事，他们只关心纯粹的认识。这对双方都是一种令人满意的安排。工业家利用了科学家的工作成果，一般性地向他们付出一笔代价，但金额不大；科学家们则满意地知道，自己正生活于一个不断进步的时代，他们的工作对这种进步做出最大的贡献而无需接受审查”[④]。

科学的童贞勉强维持到了20世纪初叶，再要求不断被现实政治骚扰的科学保持中立，已经成为不可能的任务，“保持中立就会使科学本身不再是一种活生生的力量，因为即使科学没有遭到威胁，它也不再能吸引一切思想活跃和有探索精神的人员了，科学家在紧急时期同其他积极和进步的力量联合起来并不是新现象。……

---

① 贝尔纳．科学的社会功能［M］．陈体芳，译．桂林：广西师范大学出版社，2003：1.
② 贝尔纳．科学的社会功能［M］．陈体芳，译．桂林：广西师范大学出版社，2003：3.
③ 贝尔纳．科学的社会功能［M］．陈体芳，译．桂林：广西师范大学出版社，2003：17.
④ 贝尔纳．科学的社会功能［M］．陈体芳，译．桂林：广西师范大学出版社，2003：38.

科学需要一个可以发挥作用的更为充实和更为公平的经济制度。……没有一个科学家是能够保持中立的”[1]。科学开始承担以往没有的社会责任，群众对科学的看法，科学与民主的关系，科学家在社会党派中的出现，科学家如何为这个为难中的世界出一份力，等等，科学的社会功能和政治角色最终摆上了桌面，无法回避。贝尔纳研究中最为可贵的是，所有这些问题的提出和观点的讨论，都是基于原始的数据和第一手的素材，其中“关于大学和科学学会的图表”“政府资助的研究”“工业科研”“军事研究经费”“议会的科学委员会报告”“法国科学事业的组织”“苏联科学事业简介”“科学出版工作和文献目录编制工作机构方案”“世界和平大会 1936 年布鲁塞尔国际和平运动科学小组委员会的报告”“科学工作者协会”等 10 个子项目的分析研究，运用了大量的图表统计和分类技术，为构建《科学的社会功能》理论体系，收集和分析了最具说服力的实证依据[2]。科学的研究方法首先表现在贝尔纳的科学行动中，这种严谨的科学态度，是真正的大师做派。

2007 年，山西大学韩来平的博士论文《贝尔纳科学政治学思想研究》，对贝尔纳思想进行了较为系统的综述和探讨，是国内学术界在科学政治研究方向上的一次有益尝试。韩博士对科学政治重要性的表述体现了相当广阔的现实视野：“随着科学功能的外化，科学已经成为国家的重要战略资源，引起各国政治主体越来越密切的关注，政治力量对科学的控制和干预力度正在不断加大，科学与政治的交互作用及其影响成为无法回避的问题。”相对上述现实要求，目前科学政治学的理论研究大大滞后。我们首先需要全面理解贝尔纳的学术思想主张，长期以来，由于把贝尔纳思想定位到广义科学社会学和科学学方面，使得人们在强调政治调控科学的同时，忽视了贝尔纳更加丰富的思想内容，如关于科学自由的思想、关于公众参与和民主控制的思想等。贝尔纳认同政治应是人民利益的代理

---

① 贝尔纳．科学的社会功能［M］．陈体芳，译．桂林：广西师范大学出版社，2003：471.

② 贝尔纳．科学的社会功能［M］．陈体芳，译．桂林：广西师范大学出版社，2003：485－536.

者，民众的参与和民主的策略应是政治权力运作的必然要求。这些都围绕着科学的发展与利用而展开，呈现出科学的社会历史性、科学的政治调控、科学的民主策略的科学政治学研究的基本纲领。他的思想蕴涵了丰富的科学政治学内容，构成了一个较为完整的思想体系。很显然，他的科学政治学思想是建立在传统标准科学观基础上的。我们通过对贝尔纳的言行进行全面的历史考察，揭示出了贝尔纳作为自然科学家转向科学政治学研究这一历史转向的动因，从而展现了贝尔纳科学政治学的历史与社会语境，凸显了贝尔纳科学政治学思想的逻辑前提，梳理和提炼了贝尔纳科学政治学研究的基本纲领。

就科学技术发展的需要和贝尔纳已经具备的科学政治雏形，韩博士进一步总结道："'为了社会和谐和人类幸福，调整科学与社会的关系'成为贝尔纳科学政治学思想的出发点。贝尔纳考察了科学在人类社会中的发展历史，研究了不同历史阶段科学的形象变化。他试图找出科学在人类社会中演进的历史规律，借以把握现在和调控科学的将来。科学作为一种社会系统中的一个子系统，无论在其内部还是在其外部看，都是一个开放系统。科学作为社会实践活动中的一个要素，与社会其他要素同形同构并相互作用着。因此，它是可预测和调控的……贝尔纳的科学社会观、科学历史观、科学价值观构成了贝尔纳科学政治学思想的逻辑前提和动力；科学的社会历史性、宏观可调控性、科学的公众参与及民主控制形成了贝尔纳科学政治学研究的基本纲领。贝尔纳关于科学的自由与民主、科学的求实与效率、科学的生产与消费、科学的权利与责任等方面的理论构成了贝尔纳科学政治学的静态理论；而关于科学与政治组织的联系渗透、科学与政治的互动与调控、科学的公众参与和民主控制、科学的社会主义政治实践等思想构成了贝尔纳科学政治学的动态理论，亦即科学的政治调控理论，我认为以上构成了贝尔纳科学政治学思想的基本内容。"上述研究目的之一，是"探索走出政治调控科学的实践困境之路。现代科学系统是一个多要素、多层次的复杂开放系统，实现这一复杂开放系统的自组织演化就是我们追求政治与科学和谐，实现科学的求实与效率的有效途径，因为自组织演化是自然界和人类社会在长期演化过程中选择和形成的非常优化的进化方式。对于科学系统，不管实际人为的运行情况如何，这种自组织的方式是客观存在的，只要有效控制科学系统的开放度，调整外部控制强度，使科学系统的外部控制参量适于科学系统的自组织演化，就能达到目的。说到底还是政治与科学之间的作用问题，这自然会让我们把目光投向科学系统与外部政治系统的边界之处。我们首先强调科学与政治主体间的适当分离。我们承认政治与科学之间具有边界，但并不是说科学和政治各自孤立和封闭，而是强调不同主体的不同特性；划界并不是要将政治与科学进行隔离，而是强调边界对信息的过滤和缓冲功能”。

当然，韩博士研究工作的局限性也是明显的。他建议通过委托—代理者理论在科学与政治之间建立中间组织，构建政治与科学的有机生态的边界，就能够起到控制和调节科学系统的开放度和外部控制强度的作用。这不失为寻求科学系统达到自组织进化的一种有益尝试。这样一部研究当代西方科学哲学重要思想的中国式研究成果，理应获得国际同行的关注与讨论。但是，目前这项研究成果的国际化程度较低，英语文字技巧可能是其弱项之一。由于该项研究基本侧重西方重要学术思想的转译与综述，这就形成了目前的研究风格——以宏大叙事掩盖案例分析的描述性趋势。文中缺乏第一手的原始依据，不利于数据分析与材料类比。相反，研究者花费大量的精力在引进学术名词如“委托—代理者”“有机生态的边界”等的诠释上，反复纠缠。这样的叙述性研究，远离科学技术第一线的大量现实案例，缺乏对影响科学发生、发展的外部因素的切身感受，在一定程度上折射出研究者对当下科学界中所发生的残酷政治角力的陌生感。

美国学者恩道尔的《粮食危机》从科学政治个案研究的角度[①]为科学史和科学哲学界打开了一扇研究的窗户。该书以“政治开

---

① 恩道尔. 粮食危机［M］. 赵刚，等，译. 北京：知识产权出版社，2008：17－86.

端”开门见山，罗列了研究当下科学活动中的两个致命问题：

(1) 官商勾结——华盛顿发动“基因革命”；

(2) 奴颜婢膝——科学沦为政治的仆人。

前者讨论了美国食品药品监督管理局与孟山都公司合谋榨取公共利益，以及国际农业巨头孟山都公司与政府的亲密关系；后者直奔主题反映科学屈从于公司利益，科学向政治下跪，以及布莱尔、克林顿和“政治化”的科学。近年来，有关全球气候变暖的议题，可以视作科学政治学研究领域的另一个全新课题。旅日地球科学家黄为鹏在《“曲棍球杆曲线”丑闻、气候泡沫与气候政治的未来》中分析了政府间气候变化委员会（IPCC）的科学评估报告，对世界各国的相关政策制定有着广泛的影响力①。随着 2009 年底“气候门”邮件在互联网上的公开，IPCC 在第三次评估报告（TAR）和第四次评估报告（AR4）过程中的诸多显著的违规和舞弊行为被曝光，使决策者、学者和公众有机会深入到气候变化学术生产体制内部，理解其真实的运作过程。作者以“气候门”中最重要的“曲棍球杆曲线”，即全球气候已经转入突然升高的历史性危机为线索，勾勒出气候门背后相关各方长达数年的学术与政治斗争的过程，总结出气候政治的若干特点，并提出对中国的启示。这种以专门学科中的案例为轴线进行深入剖析的研究路径，与我的思路不谋而合。

目前国内科学史和科学哲学领域内，缺乏在科学政治学思路与视角上对科学史案例的类比分析和实证归纳。为此，笔者从 2005 年起，结合自己在生物医学领域的学术背景，广泛收集、整理涉及韩国黄禹锡事件的生命科学论文、新闻报道和法律文本，特别是与黄禹锡事件相关的其他生命科学史料与案例，并逐步发表了一些相关论文。本书是在过去 10 年研究积累的基础上，着重透过科学政治学视角，重新建构生命科学范畴内的科学政治特定场景和历史细节的学术成果。

---

① 黄为鹏. “曲棍球杆曲线”丑闻、气候泡沫与气候政治的未来 [R]. 北京大学中国与世界研究中心. No. 2010 - 08.

第 2 章

科学伦理遭遇国家利益："主义"之争突破科学底线

▶ 本章重点

本章从"黄禹锡事件"入手，比较分析中国近代科研史上的胰岛素合成项目、遗传学大争论和美国研发原子弹的"曼哈顿计划"，突出了这些案例操作过程中普遍存在违背科学共同体基本原则和基本程序的自律要求，比如政治需要、政治正确、违背科学精神、引入军事思维等国家主义的表征。在至高无上的意识形态下，国家利益位居科学技术发展内在规律与伦理规范之上的特征是一致的。在重大科研项目中，上层建筑的维护集团高举国家主义旗帜，不惜违背其他普世价值，通过各种渠道对科学研究本身加以渗透，最终干扰着科学进程的纯洁性，阻碍着生命科学的健康发展。本章内容为下一章讨论韩国丧失生物技术研发优势期间，西方生命科学研发高潮迭起、东方与西方争夺生命科学话语权做了铺垫。

2.1 黄禹锡崛起过程中的国家主义特征

2009 年，历时数年的韩国黄禹锡（Hwang Woo-Suk）案以原告被判缓刑告终。从科学史研究的视角，可以从以下三个部分总结和分析黄禹锡事件中所表露出来的国家主义及其相关特征。

2.1.1 从高高举起到轻轻放下

2005 年，风光了近 10 年的韩国首席科学家、首尔大学教授黄禹锡在秋后遭遇了生命中一场难逃的厄运（参见附录一：黄禹锡事件时间表）。他所从事的细胞分子生物学研究，涉及人类疾病相关基因的干细胞克隆领域，被控恶意伪造科研数据，非法获取人体卵子，挪用贪污科研经费。这些法律指控和舆论渲染，于当年圣诞节前夕达到世界科学史上从未出现过的丑闻集中报道高潮，以至于任何一位旁观者无论如何也不敢想象，这些罪名竟与拯救人类生命健康的科学大师产生瓜葛。

自1995年成功克隆出奶牛后，国立首尔大学生物学家黄禹锡教授一直得到来自政府方面的全力支持。科研成就领跑10年来，他每年掌控数千万美元科研经费和几百位科技人员，俨然是一位巨型研发机构的总经理。作为读者，已经无法想象这样的科学大师会有足够的时间和精力在实验室现场亲力亲为。另一方面，来自政府的无形之手，授予其韩国历史上唯一的“首席科学家”称号。政府动用各种公权资源，正在不顾一切地全力将其推上诺贝尔科学大奖的殿堂。

其实，危机正向大师和政府逼近。黄禹锡团队和政府方面都没有料到，年前就被舆论提及的干细胞科研中存在的实验用卵子征集污点经过各方发酵，一夜间突变成实验数据造假的科技丑闻，抓住了世界舆论的眼球。面对一边倒的媒体狂轰，黄禹锡身处事件中心，不断遭遇大众舆论的攻击，但其阵营毕竟没有任何危机处理经验。重要的是，作为曾经的国民英雄，此时黄禹锡的背后也失去了政府的支撑。前后夹击之下，黄氏团队逐步丧失了回击之术。黄禹锡团队背负法律与道德谴责，从国家级科学大师的光环中黯然告退，不得再从事人类干细胞研究项目。短短几十天内，首尔大学、首尔司法机构和韩国政府部门默契配合，快刀斩乱麻，迅速摘走了黄禹锡周围的人造光环，阻止了一场涉及全国的支持者和反对派间的示威冲突。最重要的是，政府及时隔离了一场发端于学术事件，事实上正在试图追问政府幕后操纵细节的政治风暴。2006年初，就有学者在第一时间确认“黄禹锡事件”是典型的“集体制造”的科学骗局，在如此前提下讨论黄禹锡、政府、媒体、公众、科学共同体以及特定社会文化的责任与担当，结论当然失之偏颇[①]。在短短的几个月内，大量的潜伏细节和学术真相尚未公诸于世，其实非常不利于将黄禹锡事件作为一种科学史学术研究的案例加以展开。

结局的诡异就在于此。2009 年 10 月 26 日，韩国首尔的中央地方法院，在历经 4 年漫长的法律程序后，仅认定被告挪用研究经费和非法买卖卵子两项指控，黄禹锡案一审判决有期徒刑 2 年，缓期 3 年执行。也就是说，黄禹锡被当庭开释。法庭强调，考虑到黄禹锡在科研领域的贡献，暂缓限制其人身自由。黄禹锡的合法科研途径，事实上受到网开一面的待遇。在这里，我们不难发现，国家公权机构面对科学的惺惺相惜。毕竟，远离当年的喧嚣，4 年流失的岁月已经逐步洗清了事实的真相，黄禹锡在孤雌繁殖领域的实验价值，已经获得了各国同行的认可。4 年来，各国科学家们，在黄禹锡当初尚未认知的实验结果上，再接再厉，获得了长足的技术进步。现在，再来品味当年黄禹锡辞离首尔大学教授职务时，站在兽医学院台阶上的最后告别："我为给韩国人民带来震惊和失望表示真诚的道歉，作为道歉的象征，我决定辞去首尔大学教授的职务。"但是黄禹锡坚持已经掌握了用体细胞培育适合患者的胚胎干细胞这一核心技术，并将之称为"我们国家令人自豪的技术"，还是有其底气所在的。

值得玩味的是，这次黄禹锡学术事件成为科学史上少见的以司法介入而告终的案例，即依赖科学共同体之外的司法话语体系，将科研成果是否作假的学术裁判地位，委身于违法罪名是否成立的判决之下，使一个被逐出科学共同体的科学家最终无缘再次重申自己的科研结果。而在过去几十年的科学史和科学哲学研究中，已有建构主义学派的科学社会学研究者发现，相对于科学发展的经典时期，目前在前沿科学的研究过程中已经不乏由于政界、实业界和出版界的支持或者压力，科学研究改变自己研究项目内容的现象，从

---

① 王骏. 科学骗局的"集体制造"——"黄禹锡事件"的另类解读 [J]. 科学文化评论，2006，3 (2)：53-65.

改变项目名称到改变项目程序和关键内容，应有尽有。黄禹锡在韩国转型期间求生存、盼发展，委身于某种势力，借用于某种手段，其实只是现代科技发展中正好被揭示的合理存在的其中一例而已。首尔中央地方法院有意替代学术共同体地位，将曾被视作假冒的黄氏科研成就作为缓刑理由，从而引起公众对其科学价值的认识。法院一改 4 年前雷厉风行的消音措施，同时，政府也设法消除黄禹锡事件的负面影响，探寻生物技术重新出发的契机。

2.1.2　GDP 曲线上的一个拐点

早在 21 世纪初，生物技术相关领域已经被韩国政府确定为支撑本世纪国民经济发展的支柱性产业。韩国领土面积仅相当于我国江浙两省，但是韩国初步具备的生命科学与生物技术发展潜力，在农牧养殖、美容化妆、宠物培育、医疗保健等传统上与生物技术密切相关的领域，已经让世界各国感受到了他们的领先技术和市场规模。这一次，他们将目标瞄准在与人类疾病直接相关的基因药品、细胞治疗、防病疫苗、诊断技术和治疗方案上，这些产品与技术将成为攸关全球化时代人类共同命运的主流技术和市场。

2009 年 4 月底，韩国卫生福利部直属的健康产业政策局主任金刚理（Kim Gang-lip）宣布，全国生物伦理委员会有条件地接受查氏医学中心（Cha Medical Centre）申请，允许其从事人类成体干细胞克隆的研究工作。这次的政府决定，可以看作黄禹锡事件 4 年后应对干细胞商业领域愈演愈烈的竞争措施之一。政府提倡的治疗性研究工作，将在严密的监管下进行技术研发和产业发展。该项目的主持人李柄千博士曾为黄禹锡研究团队主要研究人员。韩国的生物技术远航，在国家利益的取舍中，通过更换船长，在原来的基础上得以重新起锚出港。至此，由黄禹锡引爆的突发事件，在被韩国政府迅速采取灭火措施，禁止任何形式的人体干细胞研究禁令严厉执行 3 年之后，最终获得松动。研究工作直接从黄禹锡中断的体细胞核酸转移融合法（Somatic Cell Nuclear Transfer，SCNT）开始，愈来愈多的数据显示，该项工作的潜力与意义重大，而韩国在此领域的研究已经停顿了 3 年，从国际领先的地位落到如今必须从头来过的尴尬境地。李柄千团队拥有 200 余位技术精英，政府每年下拨 1 500万美元研究经费，人体干细胞克隆的治疗性研究被寄予突破性进展的预期。

相比上一次举全国之力，将黄禹锡奉为民族英雄的战略，这一次政府号角的起调相对低缓，但政府背景的全力支持格局没有发生根本性的变化。在国家干细胞产业的战略层面，韩国管理层清楚，李柄千团队面临两大挑战：一方面，美国、日本、欧洲和中国的研究团队分别在人体干细胞领域开展了白热化程度的竞争；另一方面，被韩国政府吊销人体干细胞研究资格的黄禹锡已经另辟动物克隆商业竞争战场。

背靠韩国政府的李柄千团队声称，掌握狗克隆技术的首尔大学已向总部设在首尔的 RNL Bio 生物技术公司颁发了克隆许可，由李柄千亲自负责克隆狗项目。克隆狗服务的价格每条高达 3 万～5 万美元，一旦成功投放市场，将给公司带来数百万美元的丰厚回报。由此，黄、李分别领衔的，目前世界上仅有的成功克隆犬类的两个团队陷入激烈的专利权争夺战。

2009 年 8 月 31 日至 9 月 3 日，由韩国国际组织工程和再生医学学会召集的“第二届世界年会与 2009 年首尔干细胞论坛”向全世界高调推出，论坛主旨是“一切为了患者的科学与技术”。韩国继续向 2015 年进入世界干细胞研究三强、相关产值占领全球市场 15%份额的宏大目标全速挺进。

但黄禹锡并没有偃旗息鼓，也没有真正停止过研究工作。黄禹锡团队逃离媒体聚光灯后，一直都在低调地施展他们的不屈狼性。事实上，他们确实一直受到韩国地方政府与民间资源的各种关照。从 2008 年 8 月开始，韩国京畿道政府保持与官司缠身的黄禹锡进行合作，鼓励他的团队不要放弃。投入终究会有回报，2011 年 10 月 17 日，京畿道政府高调向媒体宣布，他们接受了黄禹锡团队赠送的 8 只克隆郊狼。这是黄禹锡团队利用狗的卵子，成功异种克隆的 8 只郊狼。6 月份首次克隆存活了 3 只母狼，后续研究中又成功克隆出 5 只公狼。当天，黄禹锡博士也罕见地出席了赠送仪式。他在发言中声称，2004 年，他培育出世界上首只克隆狗“史纳比”（Snuppy）时，通过数千次尝试才获成功。现在，他们克隆生物的成功率已达到 50%。韩国最具权威的遗传因子分析中心已经确认，人工克隆郊狼与提供该细胞核的郊狼基因图谱完全匹配。黄禹锡团队接下来将挑战非洲野狗等濒危动物的克隆工作，可见他们在保持世界领先的克隆技术方面信心十足。

2.1.3 黄禹锡事件并非孤立的科学史案例

近代历史上，朝鲜半岛曾被外来列强控制，丧权辱国。因此，洗脱民族屈辱、光复主权和国家意识在韩国政府的基本理念中成为至高目标。高举国家科技进步大旗，以高科技拉动 GDP 的发展战略，正好符合上述理念。黄禹锡在生物技术领域内引发的鼓舞与失落恰好发生在此时期，阶段性地与国家利益一致，从而被视作民族振兴与跨越式发展的千载机遇，人心共此，不可荒废。这种情况在东亚等发展中国家和地区比较少见，这取决于技术、资本、社会、政治等天时与人和的统一，但并非人类历史上的孤例，其他国家也有发生，反映了 21 世纪的时代特征。与此可以相互印证的下述几个生命科学中以国家主义为名，大举研发而后得的技术成果，正是历史上比较突出的一些实证。

如果说，生命科学是以减轻人类疾病痛苦，改善人类身体健康，改进人类生命质量为目标的科技成果的总汇，那么，这些理想主义的牧歌，往往被人类自己唱得荒腔走板。过去一个世纪的历史，既是人类生命科学长足进步的百年，也成为生命技术与政治和战争捆绑，对人类生命极度摧残的百年。上述韩国生物技术背后的政府背影，以及下文即将展开的反映生命科学与意识形态、科学技术与世界战争之间联系的并非遥远的历史案例，都是集合在国家利益至上的政治正确的旗帜下公然发生的。在人类社会发展的关键时刻，生命科学总是被政治所挟持，反过来成为危害人类本身的帮凶。过去百年历史的前半段中，军事利用的痕迹清晰，后半段中经济和政治上的威逼利诱则更加明目张胆。

在这里，请允许笔者稍作旁白。考虑到黄禹锡事件的研究中材料布局分配的合理性和讨论思路的逻辑性，无法在一个章节中安排探讨所有与黄禹锡事件相关的因素，这些值得探讨的因素不仅涉及生物技术本身，而且分布在国家权力、商业竞争和社会文化各个领域，即史蒂芬·科尔科学建构主义提出的"认识因素和社会因素的交互作用决定了一个新的科学成果的命运"①。为此，我将在后续的章节中，逐一按照本书的内部逻辑关联，讨论这些与生命科学技术相关的影响因素。

2.2　从化学合成胰岛素案例看国家主义特征

胰岛素是维持人体糖代谢、保持能量平衡的内分泌激素，与糖尿病的发病和治疗关系密切。现代生活水准大幅提高和生活模式剧烈改变，导致全球糖尿病发生率逐年上升，所以，胰岛素与糖尿病是现代生物技术中涉及生命话语的重要议题之一。为此，中国科学家做出了不懈的努力。这里确有必要重温我国在此领域曾经保持过的国际一流水准。那段难忘的活性胰岛素合成的科研岁月②正值封闭式的政治运动年代，从而使得经典的科研模式屡遭破坏，科研成果申报延误时机。最后，国际学术的大奖机会拱手让位于革命的理想主义，巨额的科研投入成为违反科学本质的巨额学费。

2.2.1　兵团决战挤破急功近利的科研泡沫

1949 年 10 月 1 日成立的中华人民共和国，一开始就在艰难的政治社会环境中生存。由于帝国主义采取敌视、封锁的政策，致使新中国不得不与西方社会经济和文化科技相隔离。20 世纪 50 年代

---

① 史蒂芬·科尔. 科学的制造——在自然界与社会之间［M］. 林建成，等，译. 上海：上海人民出版社，2001：35.

② 熊卫民. 辉煌瞬间：解密人工合成胰岛素［N］. 中国青年报，2005 - 11 - 24.

后期，中国与社会主义阵营也发生了剧烈的意识形态冲突，最后导致与苏联在军事、经济、文化和科技上的全方位决裂。这样的世界格局，让中国政府深感唯有弘扬民族主义的国家意识，才能维持国家主权的全面独立。在科研导向上体现为，新中国培养的第一代科技人员获得大展宏图的机会，集中表现在 1958 年 12 月底正式启动的人工化学合成胰岛素课题上。课题组中，民国时代培养出道的科技精英日趋边缘化，他们纠结在两种生存抉择中：以科学自由的独立精神为中心，还是向革命政治运动表衷心。一场声势浩大的“反右运动”事实上改变了执行多年的新民主主义基本国策。与此同时，“反右倾”运动正在主攻保守主义、白专道路、爬行主义、小团体主义和本位主义等，反对科研上的神秘论，批判胰岛素工作沉闷和冷清。结果，中国科学院生物化学研究所、有机化学研究所、北京大学、复旦大学等单位的经典科研范式被科研攻关新模式，即大兵团作战所取代。

在北京大学，胰岛素合成工作由刚毕业留校的青年教师负责，配备了约 300 名本科班学生参加科研大会战。“不懂就学，遇到困难就学毛主席著作”，不识氨基酸符号的革命师生将合成多肽看作“两段多肽混到一起，就成了一个新的多肽”。所以，两个星期就完成 4 个肽段；再花两个星期，1960 年 2 月 17 日就宣布合成了胰岛素 A 链上的 12 肽；4 月 22 日合成了全部 A 链。受北京大学军团的激发，1960 年 1 月下旬，中国科学院生物化学研究所也开始大量抽调工作人员，赶在4 月20 日前，合成了 B 链 30 肽。复旦大学不甘落后，120 名师生边干边学，4 月 22 日也完成了 B 链 30 肽。聂荣臻、郭沫若等中国科学院主要领导准备举行盛大庆功宴，新华社已经写好了报道，题目是《揭开生命现象的神秘面纱——我国对人工合成蛋白质已建功勋》，但一直没有等来人工胰岛素 A 链和人工胰岛素 B 链的全合成硕果。4 天后，复旦大学倒是爆出“卫星”——“首次得到了具有生物活性的人工胰岛素！”上海市市长在人民广场宣布大喜事，刺激了北京市委，咱们搞北京牌胰岛素。中国那么大，搞两个胰岛素也不算多。

上海和北京的竞争，给中国科学院带来很大压力。他们以军事建制调度生物化学所、有机化学所、药物所、细胞生物所、生理研究所五大单位进行特大兵团作战。50 天后测试人工合成的 A、B 链，结果非常令人遗憾："人 A 人 B" 全合成没有出现生物活性；而且，测试合成的 "人 A 天 B"（即人工合成胰岛素 A 链、天然胰岛素 B 链）也无活性。

2.2.2　回归科学共同体研究范式收获成果

胰岛素人工合成毕竟是一项基础科学研究，和军事斗争、工农业生产区别甚大。北京大学和复旦大学在耗尽巨额经费后，鸣金收兵，停止作战。整个大兵团作战规模相当于半世纪后的黄禹锡科研团队，几百位科技工作者和学生轰轰烈烈、辛辛苦苦忙活了好几个月，除了一点样品和几篇报告外，收获的主要是失败教训：大兵团作战轻视原本就非常少的专家，由领导干部直接指挥不懂行的群众，用搞运动的方式做研究，这是中国人在科研方式上的独特创造，走了一回所谓无产阶级的科学道路。1960 年 7 月底，老科学家王应睐向中国科学院党组建议，停止这种费钱费力又不讨好的大兵团作战，只留下生化所和有机所的 20 人继续研发。他们大部分为早期的研究者，工作方式也恢复到冷清、缓慢而脚踏实地的状态。1963 年底，北京大学化学系和中科院有机所、生化所重新合作。研究人员和研究方法都基本恢复到了先前所谓的 "资产阶级科学工作道路" 状态后，科研成功了。1965 年 9 月 17 日，前后经历 6 年多的艰苦工作，中国科研人员第一次用人工方法合成了具有生物活力的蛋白质。结晶牛胰岛素是继从无机物中取得了第一种有机物尿素之后，再次出现的从无机物合成有机物的飞跃，往上再飞跃一级，就是人工合成第一个生命物质了。这在当时离中国最近。

国家科委为人工合成结晶牛胰岛素举行了严格的鉴定会。以汪猷为首的部分有机化学家认为，目前实验数据还不够充分，只可以认为已经通过人工全合成获得了结晶牛胰岛素，先只发一份简报。但当时国外的竞争对手，可能很快拿到合成结晶，所以大家都非常想抢先发表全合成论文。杜雨苍、钮经义、汪猷等人继续争分夺秒合成多批人工产物，对其物理、化学、生物性质做了尽可能详尽的检测，数据都齐备后，他们才以集体名义，于1966年3月和4月，分别用中文和英文在《科学通报》和《中国科学》上发表了详细的结果。龚岳亭、邹承鲁、王应睐等人在参加欧洲生化学会会议期间，向世界宣布了中国所取得的成果。国际反响很大。诺贝尔奖得主肯德鲁（J. C. Kendrew）等科学家还特意到上海生化所参观。其中，瑞典皇家科学院诺贝尔奖评审委员会化学组主席蒂斯利尤斯（A. Tiselius）于1966年4月30日来到中国并发表评论："你们第一次人工合成胰岛素十分令人振奋，向你们表示祝贺。美国、瑞士等在多肽合成方面有经验的科学家都未能合成它，但你们在没有这方面专长人员、没有丰富经验的情况下第一次合成了它，使我很惊讶。"这时适逢中国试验爆炸第三颗原子弹，他说："人们可以从书本中学到制造原子弹，但是人们不能从书本中学到制造胰岛素。"[①]于是，诺贝尔奖和胰岛素原创研究，看似联系起来了。

2.2.3　"诺贝尔"与中国擦肩而过

许多研究者认为，人工合成牛胰岛素是中国科学家与诺贝尔奖距离最近的一次，杨振宁三次向中国领导人提议为胰岛素工作提名诺贝尔奖。第一次，周恩来委婉拒绝。第二次，江青说："资产阶级的奖金，我们不要！"第三次，邓小平、聂荣臻、周培源等非常重视；但集体攻关的模式，从未获得科学共同体游戏规则的认可，如果不推选一个代表，就无法向诺贝尔化学奖委员会提名。胰岛素研发参与者前后数百人，骨干数十位，有人提出"宁要大协作，也不要诺贝尔奖金"[②]。可时代毕竟不同了，20世纪70年代后期的意识形态和社会环境已经改变，中国需要国际大奖鼓舞实现"四个现

---

① 熊卫民．辉煌瞬间：解密人工合成胰岛素［N］．中国青年报，2015－11－24．参见中央电视台2003年10月14日访谈邹承鲁所谈此事。央视网站．邹承鲁：与诺贝尔奖两度擦肩而过的人［EB/OL］．http：//learning. sohu. com/52/61/article214416152. shtml.

② 熊卫民．人工全合成结晶牛胰岛素的历程［J］．生命科学，2015（6）．《赛先生》2015－06－28转载。

代化”的决心。国际上，联邦德国的查恩（H. Zahn）和美国的卡佐亚尼斯（P. G. Katsoyannis）在胰岛素人工合成方面也取得了好成绩。1965年7月，查恩赶在中国之前发表了全合成胰岛素的论文，其中承认中国首先合成了结晶胰岛素，但宣称自己第一次人工完成了胰岛素的全合成。如果该项研究获诺贝尔奖，由两国或三国科学家共同享用的可能性很大。组织决定，由钮经义代表全体中国研究者申报诺贝尔奖，科学制造终于出台，但未能如愿获奖。

有多种版本分析诺奖落选原因：歧视论者认为，诺贝尔奖评选委员会的委员出自西方资本主义国家，因为意识形态的关系，他们对中国人存在偏见，不愿意将这个奖项授予中国。误时论者认为，如果胰岛素工作早点被推荐给诺贝尔奖委员会，应当能拿到这个奖。我们的工作过了十几年之后才推荐，曾经轰动世界的成果已经不再新鲜。人选论者认为，由于我国推出的候选人过多，诺贝尔科学奖与中国科学家擦肩而过，这种说法流传最为广泛。

2.2.4　政治意识指导科研模式的失败

归根结底，获奖是一种科学共同体内部的社会活动。中国游离主流世界外半个世纪，胰岛素研发活动凸显了阶级斗争时期的科学国家主义特征，主要表现在军事化、无畏化和自我封闭。这不同于黄禹锡事件中的韩国式现代资本社会的国家主义，是社会主义意识形态下的另类国家主义表现。

40年后，当我们再论人工合成胰岛素与诺贝尔奖的机缘时，时间已经让我们超脱功利，重在评价人工合成胰岛素本身的意义。邹承鲁、王应睐等生物化学家对这项工作的意义评价极高：“这是人类第一次用人工方法合成蛋白质，开辟了人工合成蛋白质的新纪元，它表明我国在多肽和蛋白质合成方面的科学技术水平已处于世界上领先水平。”而汪猷、邢其毅、黄鸣龙等有机化学家则认为这项工作意义不大：“我们所合成的胰岛素，只是合成了一种具有重要生理功能的多肽激素。说它是蛋白质也无不可，但它的合成并不表示有多少重大意义。研发中应用到的有机化学合成技术，并没有什么新创造，不能认为在合成物质上有什么新的飞跃。其次，没有多大的理论意义，只能说是一般的研究工作成果罢了。”[①]

胰岛素合成的成功，在于利用已有的方法来解决一个难题，即合成两段多肽并通过二硫键重组将这两段多肽连接成蛋白质。合成多肽和现在的基因重组一样，只是一种科学工程，虽然在合成的过程中也有一些小的改善，但基本的工作原理、基本的技术路线在1953年就已经由美国的维格纳奥德（Vincent du Vigneaud）解决了，这种缺乏原创性的工作不可能得诺贝尔奖。二硫键重组在科学上的价值要大一些，如果它在安芬森（C. B. Anfinsen）提出“蛋白质的一级结构决定高级结构”之前或者差不多的时候发表，倒是有可能竞争诺贝尔奖的。可我们的结果发表得比他晚了很多，而且在探讨其理论价值时还局限在胰岛素的范围之内，这就决定了它基本只能算是安芬森观点的一个佐证。事实上，当安芬森在1960年初提出他的观点之后，再做人工合成蛋白质在科学上已经没有太大的价值了，因为需要追问的重大的科学问题都已经得到解答。

20世纪80年代起，分子生物学在理论和技术上的广泛成熟，使得人类胰岛素的合成重点开始转向基因重组的cDNA方法。1982年，美国首先试验成功基因重组人胰岛素的临床应用，目前占领了全世界90%的市场份额。中国除了生产第一代通过动物内脏提取的胰岛素，目前还有4家制药企业从事基因重组人胰岛素的研发生产，整体行业处于起点低、规模小和内耗大的分散状态。现在，第三代胰岛素已经开始基因重组人胰岛素类似物的时代，中国的落后距离更大，2004年我国科研人员才开始人胰岛素原基因胰外表达重组体的构建工作[②]。通过微生物发酵技术，解决糖尿病人的胰岛素依赖性治疗难题，标志着通过化学方法人工合成人类胰岛素的一个辉煌时代的结束。

---

① 熊卫民．人工全合成结晶牛胰岛素的历程［J］．生命科学，2015（6）．《赛先生》2015-06-28转载。

② 袁凤山，张坤，杨立新，王大会，尤春暖．人胰岛素原基因胰外表达重组体的构建及鉴定［J］．中国医科大学学报，2004，33（4）：321-323．

从乐观的方面考察，中国曾经进入过辉煌时代，通过化学合成，从无机物获取含活性的有机物。而从悲观的角度分析，中国在合成生物学领域只是昙花一现。合成有机物尿素是第一次起飞，合成胰岛素是第二次飞跃，往再高一级飞跃，人工合成生命物质是学术人的终极梦想。但是，2010 年美国人工合成细胞的成果，已经与中国毫无瓜葛。

2.3　遗传学理论也要服从革命需要

在社会发展的某些阶段，科学家与政治家直接发生联系，而且成为政治生活的一部分，恐怕双方事先都未曾料到。下面这个案例出现在 20 世纪五六十年代的中国社会，遗传学家竟然会以一篇自我作践的应景之作流传后世，酿成个人悲剧；政治巨人有意滥用遗传学理论，制造国家悲剧。

2.3.1　生物学概念丰富了毛泽东思想

1957 年 4 月 27 日，中共中央发出了《关于整风运动的指示》，计划在全国开展一次以正确处理人民内部矛盾为主题，以反对官僚主义、宗派主义和主观主义为内容的整风运动。两天后，北京大学遗传学教授李汝祺恰好在《光明日报》发表运动期间的表态文章《从遗传学谈百家争鸣》。但历史正是因巧合而构成。4 月 30 日，毛泽东阅读李教授自我批评后，致函秘书胡乔木：“此篇有用，请在《人民日报》上转载。”[①] 其实“此篇”仅是作者政治高压下求生存的检讨书，作为生物系脊椎动物教研室主任的李汝祺教授经过多年的怀疑和观望，看清了形势逼人，不改不行，否则前途茫茫。这位从来不爱开会、对政治运动表示厌倦的遗传学家，在这次运动中来了个极大的跃进。他批评别人，批评自己，在检查中不是就事论事，而是挖掘了自己的思想，揭发了自己当时在摩尔根学术问题上存在的抵触情绪。在过去一个月内，他已经写了 130 多份大字报并

① 中共中央文献研究室. 毛泽东书信选集 [M]. 北京：人民出版社，1983－12：127.

且每会必到，争取发言[①]。

胡乔木遵照毛泽东指示，关照《人民日报》转载李文，并加上毛泽东所写的“编者按语”：“这篇文章载在4月29日的《光明日报》，我们将原题改为副题，替作者换了一个肯定的题目，表示我们赞成这篇文章。我们欢迎对错误作彻底的批判（一切真正错误的思想和措施都应批判干净），同时提出恰当的建设性的意见来。”毛泽东将李文题目改为《发展科学的必由之路》。毛泽东重视李汝祺的文章，因为他在1957年2月作《关于正确处理人民内部矛盾的问题》（最初的题目为《如何处理人民内部的矛盾》）的演讲中，提倡“百花齐放，百家争鸣”。李汝祺歪打正着，文章标题刚好符合政治需要，为毛泽东所用。

2.3.2　李森科学说挑动国家政治利益

基因遗传学在中国生不逢时，它在20世纪50—70年代中历尽坎坷，颠簸在政治风浪中，成为意识形态斗争下的牺牲品，同时也成为国家治理中的政治运作工具，其影响不仅波及遗传学学者，也让八竿子打不着的衣食百姓深陷其中，科学真正介入了政治与生活。下面重温这一阶段的中国遗传学大事[②]。

1949—1955年，新中国与苏联正处于同志加兄弟的蜜月期，无论政治、军事，还是经济、科学，一切都向苏联看齐。50年代初，北京农业大学校务委员会主任乐天宇立马效法苏联的李森科，停止开设“遗传学”“田间设计”和“生物统计”等课程，意在消灭摩尔根遗传学，另设李森科主义“新遗传学”，留学欧美的遗传学家们陷入了彷徨和困惑。此事堪称新中国以政治和特权干涉学术的第一次事件。1950年初，苏联科学院遗传研究所副所长H. N. 努日金来华宣传“米丘林—李森科主义”，共开展了76次演讲和28次座谈会，先后有10多万人参加。努日金特地与谈家桢讨论新旧遗传

---

① 张锡金. 拔白旗——大跃进岁月里的知识分子［M］. 华中科技大学出版社，2010：403.
② 冯永康. 中国遗传学大事记［J］. 中国科技史料，2000，21（2）.

学理论，欲以“阶级立场”和“世界观”压制谈家桢。会场上高沛之与努日金针锋相对，使之狼狈不堪，从此李森科主义开始摧残中国遗传学。李景均因不赞成批判摩尔根遗传学，又不堪忍受人身迫害，被迫离开祖国。此时，也有学者坚持学术信念，如陈士怡在《遗传学》（Heredity）杂志上发表论文《面包酵母 B-Ⅱ菌株呼吸缺陷突变型的遗传本质》，原创性地开辟了线粒体遗传学研究。但 1952 年 6 月 29 日，《人民日报》发表以李森科主义的观点来批判遗传学的《为坚持生物科学的米丘林方向而斗争》，严厉指责“我国生物科学的现状已经到了不能容忍的地步”，要求生物学以及相关的农学等学科按照李森科主义的模式进行改造，引发首轮摩尔根学派遗传学家纷纷公开检讨。遗传学课程和其他相关课程被取消，遗传学研究全部停止，中学生物学课本也取消了遗传学的内容，各类报刊经常批判基因遗传学。10 月起，农业部历时4 个多月，在北京农业大学举办 300 多人参加的“米丘林农业植物选种及良种繁育讲习班”，堪称史上规模最大。辽宁、江西、黑龙江、广东、广西等省区积极跟进，举办“米丘林生物科学传习班”。四川省农业科学研究所鲍文奎进行多年的谷类作物人工多倍体育种研究被迫停止。1955 年《植物分类学简编》对李森科的物种见解提出不同看法，中国科学院和中华全国自然科学专门学会召开“纪念米丘林诞生一百周年”大会时，痛批作者胡先骕，《植物分类学简编》停止销售，全部销毁。

其实从 1954 年底起，事情悄悄发生着起伏。当年《科学通报》的第 12 期刊载了罗鹏、余名崙翻译的苏联《植物学期刊》1954 年第 2 期的评论文章，首次将苏联关于物种及物种形成问题的讨论情况，以及许多苏联生物学家对李森科的物种理论进行的批评，较为系统地介绍给我国科学界。1956 年，毛泽东提出“百花齐放，百家争鸣”方针，中国科学院和高等教育部在青岛共同召开约 130 人参加的遗传学座谈会，于光远带头做了一些调研写作，提供与会领导参阅《关于米丘林生物学与孟德尔、摩尔根主义论争的一些材料》。于光远做了两次重要发言，使与会者进一步理解百家争鸣的方针。

翌年4月，科学出版社内部资料《遗传学座谈会发言记录》面世①。同年，遗传学界出现一批研究成果：鲍文奎和严育瑞提出，人工多倍体的结实率和种子饱满度问题，有可能通过在多倍体水平上的广泛杂交育种而获得解决；李竞雄及其助手育成首批具有抗倒伏、抗旱并显著增产的"农大4号""农大7号"等玉米双交种，为我国选育和利用玉米自交系间杂交种奠定了基础；朱洗在蓖麻蚕混精杂交的杂种优势的研究上，培育出冬季低温休眠的杂交新种。1957年，毛泽东第一次接见谈家桢，鼓励他"一定要把遗传学研究工作搞起来，要坚持真理，不要怕"。此后又3次接见谈家桢，继续鼓励谈家桢："一定要把遗传学搞上去，有困难，我们一起解决哟！"(此时正值中苏关系开始出现裂痕。)《光明日报》刊登李汝祺的文章《从遗传学谈百家争鸣》，成为核心层力挺遗传学的政治实例。此后，陈桢主持的中国科学院动物研究所第一次学术会议提出基础理论结合生产实践的"细胞遗传学""生化遗传学""杂交方式方法的研究"和"金鱼个体发育研究"4个方向的研究课题；经典名著孟德尔（G. Mendel）的《植物杂交的试验》由吴仲贤重新翻译出版；《生物学通报》"学术讨论""遗传学讲座"等专栏连续刊登介绍现代遗传学知识和发展动态的文章；徐冠仁选育出10个优良的杂交高粱组合，大面积推广应用带来显著经济效益，还促进了其他作物雄性不育系的研究；1958年起，经典遗传学课程和著作在复旦大学和科学院分别重新开讲和出版。尽管李森科主义还未完全肃清，但影响与危害已经随政治大气候明显衰落了。

1960年前后，由于国内外政治形势、阶级斗争和政治运动的需要，"反右"政治运动、高等学校和科研机构内批判资产阶级和"拔白旗"运动、苏联赫鲁晓夫继续支持李森科等政治事件的影响，基因遗传学还是不断地被不同程度地批判，主要是被某些运动专家拿来以示政治延续或政治正确。武汉大学、湖南农学院、湖南医学院、辽宁大学等内地院校再次批判孟德尔—摩尔根的观点和学说，

① 1985年，该记录由商务印书馆冠以《百家争鸣——发展科学的必由之路》书名公开发行。

裴新澍、卢惠霖等遗传学家受到了极不公正的批判。但此时，中国与苏联的蜜月毕竟结束，李森科的政治招牌已经褪色，批判者的出发点在于维持辩证唯物主义的学说，具有区域性的特征，未及影响全国。1961 年，复旦大学成立了由谈家桢领导的全国高校中第一个遗传学研究所，包括辐射遗传、微生物遗传和植物遗传与进化论等 4 个研究室，以孟德尔—摩尔根学说为指导，开展教学和科研，先后发表 50 多篇论文，出版 16 部专著、译作和讨论集。谈家桢先后到兰州大学、四川大学、云南大学和沈阳农科院等单位作"基因与遗传"为主题的现代遗传学演讲，讲稿经过整理充实，由科普出版社出版发行。谈家桢主持编辑的《遗传学问题讨论集》由上海科学技术出版社出版发行[①]。复旦大学成为基因遗传学的领头羊。

20 世纪 60 年代起，其他著名学者也成就斐然，吴旻为首的人体细胞遗传学组在北京协和医院内科成立，开创了我国的人体细胞遗传学和肿瘤细胞遗传学，建立起一整套立足于我国条件的外周血淋巴细胞培养方法和染色体技术，用于产前诊断、临床诊断和生物医学研究。他和和苏祖斐等分别报告了中国 XXX/XX/XO 和 XY/XO 嵌合体以及唐氏综合症患者的 21 -三体核型，引发了此后中国医学界对异常核型和染色体病的重视。他又和凌丽华对 70 名从新生儿到 61 岁正常人的 8 031 个细胞进行了有关参数的测量，提出了中国人体细胞染色体的基本数据和模式图。这不仅是我国第一个最详尽的染色体基本数据，也是当时世界上这一研究领域最详尽的参考资料。

由张孝骞指导，中国医学科学院成立了以罗会元为主任的医学遗传室。以张孝骞为主任的国家卫生部医学遗传学专题委员会，制定了我国医学遗传学的十年规划，提出了人体细胞遗传学、群体遗传学、免疫遗传学、遗传代谢病和辐射遗传学 5 个研究方向，在

---

① 《遗传学问题讨论集》共 3 册，汇集 81 篇文章，在当时让更多的人了解和关心遗传学的两个学派的争论，对繁荣和发展中国的遗传学起到了积极的推动作用。

《中华内科》杂志上发表了《重视医学遗传学的研究》。李汝祺、庄巧生、杨允奎、卢惠霖、李璞、裴新澍、胡楷、杜传书等在基础遗传学和应用遗传学方面都获得了许多成果。

农业植物遗传学方面，卢浩然结合黄麻杂交育种研究黄麻的质量性状和数量性状。鲍文奎经过10年连续制种，获得了八倍体小黑麦原始品系4 695个，选育出可用于生产的品系，其结实率已经达到80%左右。袁隆平撰写的《水稻的雄性不孕性》论文，发表在《科学通报》第17卷第4期上。1966年以后的10年“文化大革命”中，遗传学与其他科学一样，都遭到严厉批判，几乎所有的遗传学教学和研究都停止了。在这期间，只有水稻、玉米的杂交育种、一些农作物的单倍体育种和多倍体育种仍然在勉强地进行；人类和医学遗传学研究开展十分艰难。1970年，李必湖在海南三亚南红农场附近一块沼泽地发现了普通野生稻的一株自然雄性不育（花粉败育）株，经鉴定为“野败”雄性不育基因类型。胡含等人开始普通小麦花药离体培养的研究，翌年4月首次诱导小麦花粉植株成功。1971年，中国科学院遗传研究所创办的《遗传学通讯》正式发行。1975年该杂志改名为《遗传与育种》，定位于科普刊物；1979年正式改名为《遗传》，定位于中级学术刊物。1974年，中国遗传学界的遗传专业高级学术核心刊物《遗传学报》，由中国科学院遗传研究所创办发行。以后10年间，遗传学平稳发展。1978年中国遗传学会的成立，是中国遗传学发展史上真正具重大转折意义的事件。遗传学工作者已经十分清楚地认识到自己肩负的重任，摈弃了极“左”思想的束缚，抛开学术争论上的积怨，重新集合并建设遗传学的队伍，开始了新时期的奋力拼搏。

2.3.3 遗传学终究只是权争的牺牲品

中国遗传学的灾难开始于1949年，正好与苏联1948年“八月会议”相衔接。“八月会议”被西方科学界视为对伽利略的宗教裁判和迫害。当时有多达3 000名苏联遗传学家、农学家、植物学家作为“科学上的反动派”而遭逮捕、流放。典型的学院派泰斗瓦维洛夫沦为“苏维埃人民的敌人”；而原本只是一个学识浅薄、无甚建树的李森科，却荣居苏联科学院、列宁全苏科学院和乌克兰科学院的三科院士，他以“红衣主教”、首席科学家的身份独霸苏联科学界三四十年。这次学术颠倒源于一个偶然的机会，即李森科的父亲把冬小麦的种子在春天播种，结果当年的收成出奇好。当时还是农场育种员的李森科注意到了此事，他提出“春化作用”的概念，实际上就是一种育种方法，在种植之前令种子湿润和冷冻，以加速其生长。当时正在为粮食短缺犯愁的斯大林对李森科的伟大发现大加赞赏，“地无分南北，一律大种春小麦！”“党需要的不是像瓦维洛夫那样，而是像李森科那样工作”。斯大林亲自校阅李森科在“八月会议”上的主题报告《论生物学现状》。最高领导人对生物学的额外支持，并非幸事。李森科的气焰肆无忌惮起来，倚仗斯大林和赫鲁晓夫的“宠幸”，对现代遗传学全面攻击。

其实，李森科与瓦维洛夫的学术之争，不过就是细胞遗传与基因遗传之争。但是政治强权一旦介入，科学马上变味，贴上了“阶级”的标签。见风使舵的不止李森科一个，一部分知识分子自觉或不自觉地跟随，出现了一大批“李森科”，对“李森科事件”起到了推波助澜的作用。类似的事件，在苏维埃成立之后就不断出现。自 20 世纪 30 年代初起，苏联科学界已经受到了政治和意识形态的干扰，一些自然科学的观点和科学家纷纷被扣上“唯心主义”“资产阶级”“反马克思主义”的帽子，并由此引发了清查“资产阶级科学理论”的疾风暴雨。李森科靠他灵敏的嗅觉，发现了这一政治动向，于是他处心积虑，把自己打扮成苏联著名科学家米丘林的继承人。他宣称：只有细胞才是遗传的单位，坚持生物进化中的获得性遗传观念，否定基因的存在。在李森科看来，由孟德尔和摩尔根等人建立的西方遗传学不符合辩证唯物主义，因此应该被禁止。对俄罗斯民族而言，李森科主义的危害，波及了半个世纪，至今无法根本性扭转。

1953 年 4 月 25 日，年仅 25 岁的沃森与同在剑桥大学的合作伙伴弗朗西斯·克里克一起，在英国《自然》杂志上发表了一篇仅两页的论文，提出了DNA的结构和自我复制机制。这篇论文被普遍视作分子生物学时代的开端。当世界遗传学已发展到了分子生物学的巅峰状态之时，苏联遗传学还停留于细胞遗传学时代，落后了一个档次。

2.4 “曼哈顿计划”中的国家主义特征

发展生物化学、细胞生物学和基因技术的初衷，都是关注生命健康与生灵价值。但是，一旦与人类热衷的所有军事科研挂钩，生命科学技术入伍，科学伦理的底线就会屡遭突破，生命技术的原始初衷全部反转，畸变成生灵的杀手和军事的帮凶，比如逐一问世的生化武器、细菌武器、基因武器等。

最为突出的是第二次世界大战前夕，在国家利益至上的名义下，日后交战的两大利益集团，一方面研发拯救生灵、免受病痛折磨的技术；另一方面却千方百计开发毁灭性的秘密武器。双方的科学技术人员全面牵涉到世界大战的政治需要中，科学共同体以及科学家的道德人格与学术初衷在高压下分裂，与科学技术造福人类的独立精神完全背道而驰。1943年，德军首次实弹使用开创性的遥控导向滑翔炸弹FX-1400s，造成盟军在意大利萨莱诺登陆战役中的重大损失。与此同时，英国科学家杰弗里·佩克发现水和锯末的冷冻混合物强度为冰块的6倍。他为盟军在法国诺曼底登陆，极力推荐利用此项潜在的军事技术打造一艘长达2 000英尺真正不沉的航空母舰[①]。此刻，美国为主的科学家，却在悄悄落实另一桩人类历史上的军事研发——曼哈顿计划，即原子弹的问世和投放。这项国家主义的核子军用产物，即将证明生命话语被政治正确和国家战略所胁迫和玷污的史实。

2.4.1 放射医学：核子技术的理想归宿

19世纪，核物理学理论的确立和技术的进步，寄托了科学家

① 威廉·B. 布鲁尔. 盟军首脑决策内幕解密［M］. 王献志，等，译. 长沙：湖南人民出版社，2005：164.

的美好愿望。放射物理学基本原理的确立，照理说是为建立人类探索放射诊断和治疗疾病打下了基础。他们设想影像医学的诊断和治疗，将为人类的健康做出贡献，事实部分印证了这个初衷：

1896 年，法国科学家贝克勒尔发现了放射性；

1898 年，居里夫妇发现了放射性元素镭；

1934 年，人工放射性磷-30 成为医学上广泛应用的放射性核物质；

1942 年，第一个原子反应堆解决了放射性核素不易获得的难题；

1950 年代，自动扫描机、钼-99 和锝-99m 发生器、闪烁照相机等设备和元件的发明，使得放射显像技术迅猛发展；

1960 年代，创立了放射免疫分析法，核医学进入体外超微量分析的新阶段；

1970 年代，发明了放射性断层显像装置，即同位素 CT；

1980 年代，研制成功心脑功能显像剂等一批新型显像剂。

单克隆技术与核医学结合后，生物技术进入了崭新的阶段。计算机、核电子、细胞杂交、核药学、分子生物学、加速器微型化和自动化等现代科学技术的迅速发展和不断渗透，使核医学不断积累经验，理论和技术更加趋于成熟。比如，放射性示踪法在活体生理条件下，在分子水平动态地观察研究体内各种物质的代谢变化，真实揭示体内和细胞内代谢的细节，这在过去是无法想象的。临床核医学检查不仅能无创伤性地显示机体内不同器官组织的形态结构，而且可以分析组织的生理、代谢变化，对器官组织的功能做出判断，具有安全、可靠、快速、灵敏及特异性强等优点。伽马照相机用于心血管疾病检查，确保看彩色电视一样观测病人心脏跳动的连续变化过程，同时又能获得心脏收缩和舒张功能的定量指标。此外，还可以利用放射线对生物的辐射效应，放射性核素及其标记物对恶性肿瘤、内分泌疾病、血液病和冠心病等疾病进行治疗。特别是近年来飞速发展的核素介入治疗和单克隆抗体导向治疗（即生物导弹），为解除患者的病痛开辟了新的途径，展示了广阔的应用前景。

19世纪末，德国科学家威廉·伦琴发现射线，成为第一个诺贝尔奖获得者后，有科学家开始为此技术深表担忧。居里夫妇深刻透视到核裂变现象的社会意义，预言，“在那些发动战争的罪犯手里，核将产生令人恐惧的摧毁力量”。随着岁月的流逝和世事的走向，不出居里所料，放射技术在20世纪为促进生命健康广泛应用，同时也被政治和军事所利用，成为生灵涂炭的毁灭性武器。

2010年6月，《时代周刊》推出一期跨越87年的精选历史事件画册[①]，科学巨匠爱因斯坦因原子弹引爆榜上有名。这一次，是重点探讨科学的人文精神，其意义超出了表彰大师的科学成就，将能量定律与原子弹研发引发的人类悲剧和地球的未来作为终极思考，这也曾是伴随科学大师一生的噩梦。正如爱因斯坦生前的反思：“早知如此，我宁可当个修表匠。”他甚至懊悔当初投身科学研究事业。事情缘何发展至此？

2.4.2 原子弹：“曼哈顿计划”毁灭了生灵

1939年夏，欧洲战争爆发在即，匈牙利科学家格拉德担心德国造出核武器，找到爱因斯坦致信美国总统罗斯福，说明核裂变可制造出威力巨大的新型炸弹。总统认识到制造原子弹的可行性后，决心赶在德国人之前造出原子弹。1941年12月7日，日本偷袭美国珍珠港。此后不久，美国正式成为第二次世界大战参战国。1942年夏，纳粹德国的氘及氚产量越来越令人担心其发展大规模杀伤性武器的可能性。美国国家科学院在以往研究成果的基础上，统一了实施军事优先的国家主义理念，正式向总统递交研制核武器的申请并获得批准。美国预计此项计划不会超过1亿美元，结果在3年的研制时间里，这项原子弹研发竞赛“曼哈顿计划”膨胀成一个投入达20亿美元、直接雇员超过15万、前后参与人数达60万、消耗掉美国四分之一电力的庞大工程。

---

① STENGEL R. Inside the Red Border [J]. Time，June 28，2010：4.

值得研究的是，如果没有核能量公式的揭示者、20 世纪最伟大的科学天才爱因斯坦出面向罗斯福总统建议，"应抢在纳粹之前，研制出原子弹"，杀伤性武器的走向又将如何影响人类社会进程？直到原子弹在试验场研发成功，作为首席科学家的奥本海默仍无把握将其作为战略性武器："对于有没有希望结束这场战争，我们拿不出技术性的实证。"1945 年春，美军占领德国西部后发现，纳粹的核研究只限于实验室阶段而没有武器制造计划。爱因斯坦得知后，马上向白宫提出不必再使用核武器。美国 7 名著名科学家起草请愿书，说明使用核弹会带来严重的伦理问题，在世界上开创毁灭性攻击的先例，引发核竞赛。基于日本败象在即，已用不着使用原子弹了。参与"曼哈顿计划"的科学家们此时充满了负罪感，原子弹爆炸时的可怕威力令他们相信，是自己打开了潘多拉的盒子，包括爱因斯坦、奥本海默在内的科学家们开始了新一轮的联名上书。历史的细节总是耐人寻味，上一次科学家呼吁罗斯福总统研制原子弹，这一次却是希望杜鲁门总统放弃使用原子弹。

1945 年 7 月 16 日，第一颗原子弹试验成功，爆炸当量相当于 2.1 万吨三硝基甲苯（TNT）。"曼哈顿计划"中的核技术终极产物—原子弹，如愿交到政治家手中，一旦核弹在手，就由不得科学家了。罗斯福总统逝世后，接任总统的杜鲁门与斯大林和丘吉尔在波兹坦会晤后，要求日本无条件投降。此时，日本有 1 万架"神风"自杀式飞机，数百艘装载 4 406 磅一撞即爆弹头的"神勇"自杀小艇和全副武装的 235 万士兵、25 万卫戍部队和 3 200 万男女民兵，正在一起宣誓不惜与 100 万登陆盟军血拼，为天皇献身。作为技术上的试验和战略上的试探，8 月 6 日上午 8 时 15 分 17 秒，美国在广岛投放了"小男孩"原子弹，8 月 9 日又向长崎投放了"胖子"原子弹。8 月 15 日，日本宣布无条件投降，第二次世界大战宣告结束。杜鲁门总统等政治家和军事家成功了，盟军避免了 100 万战士的牺牲。

原子弹的成功研发，对政治的走向是决定性的，对人类的生命也是毁灭性的。晚年的爱因斯坦始终坚持反核立场，他临终前夕在英国思想家罗素起草的“罗素—爱因斯坦宣言”上签名，深深表明他对自己曾推动核武器的忏悔。同样大名鼎鼎的学术大师，罗素一生反对核武器的面世[①]。1923 年，他在伦敦出版的《原子入门》中，向世人提出了原子武器面世的可能性并预警一场核战争将宣告人类文明的终结。同样作为大师的爱因斯坦不会对此毫无警觉，但是政治立场与人文关切的最后权衡，他还是致信罗斯福提议研制核武器，酿成一生中自认为最大的错误和遗憾。其实，历史的偶然性都寓于必然性之中，爱因斯坦不必自责过深。假如当年不是他提交建议信，也会有别人提出类似建议，核武器问世只不过是时间早晚罢了。核武器对人类社会和人类性命的最终影响，确有双向可能，相对盟军方面以核武器威慑力最后结束世界大战，如果希特勒第三帝国最后赢得战争，也未必可以减少生灵涂炭。曼哈顿计划是福是祸，有待历史学家讨论；但科学被绑于战争，是不争的事实，所以有待科学史学者的参与。如果说，历时 3 年的曼哈顿计划还有史无前例的最后壮美的话，就是新墨西哥州沙漠上大男孩的试爆。爆炸地点上空升起一团巨大的蘑菇云雾，让每个目睹者都心生恐惧，具有诗人气质的奥本海默刹那间涌上心头的是一首印度古诗：“漫天奇光异彩，有如圣灵逞威；只有 1 000 个太阳，才能与其争辉。”他同时又想起了这首诗中的另外一句：“我是死神，是世界的毁灭者。”诗中蕴涵的正是至高无上的国家主义威严。现在只能靠宿命论来解释国家主义下的科学技术和人类自身的弱势了。

半个世纪以后，被打开的核威慑魔盒开始危胁人类。两件典型事例是：1986 年 4 月 26 日，曾被誉为世界上最安全、最可靠的乌克兰切尔诺贝利核电站 4 号反应堆，在半烘烤实验中突然失火引起爆炸，产生了相当于 100 倍广岛原子弹爆炸放射的污染，8 吨多强辐射物质尘埃随风飘散，无数生灵遭殃；2011 年 3 月 11 日，日本东北近海 9 级大地震带来海啸，同时引发了福岛核电站 1～6 号核

---

① 冯崇义．罗素与中国：西方思想在中国的一次经历［M］．上海：生活·读书·新知三联书店，1994：17．

反应堆不同程度的毁损，尤其暴露了核电战略和管理中长期存在的铁幕和腐败。日本政府自诩技术优于苏联，拒绝学者的核危机警告和地震复合冲击预测，而这种技术先进的自负，在大自然的威慑中不堪一击①。

2.5 我国生命科技史上的国家主义：衰落还是兴起

基于国家主义在人类历史发展中的利弊权衡，有学者呼吁"国家主义的历史终结"②。仔细翻阅史实，现实社会中以国家利益的名义，将科学发展用作政治治理的工具，不是更少而是更多了。尤其是在国家专利制度、政治经济与法律法规保护下，科学技术可以表现得比通过军事、文化、民族等概念更加明显地效力于国家利益。用国家主义的历史与现实情怀，将科学主义包装成乖孩子，按照既定的目标培养和利用。在1949—1966年的中国现代历史中，一大批类似的科技事件和科技人物，在政治运动中出场退场，充满形而上的革命意志，在国家意志指导下引爆了无数与科学成果毫无关联的文字火箭和卫星。在此，仅以1958年中国最高学术机构——中国科学院发生的科学臣服于政治的现象为例③。

1958年2月，中国科学院发出了"科学界的精神总动员"，提出"打破我们科学界的原子核……在今天不是应不应该跃进或能不能跃进的问题，而是如何实现跃进的问题""我们要打赢地球"。3月，科学规划委员会第5次会议提出"科学必须为生产大跃进服务这个根本方针""24万张大字报就像燎原的烈火，烧遍了我们京区的各个单位"。6月，中科院骄傲地宣布："我国科学事业的发展中，'一天等于二十年'的伟大时期开始了！"9月，科联、科普全国代表大会召开，会上提出"从社会主义建设任务出发来发展我国的科学技术。我们主张科学技术应当从发展生产、服务于社会主义建设

① 岩佐茂. 环境的思想 [M]. 北京：中央编译出版社，1997. 41.
② 乔新生. 国家主义的历史终结 [M/OL]. http://www.aisixiang.com/data/35194.html.
③ 何季民. 中国科学家在1958 [N]. 中华读书报，2008-11-26.

出发，用‘任务’来带动学科”“资产阶级学者则主张科学有它‘自己’发展的规律性，应从本门学科发展的需要来发展科学。……这是两条截然不同的道路，互相对立的道路”。10月，中科院“北京地区各单位举行了有1万人参加的规模巨大的中国科学院国庆献礼祝捷大会……是在今年5月跃进大会和‘七一’献礼运动的基础上进行的。……这一天正是苏联放射第一颗人造卫星一周年的纪念日……一共献出了2 152项科学成果，其中超过世界水平的有66项，达到世界水平的有167项。……水利科学研究院在对三门峡水库淤积问题的研究上，推翻了国际上一贯流传的错误见解，提出了改进方案，这就可以提前10年使水库开始排淤，大大延长了水库的寿命。中国科学院自然科学跃进成果展览会实际展出时间有35日……共有展览品3 000余件，其中主要展品有136项……达到或超过国际水平的展品有63项，另有6项是国际首创，其水平目前还无法比较”。“建筑新技术新材料会议”推广用玻璃丝代替钢材、菱苦土代替木材、矽酸盐代替水泥和砖修建“四不用”的楼房；科学家们一致认为“四不用”新技术大楼打破了“没有钢材、木材和水泥就不能盖大楼’的传统思想，“是我国建筑技术的重大创举，是取得的重大胜利”。

1958年，“大跃进”就是国家治理的方针，“放卫星”也是国家建设的需要，中国科学技术不是第一次被国家层面的专业机构当作政治需要，以各种面貌推出。2009年底，中国国家农业部悄悄地颁发了世界上第一张转基因水稻和玉米主粮的生产许可证书，中国一跃成为世界农业生物技术强国。新世纪中发生的案例自然无法完全套用历史模式，该项目到底是国家战略需要，还是利益集团挟持了国家战略，一时招来不同的社会反响，笔者将在随后的章节中重点分析①。

本章回顾了中外生命科学技术史上4个具有国家主义特征的重

---

① 方益昉．转基因水稻：科学伦理的底线在哪里？［M］//江晓原，等．上海书评选萃：流言时代的赛先生．南京：译林出版社，2013．

大事件，上述几项涉及生命话语的往事，凸显了逾越科学研究常规程序，突破科研伦理道德底线，维护国家利益为上的基本特征。

这种以国家利益为上的思维方式，即国家主义，是近代西方关于国家主权、国家利益与国家安全问题的一种政治学说，也是治国之道和治国之术的一种政治学说，其价值的归依是国家。国家主义认为国家的正义性毋庸置疑，并以国家利益为神圣的本位，倡导所有国民在国家至上的信念导引下，抑制和放弃私我，共同为国家的独立、主权、繁荣和强盛努力。在东亚，天然的文化环境正好有利于国家主义的生存与延续，国家主义与儒家文化的"家""国"概念和思维逻辑不谋而合。因此，东方国家中类似事件的发生更为频繁，在当代科学技术管理过程中，更易被政治人物选择性采用。近百年来，东亚为了摆脱被西方蹂躏的屈辱，自身存在强烈的民族崛起集体焦虑，无论是运筹帷幄的学者，还是直接行动的政治家，他们信奉传统文人的家国观念和使命感，对"有国才有家"的国家主义大旗敬仰不已，最终不惜违背科学的自由主义精神，这就是黄禹锡事件、胰岛素人工合成和遗传学落地中国等案例中，举国体制集中表现的原因之一。鉴于国家与政府的利益时有交叉的表现，混淆国家主义和政府主张，在东亚的政治与生命科学中表现得特别显著。这种国家主义体制从抹煞自由探索精神开始，强调集体主义，使回归科学技术本义的愿望一再失灵。在此过程中，大部分参与者思维麻木，个人优势泯灭，牺牲了学术领头羊地位，最后只能成为跟在人后的临摹者。这种既参照了科学共同体规则，又自成一体夹杂潜规则的举国行动，举起的只是集体孤立，游离于话语体系之外。最后，诺贝尔奖的聚光灯，也只能照亮他者的荣耀。

在分析上述案例时，往往会出现两种观点：秉承自由主义精髓的学者崇尚个人主义观念，在分析问题时往往从个体出发，极力寻找中国存在的问题；而那些秉承国家主义的学者崇尚集体主义观念，在分析问题的时候往往从整体出发，沉浸在国家兴盛的喜悦之中。我们不禁要问，中国科技发展的主要症结在哪里？这些表象再次证实了肯尼斯·L. 费德的观点："科学是由不完美的人类所从事的人为努力。”[1] 以民族与政权利益至上的国家主义特征，从来没有放弃渗透在重大科研项目中，表现最为公开，不断干扰着科学过程的纯洁，在人类自由与健康领域阻碍生命正常活动。

回顾黄禹锡事件，不但可以看到经典科技发生几百年来人类利用科技达到自身愿望的努力，更可以看到近几十年来政治、经济和社会因素参与科技发展进程的细节，看到东西方科学共同体在生命科学的高新技术领域展开的争夺，其激烈程度已经白热化。在现代科学技术走向成熟的过程中，在不同的历史阶段、不同的集团政治下，为了政治、经济和社会的利益平衡，通过研究和操作科学技术的特殊训练人员，配合历史大发展，表演了一出出紧扣人类社会的历史演义。

◆ 未来延伸研究的案例与焦点

青蒿素案例：

（1）青蒿素是我国少有的具备原创知识产权的科研项目和专利产业；

（2）青蒿素是中药现代化过程中遵循科学共同体路径发展的项目；

（3）青蒿素的研发起源于革命化的年代，技术专利模糊；

（4）青蒿素具有无法预计的生物医药产业化前景，受到资本青睐；

（5）非院士研究员屠呦呦获国际大奖再次冲击中国院士评审制度[2]。

---

① 肯尼斯・L. 费德. 骗局、神话和奥秘——考古学众中的科学与伪科学［M］. 陈淳，译. 上海：复旦大学出版社，2010：37.

② 在本书修订的时候，屠呦呦先生已经荣获 2015 年诺贝尔奖。正如作者数年前所关注的，屠呦呦的工作在国家主义盛行的年代是一个特例，也是值得从学理上加以深究的科学案例。详见《文汇报》“笔会专栏”文章《遭遇诺奖惊喜》（2015 年 10 月 11 日），见附录 2。

第 3 章

西方的进展与东方的失衡：后黄禹锡时代生命科技的发展与应用

▶ **本章重点**

本章聚焦东西方两大科学共同体在全力以赴争夺生命科学话语权的过程中，他们不仅收获了丰盛的生物技术研发成果，也暴露了生命科学技术出现的应用危机。重点对黄禹锡事件之后，西方获得的生物克隆和干细胞成果加以宏观层面的评价。结果发现：就在西方抓住机遇全线突破的同时，东方生命科学技术的开发应用领域却倒退到原始竞争阶段，某些骨干企业与技术人员不惜劫持生物技术，频频暴露出滥用技术与概念、危及生命健康的群体性丑闻。本章内容为下一章讨论科学精英的个人操守预留了空间。

3.1 聚焦“孤雌繁殖”：黄禹锡启发了干细胞学术思路

了解黄禹锡事件争议的学术本质，可以从生物学基本概念“孤雌繁殖”着手。孤雌繁殖也称“孤雌生殖”“单性生殖”，一般是指卵子未经受精，直接发育成正常胚胎新个体。目前生物科技已发现自然孤雌生殖和人工孤雌生殖两种方式。孤雌繁殖是一种普遍存在于原始动物种类身上的生殖现象，生物不需要雄性个体，单独的雌性也可以通过复制自身的 DNA 进行繁殖。孤雌繁殖是由生殖细胞而非体细胞完成的繁殖现象，所以有别于无性生殖。把孤雌生殖归类于有性生殖的原因之一，在于这种生殖方式产生的个体多数为单倍体，或者是进行重组之后的两倍体；而非无性生殖产生的新个体，其遗传物质和母体完全相同。可见，孤雌繁殖与体细胞克隆的个体是有区别的，后者属于无性生殖，具有和母体完全一致的遗传信息。黄禹锡事件发酵的原因之一，正是由于当时的学术界尚未意识到体细胞克隆技术中，居然还会出现孤雌繁殖现象。生命体最初是从一个干细胞发育而成，干细胞的万能分化和再生特点使干细胞具有特殊的意义，那么干细胞基因家族可以说是生物机体里最重要的基因家族了，因为干细胞具有再生和惊人的分化能力，是很多组织、器官和细胞的根源和起始。

科学史研究的基本学术素养，不仅要求学者把握学科的本质，更要求学者对于公共事件的关注能力必须超越大众媒体的围观心态和炒作手段。现在，距离2005年底的黄禹锡事件已有多年，大众传媒抗议韩国黄禹锡学术作假的舆论激情早已消退，法律诉讼业已告一段落。笔者持续跟踪该案的后续发展，以期理性探讨黄禹锡事件，梳理史实，解剖分析；尽力摆脱时事的影响和认知的局限，维护学术的严谨和思想的深度，甘心情愿扮演游离世事纷扰的孤独学问侠。坚持下来的自我体验是：学问不仅要保持独立的思想品位，也要体现学术研究的历史价值和科学哲学普遍意义。首先可以平静地考察，黄禹锡在学术上到底有何贡献得以功过相抵，免除牢狱之灾？黄禹锡被勒令停止人体干细胞克隆研究之后，各国同行又获得了哪些学术进展？在这里，时间充当了意想不到的公正法官，兼任幽默大师。

作为韩国本土培养的土生土长的动物育种专家，黄禹锡不仅是世界上最早克隆牛的专家之一，更被誉为“克隆狗之父”。世界上第一条克隆狗“斯努比”就是他的杰作，举世公认。

2004年，黄禹锡开始转向更为先进的干细胞克隆领域，队伍庞大，硕果累累。当一些本该在科学共同体内部进行正常范畴的学术讨论的争论被大众媒体有意引向社会舆论关注之后，缺乏西方现代分子生物学基础教育背景和学术渊源的黄禹锡博士开始陷入转型危机。他既无力及时洞察大量实验结果背后的开拓性意义，也无力要求国际学术共同体及时提供公正的学术鉴定与评估。技术同行、利益团体，甚至团队内部，质疑声一波高过一波。先是指责他违背伦理约定获取妇女卵子，用于克隆研究，最终排山倒海的舆论一致认定黄禹锡获得的克隆干细胞株缺乏传统识别标记，属于伪造作假。其实，此时的黄禹锡已经站在了将人类干细胞克隆带向孤雌繁殖的关口，而他本人正被各界压力搞得晕头转向。

2007年，黄禹锡被认定"造假"500天后，哈佛大学乔治·达利（George Daley）教授的研究团队，通过逐一复核黄氏干细胞株，确认它们实属克隆产物。达利团队居然依靠黄氏干细胞，一夜功成名就①。又过了100天，体细胞克隆猴胚胎出笼②和"基因鸡尾酒"诱导的非胚胎型干细胞上桌③。在转折性的2007年，有关生命本质的3项突破性成果，全部突破了传统意义上的生殖克隆范畴，科研成果被美国和日本科学家尽收囊中。斯坦福大学人类胚胎干细胞研究与教育中心主任瑞妮·培勒教授（Renee R Pera）所言基本代表了科学同行的判断，当年的"黄禹锡事件"大大影响了细胞核转移研究。其实，如果黄禹锡当时认识到并宣布这是一项特殊的孤雌繁殖，他的工作成果将遥遥领先世界同行，这些成果将使黄禹锡博士成为真正的科学大师。事实也是如此，经历了2005年灭顶之灾的黄禹锡，在此后的几年内，还是连续发表了大量的学术论文（参见附录4：2005年12月—2011年6月间黄禹锡发表的主要学术论文）。2008年通过脂肪细胞核成功克隆出了17头面临绝迹的中国藏獒。2011年10月，黄禹锡更上一层楼，成功获得8只异种克隆的

① KIM K, NG K, RUGG-GUNN P J, SHIEH J H, KIRAK O, JAENISCH R, WAKAYAMA T, MOORE M A, PEDERSEN R A, DALEY G Q. Recombination Signatures Distinguish Embryonic Stem Cells Derived by Parthenogenesis and Somatic Cell Nuclear Transfer [J]. Cell Stem Cell, 2007, 1 (3): 346 - 352.

② BYRNE J A, PEDERSEN D A, CLEPPER L L, NELSON M, SANGER W G, GOKHALE S, WOLF D P, MITALIPOV S M. Producing Primate Embryonic Stem Cells by Somatic Cell Nuclear Transfer [J]. Nature, 2007, 450 (7169): 497 - 502.

③ TAKAHASHI K, OKITA K, NAKAGAWA M, YAMANAKA S. Induction of Pluripotent Stem Cells from Fibroblast Cultures [J]. Nat Protoc, 2007, 2 (12): 3081 - 3089.

北美郊狼。在2005年以后世界各国的干细胞克隆研究领域，科研工作者基本上采用了孤雌繁殖的整体思路原则，逐步告别了与性别和胚胎有关的传统研究路径，其战略意义在于避免了生殖伦理的羁绊。所以说，黄禹锡曾经获得并且发表的学术数据瑕不掩瑜，功不可没。

3.2 两年突破3项干细胞研究纪录的西方学术圈奇迹

2007年9月，哈佛大学乔治·达利教授通过当天刚刚发表在《细胞》上的一篇论文宣布：2004年，由韩国胚胎干细胞专家黄禹锡博士建立的人类疾病基因胚胎干细胞株，已被该研究团队确认，这些细胞株的建立方法是不含外源性基因污染的单性繁殖胚胎干细胞，很有可能是一项历史性的创举。传统的SCNT胚胎干细胞克隆技术成功率仅为3%～5%，而胚胎干细胞的单性繁殖成功率高达20%，朝糖尿病、帕金森氏病、早老性痴呆综合症和脊椎神经损伤等细胞治疗的目标又大大迈进了一步。

在宣布自己研究成果的同时，达利教授也不无可惜地对表示：2005年，巅峰时期的黄禹锡博士还没有来得及认识到自己科研内容的价值，就已经被搞得焦头烂额，根本无法顾及科研数据的分析，制定下一步科研方向；而那时，许多西方学者却从中看到了一丝曙光。

两个月后，《自然》杂志于11月14日宣布：位于美国俄勒冈州比弗顿的国立灵长类动物研究中心科学家米塔利波夫（S. Mitalipov）率领的研究小组，成功克隆出猴胚胎，并从中获得2批胚胎干细胞，研究人员从克隆胚胎中已经培育出成熟的猴子心肌细胞和大脑神经细胞。该中心前负责人沃尔夫（T. Wolf）说，米塔利波夫的研究基于显微技术，而没有使用紫外线灯光和有色溶液，因为后两者对于灵长类动物的卵细胞具有破坏性。这一体细胞克隆技术首次突破了人体克隆的关键障碍，人类应用临床细胞治疗的时间可能在未来 5～10 年内实现。他小心而巧妙地评价了该成果：“我们在这方面首开先河，尽管这个领域因韩国的造假而被污染。韩国的研究可能有一定的有效性，我们的研究报告将成为首份有关灵长类动物医疗克隆技术的文献。”黄禹锡的工作再一次在当月克隆新闻的报道中被反复提及。

又过了一个星期，美国和日本科学家组成的两个独立研究团队分别在 11 月 20 日出版的《细胞》和《科学》上同时宣布，已经找到了一种全新的基因技术，通过将 Oct3/4、Sox2、c-Myc 和 Klf4 基因与皮肤细胞经过“基因直接重组”（direct reprogramming）后，可以转化成为具有胚胎干细胞特性的细胞。日本京都大学山中伸弥（Shinya Yamanaka）发现，只需要将 4 个基因 Oct3/4、Sox2、c-Myc、Klf4 送入已分化完全的小鼠成纤维细胞，即可以把成纤维细胞重新设定变回具分会全能性的类胚胎干细胞”诱导式多能性干细胞”（induced pluripotent stem cells，简称“iPS cells”）。美国威斯康星大学的汤姆森（James Thomson）研究团队则利用了 Oct4、Sox2、Nanog 和 Lin28 这 4 个基因片断，将人类体细胞重新设定变回干细胞，成为 iPS 细胞。

上述技术可以将普通的皮肤细胞转换成任何组织细胞。关键是，这项发现解决了以往必须通过破坏胚胎进行干细胞研究的伦理学争议，使得干细胞研究的来源更不受限。但是，新的问题也随之产生，将成熟细胞诱导后向未分化细胞水平发展，其失控的后果与化学和物理致癌如出一辙。这样，公共卫生专家们又将面临新的疾病预防和控制的挑战。发现这个技术奥秘的两个研究团队分属于日本京都大学和美国威斯康星大学麦迪逊分校。他们虽然独立研究，但使用的方法几乎完全相同，更巧合的是竟然同时分别被两本期刊审核通过，证明基因直接重组技术的确有效。随后德国马普研究所汉斯·R. 舒乐教授（Hans R. Schöler）团队发表在《细胞》上的文章把这项工作推向了更进一步，他们只用了一个基因 Oct4 就成功地在体细胞中诱导出了多能性干细胞 iPS!

此刻，黄禹锡已经完全被科学主流所淡忘。只剩极少数历史学家和科学思想家，通过科学人文学术视角，继续孤独地回顾比较东西方干细胞克隆团队的得失与战略。

3.3　后黄禹锡时代的干细胞与克隆技术研究成果总汇

从2005年底至2011年，全球各地的生物克隆技术与干细胞领域不断制造生命惊喜，一系列的基础研究成果和临床实验应用预示了生命科学技术在再生医学领域已经积聚推动重大进展的能量。最新成果如下所述。

2011年2月，美国《血液》杂志网络版发表了日本研究人员的最新成果①，他们开发出了能够诱导多功能性干细胞（iPS细胞）高效制造造血干细胞的技术。按照这样的思路，未来医生可以利用这种人为控制的临床技术，刺激人体制造大量造血干细胞，从而代替骨髓移植。这项研究由东京都临床医学综合研究所和大阪大学的研究人员，首先利用实验鼠的iPS细胞制作出中胚层细胞，再植入LhX2基因，最终生成了大量的造血干细胞。属于基因片段调控下的干细胞诱导方案，在黄禹锡实验、山中伸弥团队和汤姆森团队的研究成果中，都可以看到相关脉络。

2010年5月，日本国立癌症研究中心研究员石川哲也率领的研究小组，利用人体皮肤和胃细胞，在世界上首次成功制造出肝脏干细胞。这种细胞间互相转化的技术，其实都离不开干细胞技术的参与。该技术的成功意义在于解决了实验用肝脏细胞的来源难题。肝脏细胞难以在体外培养，但他们制造出的这种干细胞可以在体外大量增殖，因此可以用于肝炎病毒研究，推动个性化新药开发。目前治疗肝炎的药物大多有较强的副作用，但在开发替代新药时，需要进行肝脏细胞感染病毒的实验。由于某些肝炎病

---

① KITAJIMA K, et al. In Vitro Generation of HSC-like Cells from Murine ESCs/iPSCs by Enforced Expression of LIM-homeobox Transcription Factor Lhx2 [J]. Blood online February 22, 2011; DOI 10.1182/blood-2010-07-298596.

毒只感染人类和黑猩猩，给实验带来相当大的困难。此外，由于肝脏具有解毒功能，这种技术制造的细胞还可用于药物毒性等研究。

利用人体角膜的特殊性，先在组织部位而非器官病变处着手，可能是干细胞临床应用最易和最早获得成功的领域。2009年12月，美国《干细胞》发表英国东北英格兰干细胞研究所从患者正常角膜提取自身成体干细胞，经实验室培养再植回受损角膜的干细胞治疗方法，使8名失明15～54年的患者恢复了视力。但目前只能针对单眼失明的治疗手术，未来将开展双眼受损患者的治疗。自体干细胞技术不用服药抑制免疫排斥反应，对角膜缘干细胞缺陷(LSCD)——因佩戴隐形眼镜、生病和工业事故导致的眼睛受损——的患者很有帮助。过去几年，从骨髓里提取的干细胞用于治疗癌症和免疫疾病已经开始临床应用。英国医生2005年起就尝试利用人体角膜成体干细胞，而不是动物体内提取的干细胞治疗患者。2010年11月，美国食品药品管理局进一步批准使用胚胎干细胞治疗遗传性眼病的临床试验。美国先进细胞技术公司将闲置的试管婴儿胚胎干细胞注入几十名患有斯塔加特氏病（又名“少年型黄斑变性”）的成年病人眼部（患有该遗传性眼部疾病的病人眼睛内的感光视网膜细胞已经损坏），接受治疗的病人有望6周内重见光明。首批3名病患将接受5万个胚胎干细胞注射；第二批病患将接受10万个胚胎干细胞注射；最高注射剂量将达到20万个胚胎干细胞。公司宣称，“老鼠实验已经证明，最低剂量的注射之后，老鼠的视力获得了明显改善，而且没有任何副作用，人体试验或许也能获得成功”。胚胎干细胞将彻底改变医学领域的面貌，因为它们能够就地修复受损的身体组织和器官，而不需要进行全器官移植。英国格拉斯哥的一名中风患者成为全球首例接受干细胞注入脑部实验的病患。其注射的干细胞来自于流产的胎儿，就再生能力而言，胎儿干细胞的功能没有胚胎干细胞强大。当月，另一家美国公司（杰龙生物技术公司）宣布，为8～10名因脊柱受伤而导致下半身瘫痪的患者注射GRNOPC1细胞，希望能够修复其受损的神经元。2011

年2月，英国皇家学会沃尔夫森研究优异奖授予该国斯蒂特教授，鼓励其开展血管干细胞研究，治疗糖尿病性视网膜病变的眼部疾病，促进受损视网膜内的血管修复。

2010年12月，美国《分子与细胞蛋白质组学》第11期发表我国山东省干细胞工程技术研究中心李建远有关人类精子成熟相关蛋白方面的研究突破。人类精子成熟是男性生殖调控的重要环节，精子成熟障碍是引起男性不育的主要原因之一。因此，研究精子成熟相关蛋白有助于提高临床不育的分子诊断及治疗水平，通过干扰精子成熟，还可以调控生殖，有效避孕。该团队采用系统工程化分子生物学研究技术手段，解析正常附睾基因、人类附睾、睾丸蛋白质、附睾管腔液分泌型蛋白谱，并建立了相应的1 030种蛋白抗体库，鉴定发现附睾和睾丸表达的精子定位蛋白317种（包含了人附睾分泌精子结合蛋白家族），对其进行了科学系统的分类编号与命名，并注册于国际人类组织基因库，为进一步了解精子上定位蛋白的潜在功能提供了基础。功能研究发现了与精子运动、穿卵、获能、抗氧化和免疫防御等功能有关的重要靶蛋白。中国是一个重视技术应用的国家，这是由于在基础研究上与世界脱节较大；另一方面，市场规模巨大又为技术推广应用建立了巨大的可能性。实现这种优势的重要一点，在于如何规范实用产品的可靠性与安全性。值得警惕的是，中国媒体上居然公开张贴招揽干细胞治疗的临床广告[①]，从肝脏疾病到大脑疾病不一而足。尽管医疗事故时有发生，临床效果无法确认，但违法成本极低，还是有医疗人员与机构不断挑战科学伦理底线。这样的医疗服务消息传到海外，使得当地的一流干细胞研究专家们，竟然一时失语。他们普遍的认知是，有关干细胞的基本生物医学问题尚在云里雾里，怎能拿起干细胞概念就敢上市吆喝。这个世界性的差异，首先还是政治法律上的不平衡营造了不法人员盗用科学技术的社会空间。

① 有关干细胞治疗疾病的夸大宣传，可以查阅中华干细胞网站等媒体资料。如：http：//www.gxbcn.com/zf/20110323_1788.html.

2010年5月的《自然》杂志发表庆应义塾大学实验动物研究中心佐佐木惠里（Erika Sasaki）博士的研究成果，他们利用原产巴西的一种小型长尾猴，引入从水母体内离析出的携带绿色荧光蛋白的外来基因，在蔗糖溶液中培育晶胚，最后培育出世界上第一批可以复制人类疾病，并且会发出绿色狨猴皮肤萤光的转基因灵长类动物。这些实验室猴子无疑为研究人类疾病的成因和治疗手段提供了一个全新的模型。但日本科学家的研究可能潜在地引发了一场“道德风暴”。这项用在与人类血缘关系最近的“亲属”灵长类动物上的技术，理论上也可以用来培育转基因人，而动物福利运动组织已经广泛呼吁保障各种地球生灵的权利。绿色荧光蛋白通常被用作生物科技产业的一种指示器。在紫外光照射下，体内携带绿色荧光蛋白的动物会发出绿光，证明一个关键性基因序列已经“接通”。转基因晶胚随后被植入7只代孕狨猴的子宫，3个“代孕妈妈”最后不幸流产，另外4个生下5只小狨猴，并且均携带绿色荧光蛋白基因。在其中2只小狨猴体内，绿色荧光蛋白基因与生殖细胞融为一体。这2个成功的实验产物中的1个随后孕育了第二代狨猴。医学研究人员一直渴望获得在解剖学方面与人类相近程度超过啮齿类动物的动物模型。转基因老鼠能够表现出确定的人类疾病症状，是潜伏期实验室研究的支柱，但与人类种属差异较大。很多疾病包括阿尔茨海默氏症和帕金森氏症在内的神经系统疾病，无法在生物学方面与人类存在巨大差异的啮齿类动物身上进行“复制”。第一只转基因猴子“安迪”（ANDi，“Inserted DNA”倒过来的缩写）诞生于2000年，也携带绿色荧光蛋白，但不是在生殖细胞中。日本科学家取得的这项最新成就为培育继承所复制的人类疾病这一特征的转基因灵长类动物“克隆儿”打开了希望之门。研究人员在一份新闻稿中表示：“一种植入灵长类动物的基因又被下一代继承，这在世界上还是第一次。”未来的研究计划包括培育转基因狨猴，复制帕金森氏症和肌萎缩性脊髓侧索硬化症等人类疾病。在刊登于《自然》的评论中，美国灵长类动物专家杰拉尔德·斯查顿（Gerald Schatten）和舒克拉特·米塔利波夫（Shoukhrat Mitalipov）将这项成就称之为“一个毋庸置疑的里程碑”，但同时也应引起人们足够的警惕。在复制一些疾病方面，狨猴所能起到的作用无法与狒狒或者恒河猴相提并论，尤其是复制艾滋病病毒和结核病。这就预示着科学家还在向更高级的、接近人类本身的动物克隆上前进。同时危机已经显现，在猴子遗传代码中随机植入一个外来基因导致了流产，还可能导致癌症。斯查顿和米塔利波夫警告说，科学家还必须面对公众对动物福利的合理关注，以及对制定“现实政策”阻止培育转基因人的呼声，包括“英国基因观察”等监视基因研究道德问题的非政府组织。争论的焦点是动物本身、未来后果，以及转基因人在道德和伦理上是否正当。

3.4　合成生物学引领人类科技制造首例人造生命维形

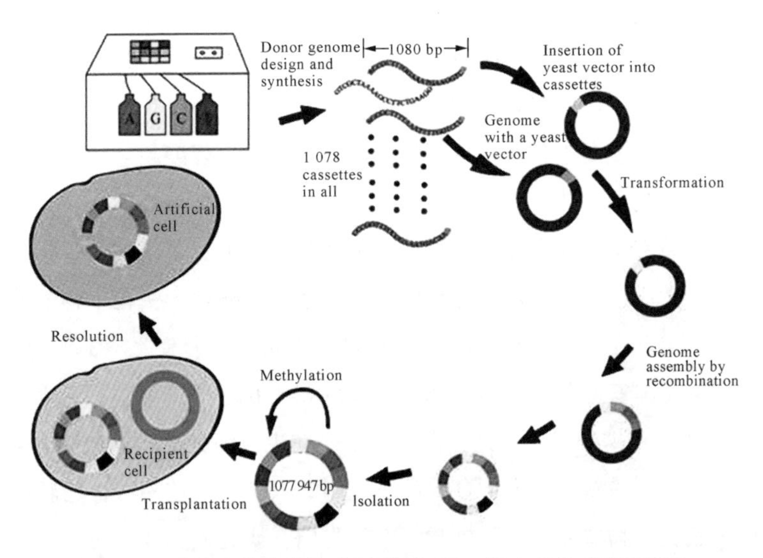

图 3-1　人造生命合成体“辛西娅”（Synthia）的技术实现路径

2010 年 5 月，一直坚持民间立场，从事国家体制外基因组研究与应用的美国科学家 J. 克雷格·文特尔（J. Craig Venter）博士将“后基因组时代”的生物技术推进到了历史性的时刻，地球历史上第一个人工合成基因组编码的细胞炮制成功这不仅在科学界，在哲学界也再次引起关注[①②③]。

人造生命合成体“辛西娅”蕴意的技术实现路径如图 3 - 2 所示，这种方法属合成生物学，有别于通过传统遗传工程的克隆技术，获得嵌合体细胞的手段。主要区别在于：辛西娅合成体发端于科学家掌控的电脑 DNA 设计程序；遗传物质由人工合成，其他组分均来自已有的生命形式。科学家在山羊支原体（mycoplasma capricolum）细胞空壳内安放的遗传物质却是依照另一个物种设计的，即蕈状支原体（mycoplasma mycoides）的基因组人工合成物质，两者融合后产生的人造细胞，在山羊细胞中表现出的却是蕈状支原体的生命特性，成为地球上有史以来第一个由人类制造并能够自我复制的新物种，《科学》杂志上的论文标题《创造由化学合成基因组控制的细菌细胞》是科学家们最为严谨的语言表达。体现人造细胞“辛西娅”中依照蕈状支原体合成的基因组这段多于 1 000 kb 的 DNA，如果离开了酵母的中间扩展环节，仅靠化学合成，目前还未达到 100%的人造生命阶段，未来也不确定。

人造生命的出现并非偶然。早在 20 世纪 60 年代，我国科技人员从合成生物学的角度，人工合成了结晶牛胰岛素。此后，王德宝等人历时 13 年，于 1981 年 11 月 20 日又合成了具有与天然分子相同化学结构和完整生物活性的核糖核酸——酵母丙氨酸转移核糖核酸（Yeast alanine tRNA）。1995 年起，文特尔团队就开始酝酿制造人造细胞，为了便于操作，他们利用原核生物中基因组最小的，也是目前发现的最小、最简单的具有自我繁殖能力的支原体细胞作为研究工具。现在，出现在地球上的“辛西娅”合成体，这种生灵在

---

① GIBSON D G, GLASS J I, LARTIGUE C, NOSKOV V N, CHUANG R Y, ALGIRE M A, BENDERS G A, MONTAGUE M G, MA L, MOODIE M M, MERRYMAN C, VASHEE S, KRISHNAKUMAR R, ASSAD-GARCIA N, ANDREWS-PFANNKOCH C, DENISOVA E A, YOUNG L, QI Z Q, SEGALL-SHAPIRO T H, CALVEY C H, PARMAR P P, HUTCHISON C A 3rd, SMITH H O, VENTER J C. Creation of a Bacterial Cell Controlled by a Chemically Synthesized Genome [J]. Science, 2010, 329 (5987): 52 - 56.

② Venter J C. The Human Genome at 10: Successes and Challenges [J]. Science, 2011, 331 (6017): 546 - 547.

③ 孙明伟，李寅，高福. 从人类基因组到人造生命：克雷格 · 文特尔领路生命科学 [N]. 生物工程学报，2010 - 06 - 25.

天堂和地狱的花名册上未曾登记，就连上帝也未曾相识，完全依赖系统生物学、生物信息学等基因组技术为核心构成的合成生物学理论与技术，即综合了生物化学、生物物理和生物信息等技术，利用基因和基因组的基本要素及其组合，设计、改造、重构、创造生物分子、生物体部件、生物反应系统、代谢途径与网络，直至发明具有生命活力的生物个体。合成生物学包括两大类工作：利用非天然的分子再现自然生物体的天然特性，创造人造生命；分离自然生物体中的一部分，将其在非天然机能的生物系统中重构。合成生物学能够设计和构建工程化的生物体系，使其能够处理信息、加工化合物、制造材料、生产能源、提供食物、处理污染等，从而增强人类的健康，改善生存的环境，以应对人类社会发展所面临的严峻挑战。

鉴于合成生物学的研究已经涵盖了前期基因工程、克隆技术、转基因科技等一揽子最新生物技术手段，可以说，国际科学界对于相关科学伦理的探讨和规范从来就没有停顿过。“辛西娅”合成体完全颠覆了西方宗教伦理和社会进化伦理，风险难料。尽管各个利益团体对此褒贬截然相反，也有将文特尔博士绳之以法的呼吁，但美国法院没有像韩国法院一样，受理任何指控科学家违背伦理的起诉。伦理规范作为有别于科学话语的另一套理论建构，伴随文化背景和社会发展的时空变化，其与时俱进的性质成为评价西方伦理学说进步的特点之一。美国国会和政府的最大动作是请文特尔博士出席公开的听证会，当面了解学者下一步的研究计划，予以风险预警，包括探讨合作可能性。韩国生物技术引发的伦理危机，似乎不会在西方学术共同体内爆发。

3.5　提倡科技敬畏，避免技术开发危及生命健康

尽管中国文化的特征之一是崇拜，文明记载中不乏原始的自然崇拜、圣灵崇拜，到流传千年的帝皇崇拜、精英崇拜，但我们没有严格的宗教崇拜，因此个人自我约束和社会道德压力来源较弱。20

世纪70年代末，核心层提倡科学技术是第一生产力，发展经济，致富光荣。于是，社会拜金和血腥竞争的商场恶习逐渐逾越了崇尚简朴与自律的传统道德底线。对于起点为零、急于发财的社会各路人马来讲，崇拜科学技术就是收获金银财富，对于技术的危害和双面性，却很少有人提及，甚至有意回避。因此，30年来，相对西方在生命科技的高端话语把握，中国近年来在生命科技上出现越来越多的乌龙丑闻也就不足为怪了。经济腾飞中的中国，渴望在生物医学的基础科研和应用技术领域收获相应的发展。遗憾的是，中国生命科学的顶尖团队如中科院生命所，即使仅与美国同行研究团队比较，也很难进入前30名[①]。科学技术的内在规律与初级市场经济的内在规律本就无法兼容。绝大部分科研依靠低廉人力成本和粗放型资源消耗模式，通过模仿同质化重复试验项目制造垃圾论文和廉价成果，结果在国际科学共同体内缺乏权威话语和学术尊重。同样，在生物技术产业方面，许多行业与世界主流截然相反，获利路径不是崇尚严谨，而是走在危机四伏的实用边缘。以下试以对生命健康影响最直接的农牧、水产、食品行业为例，分别阐述。

3.5.1 粗放型的添加剂技术泛滥在危害生命健康的食品安全领域

1. 特仑苏

相对而言，违规开发和使用新颖食品添加剂属于我国食品添加剂危机中相对比较“文雅”的一种行业陋习。2010年初，中国著名乳制品品牌“蒙牛特仑苏”的产品说明书上注解：OMP（Osteoblast Milk Protein）是一种来自牛乳的乳蛋白，有助于构成或修复人体组织。根据“蒙牛”公布的OMP的生化数据，其生化结构与IGF-1完全吻合。“蒙牛”2006年提交的专利表明，在“能促进人体对钙的吸收”的牛奶制品中添加了IGF-1。

IGF-1（Insulin-like Growth Factors），即“（类）胰岛素样生长

① 蒲慕明．立足本土规划科研生涯［J］．科学，2011（1）：1-3.

因子”，是生长激素产生生理作用过程中必需的一种活性蛋白多肽物质。一般牛奶也含 IGF-1，超高温消毒不能使其完全失活，不过含量很低，浓度约为 4 ng/ml。但据蒙牛专利数据，100 克特仑苏奶中添加的 IGF-1 含量高达 5.65～16.8 mg，为一般牛奶的数万倍。果真如此，就很值得消费者担忧了：这会使患多种癌症的风险增加[①]。

2010 年 2 月 2 日，国家质量监督检查检疫总局向内蒙古自治区质量技术监督局发出公函，要求该局责令蒙牛公司禁止向“特仑苏”牛奶添加 OMP 物质：“鉴于目前我国未对 OMP 的安全性做出明确规定，IGF-1 物质不是传统食品原料，也未列入食品添加剂使用标准，如人为添加上述物质，不符合现有法律法规的规定。请你局责令蒙牛公司禁止添加上述物质，并通知蒙牛公司，如该企业认为 OMP 和 IGF-1 是安全的，请该企业按照法定程序直接向卫生部提供相关材料，申请卫生部门做出是否允许使用 OMP 及 IGF-1 的决定。”[②]

IGF-1 生长因子，或者换一种称呼 OMP，确实是近几十年来细胞免疫学科内非常热门和领先的课题项目，作为一种非特异性的细胞生长刺激因子，正常细胞和癌症细胞无一例外均会受其刺激，快速分裂生长。蒙牛公司缺乏对 IGF-1 蛋白质功能的原创研发能力，但并不缺乏模仿拿来能力，这种实用主义的功利性发展模式在中国文化中往往成为穷则思变的动力，获得产业话语的支撑。问题的关键是，国家在新颖食品添加剂的研发应用上，起码还编制了一套法规，有着形式上的规范要求，而在一个发展冲动大大超越生命安全考量的市场经济中，规范往往是拿来事后遮羞的托词。综观中国市场，GMO 添加等类似事件层出不穷。

2. 避孕药

将人类避孕药用于饲养业听上去真叫人匪夷所思。避孕药被用

---

① YANG Y, YEE D. Targeting Insulin and Insulin-like Growth Faetor signaling in Breast Cancer [J]. Journal of Mammary Gland Biology and Neoplasia, 17 (3-4): 251-261.

② 杨滨. 蒙牛特仑苏“OMP”被叫停 [EB/OL]. http: //news.sina.com.cn/o/2009-02-11/131015145771s.shtml.

于鱼类、黄鳝和螃蟹等我国传统水产养殖中，一直是消费者的担忧，但水产养殖界人士通过各种渠道否认这种传言的真实性。至于这样的传言为何越传越远，可能与目前我国市场上小化工厂和小药厂泛滥，生产酮类避孕药的化学粗制品（如左炔诺孕酮、炔雌醚、炔诺酮、炔雌醇、甲地孕酮、已酸羟孕酮、醋酸甲羟孕酮、壬苯醇醚、甲羟孕酮、长效黄体酮、孕二烯酮等）技术门槛低，以及流通环节松散、医药行业监管不力等制度性缺陷有关，这就难怪市场流言四起了。而类似在水产品和禽类养殖中抗生素添加泛滥的事实确凿，这也为酮类化合物的危机制造了话题。

3. 抗生素

养殖业中大量使用抗生素已是业内公开的话题。调查数据显示，抗生素产量的 50%被养殖业消耗殆尽。在养殖利益驱动下，饲料中添加抗生素，能明显提高产肉畜禽的日增重，饲养用抗生素的目的 90%是为了提高转化率而非兽医治疗。人兽同药的结果，是养殖业滥用的抗生素通过食物链作用到人体，导致超级细菌泛滥。哈尔滨市郊 30 家养殖户使用抗生素和激素的调查结果是：土霉素使用率 100%，庆大霉素、环丙沙星、青霉素的使用率高达 80%。举例来说，奶牛疫病期间使用青霉素、氯霉素后残留物通过血液进入牛奶，用药后 3～4 天内原奶都含有抗生素，一旦流入市场，消费者长期饮用，人体抗药性就会上升。在业内专家的指导下，奶源提供者使用“解抗剂”对付抗生素检查。

水产养殖中抗生素的使用也同样常见，人工饲养鱼虾密度太大，很容易感染，存在滥用氯霉素等抗生素的情况。现在检验检疫都是按照农业部 2002 年的公告《动物源性食品中兽药最高残留限量》进行，该公告仅规定了 20 种药物在水产品中的最大残留限量，但现在的抗生素种类多，你不知道他用的是哪一种，就不知道用哪种药物来标样，不一定检验得出来。中小养殖户不仅大量使用具有严重毒副作用的淘汰类别抗生素，就连人类还在试用的某些抗生素也已经用于畜禽鱼类养殖。在饲料中添加抗生素，是抗生素不合理使用的主要形式。抗生素可削弱胃肠内有害微生物，抑制、杀死致病菌，从而提高动物的抗病能力；同时，可以刺激动物脑下垂体分泌激素，促进机体生长发育，从而加大增重速率。

抗生素滥用加大了动物疾病的防治难度，但也造成了人类细菌性耐药性的增加，直接或间接地影响力了人类健康。含大量抗生素残留的肉蛋禽，对胎儿的危害是成人的百倍。虽然动物产品残留抗生素含量极低，对机体的直接毒性很小，但长期食用后可在体内蓄积，给人体健康带来危害。如出现荨麻疹或过敏性症状及其他不良反应；耐药性不知不觉增强，一旦患病很可能就无药可治。

蹊跷的是，我国在出口食品方面却没有遭到禁止和退货。中国向 200 多个国家和地区出口食品的合格率多年来一直保持在 99.8% 以上，这要归功于全国设有近 6 000 家食品检验机构，对 6 000 多个出口食品原料的种植养殖基地进行备案，建立了 260 多个出口食品质量安全示范区，国家主义的行为在经济活动中成为联盟。出口产品中不用抗生素，是另一项行业公开秘密。出口相对利润较高，而且有助打响品牌拓宽国内市场；而国内销售的产品主要靠走量，不用抗生素利润就很受影响。欧盟国家已在 2006 年 1 月全面禁止在饲料中添加任何抗生素。美国食品和药物管理局局长马格丽特·汉伯格表示：美国食品和药品管理局正密切关注农业中使用抗生素与细菌耐药性日益流行之间的联系。该机构对此问题的观点是：科学证据表明，在食用动物中应用医学上重要的抗菌药物"不是在保护公众健康和利益"。大多数行业组织表示：农业上抗生素的使用与细菌耐药性对人类健康影响的关系研究是科学的薄弱环节。

4. 镉米

在食品中出现有毒有害物质，那是故意犯罪。有一种犯罪是群体性的，无从追踪个人罪责，所以应该直接质问政府的监管责任。比如最新的问题出现在 2011 年 2 月的新闻媒体上，重金属镉正通过污染土壤侵入稻米。抽样调查发现：许多省市约 10%的大米镉超标，这种大米简称为"镉米"。食品毒理学证明：镉潜伏人体多年后，可能引起骨痛等症状，导致可怕的"痛痛病"。所谓"痛痛病"，又称"骨痛病"，始于 20 世纪 60 年代的日本开矿致使镉严重污染农田，农民长期食用污染土壤上的稻米等食物，导致镉中毒，患者骨头有针扎般剧痛，口中常喊“痛啊痛啊”。除了镉，中国内陆居民摄入甲基汞的主要渠道也是稻米，甲基汞是水俣病的致病元凶。这样一条完整的食物污染链，与持续多年的快速工业化过程中遍地开花的开矿等行为难逃干系。原本以化合物形式存在的镉、砷、汞等有害重金属释放到自然界，通过水流和空气，污染了中国相当大一部分土地，进而污染了稻米，再随之进入人体。污染区稻农是最大的受害者，他们不知道自己食用的大米是有毒的，甚至不清楚重金属是什么。更为严重的是，监管部门尚未出台重金属污染的土地的种植规范，大量被污染土地仍在正常生产稻米。

5. 苏丹红

另外一些有毒有害物质在食品中的添加，完全是有目的的企业行为或者个人行为。苏丹红、孔雀绿、落日黄，这些漂亮的名字后面，都是血腥的谋财害命。“苏丹红”并非食品添加剂，是含有萘的化学染色剂，它的偶氮结构具有致癌性，对人体的肝肾器官具有明显的毒性作用。苏丹红有Ⅰ、Ⅱ、Ⅲ、Ⅳ号四种，具有致突变性和致癌性，我国禁止在食品中使用。不法分子之所以将作为化工原料的苏丹红添加到食品中，尤其是运用于辣椒产品加工中，是利用苏丹红不易褪色的性质，弥补辣椒放置久后变色的现象，保持辣椒鲜亮的色泽；一些企业将玉米等植物粉末用苏丹红染色后，混在辣椒粉中，以降低成本牟取利益。

6. 孔雀绿

孔雀绿（四甲基代二氨基三苯甲烷，$C_{23}H_{25}ClN_2$）是一种带有金属光泽的绿色结晶体，可用作杀真菌剂和染料，易溶于水，溶液呈蓝绿色。孔雀绿过去常被用于制陶业、纺织业、皮革业、食品颜色剂和细胞化学染色剂；1933 年起，开始作为驱虫剂、杀虫剂、防腐剂在水产中使用，后曾被广泛用于预防与治疗各类水产动物的水霉病、鳃霉病和小瓜虫病。自从毒理学试验证实孔雀绿具有高毒素、高残留和致癌、致畸、致突变等副作用后，许多国家都将孔雀绿列为水产养殖禁用药物。我国也于 2002 年 5 月将孔雀绿列入

《食品动物禁用的兽药及其化合物清单》，禁止用于所有食品动物。但水产品从鱼塘到当地水产品批发市场，再到外地水产品批发市场，要经过多次装卸和碰撞，鱼鳞容易脱落，而掉鳞会引起鱼体霉烂而死亡。为了延长鱼生存的时间，绝大多数贩运商在运输前都要用孔雀绿溶液对车厢进行消毒，不少储放活鱼的鱼池也采用这种消毒方式，一些酒店为了延长鱼的存活时间，也投放孔雀绿进行消毒。而且，使用孔雀绿消毒后的鱼即使死亡后颜色也较为鲜亮，消费者很难从外表分辨。广泛使用孔雀绿的后果，就是消费者食入危害健康的食品概率不断增加。

7. 日落黄

至于如日落黄（$C_{16}H_{10}N_2Na_2O_7S_2$）这些我国《食品添加剂使用卫生标准》（GB2760－1996）规定在一定范围、一定剂量内允许使用的合成食品色素，则存在操作单位如何使用、监管单位如何管理的两难处境，最终还是让大环境下日益焦虑的消费者感到无所适从。国家对使用人工食品色素添加剂是有相关要求的，不同食品有不同的使用标准，日落黄也是其中之一。使用日落黄添加剂超出标准，肯定是有害的。比如染色馒头案中的玉米馒头，就是添加了少量用于裱花蛋糕的日落黄。

比较起来，尽管上述食品添加剂对生命残害极大，但科技含量极低，添加就是工艺的全部，没有科技专家的用武之地。监管和执法是解决问题的关键。

3.5.2　专业监管缺位下引进的新技术加剧了食品安全危机

1. 瘦肉精

2009年2月，广州又现70位市民食用副食品菜市的“瘦肉精”猪肉的中毒事件，媒体和政府大量展示话语权优势，安抚百姓吃肉权利，临时抱了一阵猪脚后，食用猪肉似乎安全了一阵。最新动向是：有国际资本参与的上市企业“双汇”牌肉制品中再次出现“瘦肉精”残留，这一次媒体将污染猪肉与肿瘤发病联系了起来，越发吸引眼球。现在，历经多次的食品卫生风险预警后，市民们都成了副食品选购的好手：买猪肉去正规大商场；猪肉颜色越红，风险越大；猪内脏，特别是猪肝千万吃不得。所有这些技巧，都是一种俗称“瘦肉精”的化学品危害警示了广大的消费者。

几年以前，民众对“瘦肉精”闻所未闻。在生猪饲料中添加以盐酸克伦特罗为代表的一类化合物，即“瘦肉精”，提高瘦肉率，是一项由学术精英引进的高新技术项目。20世纪80年代末，国内生活水平上升，消费者偏好瘦肉，但瘦肉型猪从国外引进耗资甚巨。当时有学者片面热捧国外报道，直接通过饲料转化瘦肉率，猪在三四个星期内可以增加至少10%的蛋白质，一个畜牧育种专家一辈子都无法培育出这样高质量的瘦肉型猪。

在药理学上，β-兴奋剂是一种传统的平喘药，盐酸克伦特罗效果最为突出。20世纪80年代，美国Cyanamid公司意外发现其具有明显的促进生长、提高瘦肉率及减少脂肪的效果，于是盐酸克伦特罗等β-兴奋剂被学者赐名为“营养重分配剂”或“促生长剂”，得到国际畜禽科学家的广泛研究，但副作用也是明显的。20世纪80年代末，南京农大、东北农大、中国农科院畜牧所、四川饲料所、内蒙古农业大学等一流院校的专家，开始热捧“瘦肉精”，这一时期发表的四五十篇论文，统一的特点是有意忽视毒副作用，如心跳加快等。东北农大一名海归博士连续几届招收的研究生都把盐酸克伦特罗的动物营养及生长效应作为论文课题，而忽视了其毒副作用和体内代谢的观测。直到农业部对“瘦肉精”下了封杀令，这位东北农大的博士精英才“茫然无以应对，手足无措”，科研课题也下马中止，人也再次出国进修，从此未再回来。重要的是，这些出主意的专家一个也没有被追究法律责任，这种事情以后很可能还会不断发生。

其中最典型的要数浙江大学动物科学学院前副院长、博士生导师许梓荣。他曾获殊荣无数，包括“全国五一劳动奖章”“全国突出贡献中青年专家”“全国农业科技先进工作者”“浙江省重大贡献一等奖”“浙江省农业科技突出贡献奖”等。许梓荣也算海归派，1987年到美国弗吉尼亚州立大学从事合作科研，两年后回国。在无设备、无实验室、无厂房、无运转资金的情况下，他拿着5万元科研经费购置设备，租用学校仓库开始科研，还带着2个研究生，成立了国内首家高校饲料所——浙大饲料研究所。许梓荣的研究生在猪场做实验时，发现吃了含盐酸克伦特罗饲料的猪爬不起来；然而，他们发表的论文却没有提及此副作用。许梓荣的解释是，国家正力倡培育瘦肉型猪，学生的研究吻合政策方向，“我们也不宜和政府唱反调。如果在论文中介绍了副作用，我们（的论文）也发不了，所以我们有一些顾忌”。他认为中国有一个问题，“论文谈副作用，就会发表不了”。实际上，其时许梓荣已知美国禁用β-兴奋剂；但他拿到了课题，也并未向国内透露美国禁用一事，随后还获了奖。许梓荣否认业内对其推广盐酸克伦特罗的指责，他称没有在浙江推广过盐酸克伦特罗这种兽药。那一时期浙大饲料所相当赚钱，房子盖了不少（主要是办公楼），仪器设备也买了很多。对此，浙大动物科学学院副院长刘建新说，到2008年3月许梓荣退休时，饲料所单仪器设备价值就从最初的5万元增加到上千万元。“几乎没有从国家拿钱，主要是通过产品和技术转让的方式，与企业合作获得经费。”刘建新说。浙大内部学报的一篇报道称：“2000年，饲料所的产品遍布20多个省市，总产值逾35亿元；还扶植了一大批饲料企业，现都已成为年产值数亿的企业。”这里面有没有、有多少来自盐酸克伦特罗，恐怕只有许梓荣自己清楚。

科学无禁区，但并非没有科学伦理的底线。如果不是科研人员的有意引导，养猪倌何以解读利用“瘦肉精”发财的奥秘？而类似的事件，在这片古老的农业大国一再发生，就不得不引发进一步的思考。

2. 婴儿配方牛奶

2008年12月26日上午8时，石家庄市中级人民法院法庭里的法槌敲乱了30万“结石宝宝”家庭的心境。检察机关首次针对三鹿集团毒性奶粉相关事件提起公诉，指出：2007年7月起，被告人张玉军（河北省曲周县河南疃镇第二疃村）以三聚氰胺和麦芽糊精为原料，研制成功专供原奶中添加提高原奶蛋白检测含量的含有三聚氰胺的“混合物”，累计生产 775.6 吨。被告人高俊杰（初中二年级）、薛建忠（小学六年级）、张彦军（中专）、肖玉（高中肄业）以每吨 1 万余元的价格购买了 6 吨含三聚氰胺的混合物即“蛋白粉”后，再加价销售。因进价高、赚钱少，薛建忠向高俊杰提议自行配制生产，以三聚氰胺、麦芽糊精和乳清粉为原料，研制出专供在原奶中添加、以提高原奶蛋白检测含量的所谓“蛋白粉”，累计销售 110 余吨。原奶的天然组分恒定性和三聚氰胺的微溶性，决定了该混合物的非法添加是专业性的，应包括完整细致的添加程序和辅助原料。在这项让营养学家们集体茫然，英国食品药品管理局专家百思不得其解，南京大学高分子化学教授致力于破解的“三聚氰胺、奶牛和牛奶食物生物链”的专题中，就凭几个中原农民，果真就能研制出高水溶性的三聚氰胺“蛋白精”？

5 天以后，12 月 31 日上午 8 时开始，石家庄市中级人民法院对三鹿集团 66 岁的原董事长田文华，原副总经理王玉良、杭志奇和原奶事业部经理吴聚生开庭审理，这些高管从经营到技术上都罪责难逃。

2008 年 9 月 11 日，卫生部公开证实流传已久的全国网民的言论：以石家庄三鹿集团为代表的乳品行业生产的婴幼儿配方奶粉受到三聚氰胺污染。至此，“毒奶 9·11”事件公之于世。奸商弄虚作假，操纵奶粉利润与蛋白测定技术，硬将由丹麦化学家约翰·凯达尔（Johan Kjeldahl）1883 年发明的经典“凯氏定氮法”扯了进来：

蛋白质的含量 = 各种样品氮换算为蛋白质的系数 ×（样品耗酸体积 − 空白耗酸体积）× 酸浓度 × 氮克数 / 样品质量

在现代生物科学界，作为生命本质蛋白质测定的定性定量手段日新月异，从基因技术到化学方法不一而足；但凯氏定氮法面世 100 多年来，学界至今公认它的科学原理，计算精准。科学家们确定与积累了许多食物的相关性系数，比如：蛋白质为 6.25，乳制品为 6.38，面粉为 5.70，玉米和高粱为 6.24，花生为 5.46，大米为 5.95，大豆及其制品为 5.71，肉与肉制品为 6.25，大麦、小米、燕麦和裸麦为 5.83，芝麻和向日葵为 5.30。

要命的是，当年沉浸于童贞般纯洁的实验室和书斋、轻吟科学牧歌的学者们丝毫没有料到：130 多年以后自己被亵渎和玷污了。这项古老而久经考验的科学经典公式，居然遗漏了醒目的警示：①有毒有害样品恕不适用食品范畴；②三聚氰胺系数高达 13.75。现实中，奶制品从业人员利用其原理，蒙蔽万千消费者，包括监督机构。

三聚氰胺祸起萧墙之时，公共营养学教授学者们确实一时集体茫然，在他们的专业词汇中，对此化合物闻所未闻。三聚氰胺［C_3N_3（NH_2），氰尿酰胺，俗称“蜜胺”］原本与乳品科技毫无瓜葛，作为有机化工中间体，主要用途是与醛缩合，生成三聚氰胺-甲醛树脂，广泛出现在涂料、层压板、模塑料、黏合剂、纺织造纸、皮革鞣制、阻燃化学品以及脱漆剂等领域。2007 年出口美国的“宠物毒粮”事件发生后，对于样品检测中发现的高剂量三聚氰胺，美国食品药品管理局百思不得其解，不知道中国制造的产品中为何含有这种物质。满腹经纶的专家们一本正经地推测，或许是老鼠药污染造成的后果。所有的美国新闻报道都怀疑，中国粮食仓库看管不严，造成老鼠药污染。等到终于有知情者告诉美国人，只需添加三聚氰胺“蛋白精”就可以骗过“凯氏定氮法”虚报蛋白质含量后，高精尖的美国学术界才恍然大悟。

“9・11 毒奶粉”的危害程度堪比另一场“9・11”爆炸。科学之剑的双刃，从来也没有像如今这般锋利，用于人类的自相残杀，其现状已经不再是科幻作品的假设与预言。在这片被称之为“人类家园”的地球上，科学技术一再被科学狂人和技术刁民强奸玷污，越来越丧失其纯粹的处女地，三鹿毒奶粉更是奸诈草寇与技术强盗杂交的怪胎。科学技术被滥用的模式一再创新，现实就是血淋淋的科学技术被绑架和撕票。

三聚氰胺毒奶事件余悸未尽，农业部 2011 年 2 月 12 日公布的《2011 年度生鲜乳制品质量安全监测计划》，除要求检测奶粉中三聚氰胺含量外，还要检测皮革水解蛋白，这则消息再次令人过敏，谈奶色变。所谓“皮革水解蛋白”就是利用已经废弃的动物皮革制品，皮革生产过程中部分不能使用的皮革、毛发、毛囊等物质，甚至动物毛发，通过清洗、浸泡，加入石灰和盐酸进行化学加工，再经过高温长时间熬煮，得到类似熬制猪皮汤、猪蹄汤得到的“肉冻”，胶质溶入水中再加过氧化氢漂白，溶液冷却后即为水解蛋白质。这种物质制成粉状混入牛奶，可提高其蛋白质含量。由于加工过程中带入了重金属铬，以及原材料本身带来的诸如二噁英、多氯联苯等毒害物质，长期食用“皮革奶”可能会致癌。目前质监部门对“皮革水解蛋白粉”的检测并无相关国家标准。由于皮革水解蛋白本来就是一种蛋白质，对其检测难度比三聚氰胺更大。

卫生部 2004 年第 10 号公告已经明令禁止使用皮革废料、毛发等非食品原料生产食用明胶和水解蛋白；禁止以非食品原料生产的明胶、水解蛋白为原料生产加工乳制品、儿童食品和其他食品。2009 年 3 月 6 日，国家食品药品监督管理局印发了《全国打击违法添加非食用物质和滥用食品添加剂专项整治近期工作重点及要求》（卫监督发［2009］21 号）的通知，重点打击添加皮革水解物。不到一个月，2009 年 4 月 1 日至 25 日，浙江金华市晨园乳业有限公司被查出含有皮革水解蛋白粉的问题奶制品，涉事乳制品主要为牛奶乳饮料、AD 钙奶乳饮料、乳味饮料，乳酸饮料、高钙乳酸菌饮料、甜牛奶乳饮料等，品种繁多。又一种三聚氰胺似的毒奶重现江湖。牛奶里加“水解胶原蛋白”的目的，只是欺骗获得一个高的“蛋白质含量”。跟三聚氰胺或者尿素相比，它的确是“蛋白含量”，但是由于这种蛋白在营养上是一种“劣质蛋白”，所以也还是掺假。除了蛋白造假，它也不具有牛奶中的钙等其他营养成分。换句话说，即使加的水解胶原蛋白满足食品安全的规范，得到的“山寨牛奶”也还是伪劣产品。

其实，“皮革牛奶”的检测并不困难：胶原蛋白中有大量的羟基脯氨酸，而牛奶蛋白中并不含有；牛奶蛋白中有一定量的色氨酸，而胶原蛋白中并不含有。通过检测蛋白总量以及这些氨基酸的含量，都可以知道其中有多少牛奶蛋白、多少胶原蛋白。也有商业化的“羟基脯氨酸检测试剂盒”，只需要十几分钟就可以知道样品中含有多少胶原蛋白，只不过这些检测实施起来并不便宜。广泛监测所增加的成本，归根结底，不由牛奶消费者承担，就要由全体纳税人承担。

与人类息息相关的乳品，如今已经成为在中国发生发展的技术与生命博弈的江湖，进入21世纪以来，奶粉蛋白超低无营养的“大头娃娃事件”；奶粉任意加水回兑成鲜奶的“还原奶事件”；在奶粉里添加三聚氰胺的“结石娃娃事件”；以及配方奶粉“性激素事件”，接二连三发生。如今，又遭遇皮革水解蛋白奶。在这片制度缺失、竞争残酷、利润低下的市场中，生产者的智慧没有表现在将产品做到精益求精上，只能挖空心思弄虚作假，将坑蒙拐骗做到了极致。近年来发生的国内消费者拒绝国产奶粉、境外抢购奶粉事件充分说明，消费者已经对中国乳业持唾弃的态度，只要有机会，他们宁愿另作选择。中国人能让原子弹爆炸，也能让飞船登月，却不能让娃娃喝上放心的奶粉，难道一包奶粉的生产技术，比原子弹和登月飞船更难吗！

3.5.3 技术与资本的结合主导了转基因主粮种植逐利中原

中国农业部2010年12月31日出台《农作物种子生产经营许可管理办法》征求意见稿，杂交水稻和玉米种子企业注册资本从500万元提高到3 000万元，实行一体化经营的种子企业的注册资本由3 000万元提高到1亿元，并规定固定资产比例不低于50%。预计该办法实施后，目前全国8 700多家种子企业，将有90%遭淘汰。由此产生的市场空间，将由种业大公司填充。

通过行政手段调控中国农业贯穿近60年，而手段与结果往往相悖已是不争的事实。只是这一次，农业部将目标瞄准种子行业，这与2010春节亲朋好友在传统聚餐中谈论最多的转基因种子产出的玉米和水稻，有着时间上的密切关联。

2009年底，国际绿色和平组织发现：中国农业部前不久已经悄悄授予华中农学院特许证书，即世界上第一块转基因水稻生产许可证，这意味着人工克隆的转基因水稻来年春节就可以摆上百姓的餐桌。这样一个世界冠军的消息，这么一块举世无双的金牌，除了小圈子人士在第一时间被悄悄告知、弹冠相庆以外，普天之下的食客，直到年末才由绿色环保网站的披露获知，网民一片哗然。将人工分离和修饰过的基因导入生物体基因组中，引起生物体性状可遗传的修饰和基因表达，这一技术被称之为“转基因技术”(Transgene technology)。通俗地讲，转基因技术就是指利用分子生物学手段，将自然状况下难以发生生物学联系的两段生物基因片段加以人工联系，保持活性，发生预期中的蛋白质表达，从而人为地控制某些生物特性。这样经过改造的遗传物质，会制造某些自然界无法获得的生物性状，在营养和消费品质等方面，向满足人类需要的目标转变。2009年11月27日，农业部批准“华恢1号”“Bt汕优63”两种转基因水稻安全证书，一种BVLA430101转基因玉米安全证书，这些产品分别限于湖北省和山东省内生产应用。就是说，未来餐桌上的主粮将以通过转基因技术，将动物或病毒的基因片段人工分离和修饰后，导入水稻和玉米基因种子来生产。人们常说的“遗传工程”“基因工程”“遗传转化”均为转基因的同义词，因此，转基因水稻也可称为“基因工程修饰水稻”，即“GM水稻”。其中也包含GM DNA片段，即所谓超级病毒，这类新生物种会在各类生物中人工或者随机传播，后果难料。笔者在第一时间就专门发表长篇专稿，反对在现阶段贸然实施转基因主粮的市场化战略①。

人口总量占世界20%的中国，生物技术的基础研究起点、总体水平相对很低，但现有生物技术应用的勇气却极大，转基因主粮的规模化生产就是具体案例。由于转基因技术存在太多的不确定性，即便技术一流的美国孟山都公司，发明推向市场的产品也主要限于两大领域：一是作为工业加工原料的植物产品；二是作为少量进入人体消化道的非主粮型植物产品。2011年9月出版的《细胞研究》(Cell research)刊登了一项专题研究结果：植物的微小核糖核酸(microRNA)可以通过日常食物摄取的方式进入人体血液和组织器

① 方益昉. 转基因水稻：科学伦理的底线在哪里？[N]. 东方早报，2010-03-21.

官，通过调控人体内靶基因表达的方式影响人体的生理功能[1]。研究证明了植物微小核糖核酸可能是食物中与水、蛋白质、脂肪酸、碳水化合物、维生素和稀有元素同等功效的“第七种营养成分”。外源性的植物微小核糖核酸，可以在多种动物的血清和组织内检测到，其中编号为168a的植物微小核糖核酸（MIR168a）是稻米中富含的，也是中国人血清中含量最为丰富的一种植物微小核糖核酸。考虑到外源性基因的相互整合机制，转基因粮食产品对人体带来的生理改变，存在巨大的不确定性。

人类社会驾驭的科学列车已经加速驶入21世纪，难以减速，无法停顿。从历史的角度考察，在技术各显神通的前提下，仅仅依靠伦理学抗衡科技发展，这种道德层面的价值规范滞后于技术的先进，最多在科学发展的进程中延缓技术的发展速度，产生物理学上的阻尼作用，无法形成先进技术发展的屏障[2]。从技术角度而言，将单一的植物功能基因，如抗病、抗虫、抗旱、高产等特殊基因，放入另一个植物样本，已非高不可及的学术高峰；而成功克隆一株哺乳类动物的细胞或者胚胎，远比克隆功能性植物更具技术含量。美国从克林顿政府起，就对于克隆和干细胞技术开始严加限制，以致人才和技术外流到东亚等管理松散的国家和地区。韩国黄禹锡团队曾经在天时、地利、人和诸因素上，积累了极大优势，创造了不少研究成果，也替西方承担了许多社会、道德、伦理和技术风险，一旦韩国准备攀登诺贝尔科学技术舞台，西方却引发了一场黄禹锡科学事件，如今技术中心回到西方，花落他家。参照这些并不遥远的科学历史事件，如今中国几所科研教学单位积极联手引进美国公司的技术与项目，绑架上所谓国家战略考虑和经济利益的宏观目标。但是，在这场科学团队的构成更为复杂，资本、权力和文化的背影纠结更加迷茫的较量中，中国农业科学到底承担了怎样的历史角色，

---

① ZHANG L, et al: Exogenous Plant MIR168a Specifically Targets Mammalian LDLRAP1: Evidence of Cross-kingdom Regulation by MicroRNA [J]. Cell Research, advance online publication 20 September 2011. http://www.nature.com/cr/journal/vaop/ncurrent/full/cr2011158a.html

② 关增建. 通识教育有什么用？[N]. 新闻晨报，2009-6-14.

无论科研人员本身还是相关企业，目前多是话语模糊。农业科技或许再次重复黄禹锡式悲剧，成为东西方科学话语权政治中的牺牲品，而这次将是以整个中华民族的生存健康为代价，后果无法想象。

行文至此，作者主要讨论了近年来在生物克隆和干细胞技术领域出现的研究成果，以及与成果同时降临的生物技术伦理危机和技术话语权争夺。在生物技术这片土地上，信奉丛林法则的冒险家与玩弄实用主义的猫论家泛滥。可以说，潘多拉魔盒已经打开，但科学共同体最后的一丝规范尚存，人类社会的基本价值尚存，敬畏自然的最后底线尚存。在人类还没有最后确认自我智慧与能力，在社会伦理上、文化技术上和危机处理上完全准备妥帖时，唯一值得庆幸的是，人类自我克隆的产品还未正式出台。但愿我们还把握着人类社会最后的尊严和理智。

◆ 未来延伸研究案例与关注焦点

免疫疫苗案例①：

（1）免疫疫苗的注射是一项成熟的医疗技术；

（2）免疫接种法律法规的立法本意与修正程序；

（3）大规模商业性销售注射二类疫苗中的盈利模式；

（4）政府新政指导下的二类疫苗注射成为自家的产业；

（5）资本的逐利本性和商业的技术缺陷都是健康的原始克星。

① 从本书初稿到终稿修订期间，全国群体性疫苗事件不断见诸报端。笔者以为大众阅读文本的撰写，可以引导更多的民众关注与监督有关国民未来健康的免疫接种大事，例如人气高涨的微信公众号《知识分子》所刊本人专稿：《晚清痘师局——商业路径与职业操守》（2016年6月27日），见附录3。

第 4 章

人格操守影响科学伦理：解读生命科学事件中的精英作为

▶ 本章重点

本章主要从宏观科学技术环境中观察科学技术人员个体的表现及其与外界的互动联系。通过分析重要历史事件中的精英作为和个人特质，及其对生命科学技术发生、发展的潜在影响，揭示了当代历史中，科学工作者个人无法摆脱政治纠葛的现实困境。科学技术是由人类发明和利用的，研究科学技术的特征，首先依赖于从事科学技术研究的人类本质，或曰“科学精英素质”。本章所讨论的案例表明：关键科研人员的素质教育和研究背景，对核心科学技术的发明与维护，对核心专利技术的掌握与应用，对社会效益造成完全不同的结局。在中国生命科学技术领域，更要有针对性地重新呼唤学者的公共意识、独立意志和敬畏精神。本章内容也为下一章转向政府和政策在重要历史事件中的角色做好了铺垫。

4.1 黄禹锡事件中的关键人物与行为操守

黄禹锡是一位典型的韩国本土培养型学者，这位土生土长的学者在国际学术交流中表现出语言、文本、人脉和信息等方面的先天缺陷，在高精尖的实验中，所拥有的工作条件比西方一流研究人员，也面临试验设备和消耗物品方面的差距。21 世纪开始，黄禹锡在本国逐步接触现代分子生物学，但按照西方学术体系的标准，还是存在缺乏系统生命科学训练的缺憾。但黄禹锡的教育背景和研究条件，也为其创造出两个明显的特征：

(1) 由于缺乏国际学术共同体的规范约束，他在科研中敢想敢闯。当学术地位和研究成果在国内一枝独秀，俨然成为科技强人以后，他在研究管理与策划上倾注更多的时间精力，听不到国内同行的建议，或者也不愿听任何有碍其向既定方向全速挺进的声音，“只要下决心，没有办不成的事情”的韩式精神，在这位有着明显东方民族和区域民粹文化的学者身上集中体现了出来。

(2) 由于与西方学术交流有限，黄禹锡形成了独特的思维和行为模式。科学思想研究贵在创新和突破，这样科技进步的火花才会在研究的过程中出现。老黄牛式的黄禹锡，仅花了 10 年时间，就从一个动物育种专家，快速转型为人体疾病相关基因的细胞克隆专家。但是在最后的关头，个人理论基础薄弱的先天不足开始集中体现，未在第一时间敏锐地把握其下属递交的初步实验数据中蕴涵的超越传统认知的学术意义；而西方学术同行与竞争对手却在他公开发表的数据和论文背后，看到了独一无二的干细胞孤雌繁殖的特征。在随后不到两年的时间里，西方同行在干细胞克隆领域一举突破，而此时的黄禹锡还蒙在鼓里，盘旋在学术造假的风暴中。

黄禹锡从小个性倔强，但对自己的能力与追求信念坚强。与无数东方传统的自然科学研究人员一样，黄禹锡的生活就是工作，工作就是生活，所以对于黄禹锡的家庭而言，这样的日子是无趣而且残忍的。对黄禹锡妻子而言，他是个无趣的丈夫；黄禹锡成年的儿子更是直白，“一点不喜欢父亲”。所以，当指控黄禹锡挪用研究经费时，这些钱并没有流入他的腰包和家庭，而是用作了对捐献卵子妇女的补偿和对合作伙伴夏腾教授的津贴。2006 年 11 月 6 日，距离年初纷纷扬扬的事件仅半年，稍作休整的黄禹锡就利用风波有所缓和的机会，向当地法院提起诉讼，要求重新恢复其首尔大学教授的名誉和职位。黄禹锡在诉讼书中称，首尔大学解雇他，是基于一次内部调查后取得的“被歪曲的、夸大其词的”证据。此项行动表明，黄禹锡并非就此沉沦，他依然雄心勃勃，希望重新证明他是世界上第一个成功克隆胚胎干细胞的人。当时的情况是，韩国政府取消了黄禹锡进行人类胚胎干细胞研究的资格，但是他培育出世界首条克隆狗的成就并没有遭到否定。

此前，在2006年8月18日，黄禹锡已经开始商业行动。他通过律师宣布，重新设立研究机构，开展动物克隆研究。在首尔南部的生物研究机构内，共集聚了30多名以前实验室的工作人员，与黄禹锡一起从零出发。当日，韩国科技部证实，黄禹锡已于7月14日从科技部获得设立“修岩生命工程研究院”的许可，该机构由私人出资25亿韩元设立。

该机构精心策划商业活动，动作频繁。不到两年时间，2008年5月22日，黄禹锡领衔的韩国Sooam生物技术研究基金会就发表声明：从2008年6月18日开始，基金会的合作伙伴，美国加利福尼亚州的生物科技企业，“生物艺术公司”将通过网络在世界范围内拍卖5条狗的克隆服务，每条狗的克隆服务起拍价为10万美元。6月19日，修岩生命工程研究院高调宣布：以黄禹锡博士为首的一个科研小组成功克隆出了17只在中国广受欢迎的濒危动物藏獒，DNA检测证明，17只小藏獒全都克隆自同一只藏獒。

同年9月25日，“人类干细胞研究以及制造方法”获得澳大利亚专利，编号为2004309300，发明人共有19人，而此项发明的全部股份都归黄禹锡所有。事实上，2003年12月起，黄禹锡等已就人类干细胞研究技术向11个国家申请了专利，他们还在等待加拿大、印度、俄罗斯以及中国的回复。修岩生命工程研究院认为：“申请手续结束后，我们就可以从利用人类干细胞研究技术开发新药物的公司那里收取技术费了”“这是一项可以与克隆羊多利持平的技术。”

从2005年遭遇低谷以来，黄禹锡研究团队不言放弃，满怀对自身成果与能力的信念绝地反攻。与此同时，来自西方学术团体的科学数据与信息不断证实，黄禹锡团队的努力成就，从来就不应该被排斥在科学研究共同体之外。从2006年到2011年2月间，全球最完整的生物医学文献查询系统（PUBMED）内，可以发现黄博士至少已经发表了SCI论文26篇。

但是，科学共同体已经逐步演变成一个利益共同体。黄禹锡曾经的合作伙伴，美国匹兹堡大学的夏腾教授（Gerald Schatten），既是将黄禹锡推上世界生命科学前台亮相的伯乐，又是对受伤后的黄禹锡发出最后一击，使之彻底被抛弃的黑手，最后又演变为禹锡专利成果的窃取者。

对于匹兹堡大学的夏腾教授而言，2009 年 6 月无疑是一段具有转折意义的日子。自从 2005 年告别《科学》等一流学术杂志近 5 年后，这个夏天他的名字再次出现在同样著名的《自然》杂志上。唯一不同的是，这一次他的文章合作伙伴不再是黄禹锡博士，取而代之的是另一位以克隆猴而闻名的俄勒冈州比弗顿国立灵长类动物研究中心的沙乌科莱特·米塔利波夫博士。与世界一流的克隆专家联手撰写有关论文似乎成了夏腾教授的特色，尽管 2005 年他以揭发人的身份，义正词严地举报了黄禹锡博士的学术伦理瑕疵，一度引起世人的关注，同时也给自己招来了一身的臊臭。这一次，针对 5 月 27 日，日本庆应义塾大学实验动物研究中心佐佐木（Erika Sasaki）博士的研究团队，成功利用普通狨猴培育出世界上第一批可以复制人类疾病，并且会发出绿色狨猴皮肤荧光的转基因灵长类动物，夏腾以"一个毋庸置疑的里程碑"加以评论。事实上，转基因技术的长期危机与伦理危机一直困扰着当今社会。

1971 年和 1975 年，夏腾教授分别获加州大学伯克莱分校动物学学士学位和细胞生物学博士学位，以后在美国洛克菲勒大学和德国癌症研究中心进行了多年的博士后研究。1999 年起，他开始在《科学》和《自然》杂志上发表论文，成为以生物医学基础研究为业的美国大学科研人员之一，但 2004 年以前的夏腾并无特别建树，谈不上举世瞩目的贡献。2003 年，作为灵长类克隆研究人士的夏腾归纳总结说，"以目前的技术方法，在非人类灵长类动物利用核移植（NT，nuclear transfe）获得胚胎干细胞也许比较困难，生殖性克隆也难以实现"，这是继其在 716 个猴卵实验后，未获得单克隆细胞之后发表的言论。

2004 年起，夏腾教授作为黄禹锡团队的主要研究人员，在《科学》和《自然》等重要杂志上刊登系列人类胚胎干细胞的克隆、纯化、分离和培育的文章，从而引起学术圈的关注。夏腾教授如此评黄禹锡团队的工作：这是一件“比研制出疫苗和抗生素更具划时代意义的大事”“工业革命虽然起源于英国，但当时谁也不知道那是一场革命，如今在韩国首都也许已经发生了能够改变人类历史的生命科学革命”。显然，处于欧美科学共同体中心的夏腾教授，此时已经比任何局外人都认可和了解这项工作的生物学专业意义，甚至可以说，具有战略眼光的夏腾教授已经更深刻地体会到了，韩国团队的工作在科学发展历史上的永恒意义。

令人吃惊的是，2005 年 11 月 12 日，夏腾突然指控黄禹锡在获取干细胞方面存在伦理学问题。11 月 21 日，黄禹锡的合作者、生殖学专家卢圣一召开新闻发布会，承认他提取并交给黄禹锡作研究之用的卵子是付费获取的。11 月 24 日，黄禹锡因其主导的科研团队使用本队女研究员的卵细胞、从事研究，并发生了与细胞往来有关的费用，黯然宣布辞去首尔大学的一切公职。

当黄禹锡的论文受到公开质疑后，夏腾立即远离了黄禹锡。在吸引全球眼光的黄禹锡事件中，作为当事人之一的夏腾，却从各路媒体中隐身，不再发表任何话语。原因之一是：当初在得知《科学》编辑部退还黄禹锡 2004 年的投稿后，正是夏腾自告奋勇，主动投奔黄禹锡主导的庞大科研团队，利用其置身欧美学术共同体中央的有利角色，出面为该论文在《科学》的发表进行游说。同时夏腾与黄禹锡达成合作协议，开始筹划另一篇投寄 2005 年《科学》的论文写作。

事实上，此时的夏腾还有更大的麻烦。因卷入黄禹锡事件，他正处于匹兹堡大学一个专门调查委员会的“研究不端行为”听证过程中。以卢森博格（Jerome Rosenberg）博士为委员会主席的听证报告指出：夏腾与黄禹锡的合作缘于 2003 年 12 月在韩国首尔召开的一次学术会议后，夏腾“辛苦地为这篇论文在《科学》杂志的发表进行游说，他并不真正知道这些数据的真实性”。委员会认为，夏腾的不端行为在于他在根本没有实施任何实验的情况下，将自己列为这篇论文的高级作者，但又“逃避”了验证数据的责任，“这是一个严重的过失，导致了伪造的实验结果在《科学》杂志上的发表”。报告指出，夏腾还提名黄禹锡为美国科学院外籍院士和诺贝尔奖获得者。与此同时，夏腾接受了黄禹锡 4 万美元的酬劳费，并要求黄禹锡再给他 20 万美元的研究经费，而且希望这笔经费每年都能更新。夏腾承认，自己负责了 2005 年《科学》论文的大部分写作。但 3 周后，他却告诉首尔大学调查委员会，自己没有为这篇论文写任何东西，可见其已前言不搭后语。

鉴于夏腾是在黄禹锡获取干细胞的途径方面，首先发难并引发伦理学争议的，一般的理解是，夏腾应是一位坚守传统西方伦理道德标准的忠实实践者，但事实并非如此。按西方伦理标准设立的科学道德规范，夏腾在涉及卵子、金钱和人类生命终极关怀等一系列问题上是有选择性的，带有明显的功利倾向性。

2009 年 4 月 4 日，《匹兹堡观察》披露，当年 1 月公布的专利申请中，包括了夏腾与另两位匹兹堡大学同仁一起提交的人体干细胞克隆技术，其中的许多细节，与他曾经的合作伙伴黄禹锡的技术如出一辙。为此，他曾收受黄禹锡资助的旧事重提，但匹兹堡大学与夏腾均保持沉默，可见，一场有关人体干细胞克隆技术的商业专利之争，刚刚拉开帷幕。

掮客是商业发展中被认可的角色。当今时代，科学和技术已经与资本和利益捆绑在一起，学术掮客就必然成为科学共同体无法回避的现象之一。

2005 年的黄禹锡事件推动中，除了夏腾教授，《科学》主编唐纳德·肯尼迪（Donald Kennedy）是另一位值得研究的关键人物。时至今日，如果在《科学》杂志的官方网站查阅黄禹锡的那两篇论文，刺眼的红字依然如故——“该文章已被撤销”。

2006 年 1 月 12 日，美国《科学》杂志在首尔大学调查结果宣布当天立即跟进撤稿。此时，离首尔大学介入调查（2005 年 12 月 18 日）仅 24 天。时任《科学》主编唐纳德·肯尼迪的声明反复强调，稿件撤除的最终依据是基于首尔大学的调查报告。编辑部对论文数据概不负责，编辑部谨对《科学》的审稿人员和信任该杂志的其他独立研究人员企图重复该试验所花费的财力和精力表示歉意。当然，他也披露：在黄禹锡涉2004年及卵子伦理的论文中，总共15名作者中有7人表示异议；2005年论文的全体作者同意了编辑部的撤稿决定[①]。肯尼迪只字未提发稿过程中夏腾对《科学》的游说，以及《科学》的反应。直到"游说门"事件披露后，他仍然冠冕堂皇地表示，夏腾为黄禹锡2004年论文的游说并没有违规，但这种行为已接近底线。夏腾的游说对发表论文的决定没有影响，因为《科学》杂志曾经要求过黄禹锡对论文作重新投稿处理。而同样掌握科学话语权的《美国医学联合会期刊》的执行编辑瑞尼（Drummond Rennie）说，夏腾的游说行为和署名行为"是教科书上讲的典型例子，即将论文贡献与责任和义务分开"。

将学术争论视为促进科学发展的必需途径、不屈服于一边倒的舆论影响，曾是《科学》等名牌杂志坚守的做派，他们对待争议论文和撤稿措施一贯相当慎重，其中最为著名的事件，就要算"巴尔的摩事件"。巴尔的摩（David Baltimore）曾因肿瘤病毒研究，荣获1975年诺贝尔生理和医学奖。1986年4月，时任美国洛克菲勒大学校长的巴尔的摩教授与麻省理工学院（MIT）的合作者嘉莉（T. I. Kari）教授，在《细胞》发表了一篇有关重组基因小鼠内源性免疫球蛋白基因表达变化的论文，文章数据完整，程序清晰，结论合理。一个月后，嘉莉的实验室同事、博士后研究员欧图勒（M. O'Toole）在仔细阅读原始实验记录后发现，论文中的关键数据无法在原始材料中找到，于是，她向有关方面对嘉莉教授提出实验与论文造假的指控。但麻省理工认为，此事仅属记录有误，不算造假。欧图勒不服，继续向国立卫生研究院（NIH）控告，《科学》《自然》《细胞》等权威杂志都拒绝刊登她的批评文章，巴尔的摩教授也拒绝声明撤回该论文。1988年，官司打到了国会。巴尔的摩教授在一份公开信中全力担保嘉莉教授的人品与工作，并反击国立卫

---

① KENNDEY D (Editor-in-Chief). Editorial Retraction [J]. Science, 2007, 311: 335.

生研究院调查小组的行为是恶意干涉科学研究。直到 1991 年，另一个国会和联邦经济情报局的独立调查结果表明：实验的日期与嘉莉教授的记录不一致。至此，巴尔的摩教授才承认自己为嘉莉教授的辩护有误，辞去了洛克菲勒大学校长职务，并撤回论文；嘉莉教授则被禁止 10 年内不得获取联邦研究经费资助。1996 年，国立卫生研究院的另一个独立调查小组，再次推翻了对嘉莉的全部 19 项指控，嘉莉教授重新获聘任教，巴尔的摩教授随后出任加州理工大学校长，历时 10 年的科学声誉维权道路算是告一段落。

把巴尔的摩教授的陈年往事翻出来，并不是去评判这位出色生物学家的是非短长。以 28 天对 10 年，《科学》在黄禹锡事件中的处理标准和手法很不寻常，与巴尔的摩事件形成了一个鲜明对照。《科学》在黄禹锡事件中的双重标准和处理手法也形成了一个鲜明的对照。对于科学人在一流学术期刊如《科学》发表论文的奢望，美国科学史研究者格雷格·迈尔斯在其 1990 年出版的专著《书写生物学——科学知识的社会建构文本》中[①]，已经入木三分地进行了分析。所谓的科学“事实”，正是这些特定的科学写作过程中建构出来的产物，从而把科学写作置入其社会背景之中，使我们能够对科学家们究竟如何交流科学知识，做出更为全面的理解。时至今日，面对全球一流学者与杂志对黄禹锡贡献的逐步认识与肯定，相煎何急的 28 天中，主持《科学》的肯尼迪先生作为科学文本的研究者和话语把握者，在科学共同体的传统规则上偏离太远，充满政治色彩的实用主义操作。

2009 年 4 月底，面对愈演愈烈的干细胞领域的商业竞争，韩国卫生福利部健康产业政策局宣布，全国生物伦理委员会即日起有条件接受查氏医学中心从事人类成体干细胞克隆的研究工作，该治疗性研究工作将在政府的严密监控下进行，项目主持人由曾作为黄禹锡研究团队主要研究人员的李柄千博士担任。至此，3 年前由于黄

① 格雷格·迈尔斯. 书写生物学——科学知识的社会建构文本 [M]. 孙雍君，等，译. 南昌：江西教育出版社，1999：94－152；461.

禹锡突发事件被韩国政府迅速采取灭火措施，禁止任何形式的人体干细胞研究禁令最终松动。由此，黄与李分别领衔的目前世界上仅有的成功克隆出狗的两个团队陷入了一场激烈的专利权争夺战之中。

在黄禹锡事件中，韩国总统府科技助理兼国家科技中心社会推进企划团团长朴基荣（Ky Young Park），以韩国顺天大学（Sunchon National University）植物生理学家的名义，作为黄禹锡科研团队的人员，几度出现在黄禹锡最为重要的几篇学术论文中，这个显然是挂名作者，但又比一般挂名者更为神秘地起了与政府之间连接的桥梁作用，这在传统科学共体中，完全是不可能出现的伦理污点。

黄禹锡事件中，观察黄禹锡、夏腾、肯尼迪、李柄千和朴基荣的相互关系和各自作为，可以看到科学与从事科技项目的个体在项目上的作用，已经完全超越了科研本身，进入社会并达到政治运作的层面。

4.2 “曼哈顿计划”的成功与反法西斯精英的共同理念

毕竟，研发是一种人为努力。科技项目本身并无邪恶与正义之分，学者一再论证“科学是由不完美的人类所从事的人为努力”。精英个人的进退决定了研发项目的成败，无论在现代的黄禹锡事件，还是在当年的曼哈顿计划中，都表现出同样惊人的重要性。实施曼哈顿计划的几年秘密行动中，出现了 3 种行为人格，即纠结的科学家、实用的政治家和坚定的军事家。

核技术早期，与原子弹没有任何瓜葛的科技精英就显示出一流的洞察力，预警该技术本身对未来社会的影响。居里最早预言，在那些发动战争的罪犯手里，核技术将产生令人恐惧的摧毁力量；丹麦的玻尔、意大利的费米和德国的哈恩等人又进一步论证，核能可以释放出的惊人能量。但直至 20 世纪 30 年代末，核科学研究只限于极少数科学家的实验室模拟，外界并不认识，也不关注。

1933 年，希特勒上台后疯狂迫害犹太人，费米、玻尔、格拉德等科学家逃出纳粹魔爪，来到大洋彼岸。爱因斯坦在 20 世纪初提出了质能公式，揭示人类可将物质的部分质量直接转换为巨大的可被人类直接利用的能量，其著作在德国被称为“犹太人邪说”而遭禁，爱因斯坦因此定居美国。第二次世界大战（简称“二战”）中最后在广岛和长崎的原子弹投放悲剧，令爱因斯坦痛心不已，他为当初的研究后悔：“如果当时我知道德国不可能制造出原子弹的话，那我连手指头都不会动一动。”同样后悔的还有主持曼哈顿计划的科学家奥本海默，在以后的岁月里，这位“原子弹之父”转变成为反对核武器运动的积极倡导者。

苏联正式与纳粹德国宣战之前，共产国际阵营视交战双方为资本主义内部的战争，共产党人袖手旁观，等待时机，直到苏联卫国战争开始才带动西方共产党人参加盟军行动。法国科学院院长约里奥就是法国共产党员，他的一位后来成为中共党员的中国学生钱三强，在 20 世纪 50 年代也为中国研制原子弹和氢弹做出了卓越的贡献。尽管最早注意到核裂变军事价值的有德国籍科学家，而且在核裂变研究中一直处于世界领先地位，但他们在政治上与纳粹德国格格不入。结果，率先研制出原子弹的是美国，它接纳了大批被法西斯残暴所不容的科学精英。

事实上，如果没有大批一流科学家的参与，曼哈顿计划绝不可能在几年中实现。1942 年秋天，为了使原子弹研制的曼哈顿计划顺利完成，美国军方在新墨西哥州设立洛斯·阿拉莫斯实验室，美国理论物理学家奥本海默只有 39 岁，却成为这座世界最大实验室的负责人。在他领衔下，大批物理学家和技术人员加入了洛斯·阿拉莫斯实验室，费米、玻尔、费曼、冯·诺伊曼、吴健雄等大师级物理学家皆在其内，国籍遍布东方和西方，宗教、信仰、政见、文化乃至性别都不一致，但共同目标只有一个，就是加紧研发核武器。为了政治正确和民族利益，生灵涂炭已经不是首要的考虑。即使内部的差异可以大到日后反目成仇，这一刻，各个大小角色出于一致利益，齐心协力合作。

除了共产主义理想，约里奥博士还是居里夫人的女婿。他对曼哈顿计划决定性的贡献是：在德军占领挪威前夕，把制造核弹必需的200升重水运到美国，而此时全世界其他试验室中的重水加在一起也不过几升。就此，美国具备了制造原子弹的物质资源。

恩里克·费米是最早呼吁美国研制原子弹的意大利物理学家。他是一个计算天才，1945年7月，当人类第一颗原子弹试爆的冲击波抵达他的位置时，他抛洒出手中的纸片，并通过纸片被吹飞的距离计算出原子弹产生的威力，结果和仪器检测结果非常接近。

年轻的中国女科学家吴健雄是奥本海默的学生。1944年3月，吴健雄经老师奥本海默推荐，加入了“曼哈顿计划”。此时，她还没有加入美国国籍，但她率先研究了原子核的分裂反应，对整个原子弹研制工程贡献很大。

1913年，丹麦科学家玻尔提出了著名的原子理论，并因此获得1922年诺贝尔物理学奖。1943年，在英国情报人员的帮助下，玻尔被英国皇家空军装进飞机的投弹仓，像一件贵重物品那样运到英国，随后去了美国，“这里本来有许多大腕，但玻尔一来，所有的人都成了小人物”。玻尔被公认为“原子弹教父”，1957年获“原子能和平奖”。他与爱因斯坦在原子弹上的学术争论还影响了后者，他说：“自由世界的所有先进国家中的所有有影响的科学研究者们应该团结起来，向政治领袖们施加压力，以期实现全世界军事力量的国际化。”[①]

奥本海默没有获得过诺贝尔奖，名气也无法与著名科学家相比，但奥本海默用他的文学素养和管理才能弥补了不足。鉴于大多数科学家反对实验室的军事化，奥本海默极力主张学术民主和学术讨论，他反对总负责人格罗夫斯将军提出的在每个实验室配备监视岗的建议，竭力降低军方对科学研究的影响。奥本海默掌握着整个原子弹实验进程，在很多问题上，都是由于他的决断才取得突破。

---

① 尼耳斯·布莱依耳. 和谐与统一——尼耳斯·玻尔的一生［M］. 戈革，译. 上海：东方出版中心，1998：305.

就是这样一支光芒四射的原子弹原创团队创造了历史。还有两类相关人物：一类出于对核武器的极端厌恶，愤然离去，比如意大利物理学家弗兰克·罗赛特[①]；还有一些小人物似乎默默无闻，实际上也有力地改变着历史的轨迹。

2007年11月2日，94岁的科瓦尔去世一年后，时任俄罗斯总统普京追授他“俄罗斯联邦英雄”称号。普京说，科瓦尔是唯一一位成功渗透进曼哈顿计划的苏联情报人员，他的工作“帮助俄罗斯大大加快了核弹的研制进度，他在执行特殊任务时表现出了高度的勇气和英雄主义精神”。应当说，曼哈顿计划的保密工作相当成功。计划制定之初，罗斯福总统就决定绕过国会，直接交军方秘密执行。当时全美国只有12个人知道整个计划，即使副总统杜鲁门对此也一无所知。保密针对了所有方面，包括盟友。曾有一位来访的英国物理学家对美国原子弹研制表现出过分关注，情报人员立刻展开调查，结果发现他是为苏联工作的间谍。曼哈顿工程内部先后查出6名苏联间谍。至于交战方德国，他们根本不了解竞争对手的进展情况，直到投降之前，还坚信美国的原子弹研究仍处于起步阶段。1945年4月12日，罗斯福因脑溢血猝然离世，但直到杜鲁门宣誓继任美国总统，他才从陆军部长史汀生口中得知这一秘密。

28岁的技工科瓦尔是在“二战”进行到最激烈的1943年应征入伍的，他被选送到纽约大学进修，日后这里的30多位同学都成了放射性物质生产企业里的技术骨干。毕业后的科瓦尔被分到田纳西州神秘的橡树岭，这是美国秘密的原子弹燃料生产基地，是美国原子弹研制计划的生产中心。汇聚在这里的科学家、工程师、技术人员足有数万人，大批的警察、联邦调查局特工和军事情报部门的特工穿梭其间，负责安全保卫工作。科瓦尔在橡树岭时期的好友克拉米什日后得知他的真实身份时才恍然大悟原来总是喜欢一个人凝视远方思考问题的科瓦尔在想些什么了，而这正是一个重大项目中

---

① S. E. 卢瑞亚. 老虎机与破试管［M］. 房树生，译. 上海：三联书店，1997：30.（这位1969年诺贝尔生物医学奖获得者回顾了自己的恩师从物理学家变成著名寒武纪古生物学家的故事。）

的小人物与政治巨人发生关联的关键一刻。

1945 年 7 月初，美国终于研制出 3 枚原子弹，即“大男孩”“小男孩”和“胖子”。7 月 16 日凌晨 5 时 30 分，“大男孩”在美国新墨西哥州的沙漠地区爆炸成功，它把方圆 800 米内的沙粒全部烧成翠绿的玻璃。军方事先就拟好一份声明，将不久后的核爆描述成一座装有大量烈性炸药和烟火的仓库发生了意外爆炸；但原子弹闪耀的亮光还是惊扰了整个新墨西哥州的居民，以致引发骚乱，而早已密布在附近的秘密警察立刻行动，安抚人群，掩盖真相。

此时，杜鲁门总统正在波茨坦会议上与斯大林讨价还价，“大男孩”爆炸成功的消息传给他时，本就强硬的杜鲁门突然变得更加强硬。7 月 22 日，丘吉尔知道了“谜底”，同样兴奋异常。两人商定将这个消息告诉斯大林，“顺便看看约瑟夫的表情”，然而他们失望了，早已知道内情的斯大林镇定自若，反应平淡，他面无表情地说，“那就用它来对付日本人吧”。两人哪里知道，早在 7 月 20 日，代号为“德尔马”的特工科瓦尔，在原子弹试爆成功三天后就将消息传递回来了，斯大林正要求苏联核计划的负责人库尔恰托夫加快工作。“二战”结束后，科瓦尔退役，在美国一家高科技企业工作，试图回归平静的生活。但是，一些幽暗的身影开始尾随于他，美国的反间谍人员从苏联媒体的报道中发现科瓦尔是生活在美国的苏联移民，但情报部门行动慢了点，1949 年 5 月，科瓦尔已离开美国回到苏联。这年苏联正好成功爆炸了首枚原子弹，美国苦心经营的核垄断地位瞬间崩塌。

相对于科学家的矛盾和政治家的狡猾，军事人员对于原子弹的研发一贯坚决。

拿破仑准备横渡英吉利海峡远征英国，但没有采用富尔顿新发明的蒸汽船，没能建立先进的海军舰队，最终被英国打败。“如果当时拿破仑稍稍动一动脑筋，再慎重考虑一下，那么 19 世纪的历史进程也许就完全是另一个样子了。”1939 年 10 月 11 日，银行家亚历山大·萨克斯将匈牙利物理学家西拉德和爱因斯坦共同起草的希望美国立刻着手原子弹研究的信放在罗斯福总统面前，这其中代表了一大批欧洲流亡科学家的意见：希特勒德国“U计划”核武工程正式启动，唯一的遏制方案就是抢先一步研制出来。

罗斯福总统面对绰号“帕阿”的军事顾问沃森将军做出了历史性的决定：“帕阿，对此事要立即采取行动！”陆军格罗夫斯准将被任命为工程总负责人。总部最初设在纽约市曼哈顿区，因此美国原子弹研制计划也叫作“曼哈顿计划”。在橡树岭的众多核工厂中，杜邦公司负责最重要的核反应堆工程。大敌当前，军工企业的决心与军人一样坚定，公司决定放弃利润和专利，全力支持曼哈顿计划。日本投降后，杜邦公司承诺不收取利润，曼哈顿计划的军方象征性地支付了1美元酬金。但是，政府审计员却对此予以反对，因为合同的期限尚未届满，杜邦公司需要退还美国政府33美分。

坚定如初的还有真正的军人。1945年7月30日早晨，在波茨坦的美、英、苏三国首脑接到电报传真，日本正式拒绝了同盟国要求其投降的最后通牒。杜鲁门向军方下达了命令：“去投掷那颗大炸弹吧，现在没有任何选择的余地了。”日本广岛和长崎成为日本军国主义的牺牲品。在广岛投下人类历史上第一颗原子弹的飞行员保罗·蒂贝茨，直到临死仍坚信自己当初的行为是对的：“我知道自己所扔下的那颗原子弹杀掉了很多人，但同时也拯救了很多人，所以我和我的战友只痛恨战争，却从来不为1945年8月6日上午8时15分干的那件事后悔。”

成就美国原子弹研发胜利的其实还有敌方的困境。

1945年5月8日，纳粹德国无条件投降，在原子弹研制上最先起跑的德国没能坚持到终点，希特勒直到自杀时也没有见到德国的原子弹。德国人在策略上一开始就出现了偏差，希特勒把研制火箭放在了首要地位，投给研发原子弹“U计划”的经费只有100多万马克，还不到美国曼哈顿计划经费的千分之一。同时，研制原子弹的德国科学家大多怀有道德负罪感，他们不愿成为纳粹荼毒生灵的帮凶，因此消极应对研制工作。“U计划”负责人海森堡战后说道：“有时候最好的抵抗策略就是假意与当权者合作，然后从中破坏。”所以，当纳粹要求国内的普拉西米工厂加工用于核试验的石墨时，工厂总工艺师阿尔温斯密特就留了一个心眼，他在给石墨提纯的时候做了一些手脚，添加了一些杂质。结果德国军方在做核反应堆实验时屡屡失败，以致怀疑是理论研究出了问题，却万万想不到工厂提供的石墨会是不纯净的。1943 年 2 月 28 日，在英国特工的帮助下，"阿尔索斯"的一支小分队秘密潜入德国建在挪威的重水生产工厂并将其炸毁。9 个月后重水厂恢复生产，又被美国用 150 架远程轰炸机加以摧毁。在这种情况下，纳粹德国决定将重水厂迁回国内，他们将所有设备装进一艘渡轮，沿途小心保护，但还是被挪威抵抗运动的战士抓住机会，在渡轮上安放了炸弹。随着一声巨响，沉没的不仅是装有重水生产设备的渡轮，还有德国人的信心与时间。

德国战败，技术人才处于道德困境也是一个关键因素。

4.3　近代中国生命科学历史事件中形形色色的专业人士

中国生命科学领域中话语权博弈由来已久，无不涉及科技精英的所作所为。

4.3.1　科学精英的内在人格与学术多元

近代中国历史上，主张取消中医、限制中医的人士不少，从清末俞樾的《废医论》开始，汪大燮、余云岫、鲁迅、孙中山、胡适、梁启超、严复、丁文江、陈独秀等接触海外知识较多的知识分子，逐步形成一种怀疑和否定中医的学派观点。作为一种学术观点，提出并引发争论并无大碍，甚至还启发思考，是值得提倡的科学态度。比如 1916—1920 年，余岩（余云岫）撰写了论文《灵学商兑》和《科学的国产药物研究之第一步》，对中医基础理论与医疗现状进行系统批评；另一位西方科学知识传播先驱杜亚泉在《东方杂志》上全面回应，这是历史上第一波中医存废之争。在这种学术生态中，中西医主张双方展开的是一场基于学理的平等对话，开启了民智。

从广义上讲，废除中医泛指将中医学的理论与实践彻底废除的努力，包括要求立法禁止中医师行医，在教育体制和医疗体制上驱除中医影响，让中医流入民间自行灭亡等呼吁。1929 年，余云岫以中央卫生委员会委员身份出席会议，提出《废止旧医以扫除医事卫生之障碍案》，遭全中国中医界强烈反对而未能付诸实施。中华人民共和国成立后，余云岫受邀参加第一届全国卫生工作会议，再度提出废止中医方案，还是遭到与会者一致反对。当然，从此以后中医被捧上傲视群医的地位更是异样的政治干扰学术的事件，与毛泽东竭力主张中医有关[1]。但在法律和行政体制上几度行动，以取消中医为一生追求的，非余云岫莫属。这种做派，或许可以从个性坚定来解释，但几度民主程序对废黜中医提案的否决，学者理应面对现实，这也是一种科学态度。理性地认可当下科学经济水平下，社会科学、心理科学和精神科学为有限的医疗技术起了不可替代的作用；接受社会对中医的需求，认识寻求安慰也是一种科学的精神治疗。极力否定中医的有限作用，其实也是一种背叛科学的态度。

从 1998 年开始，批判与否定中医再度火热。这一次借助于互联网，方舟子、罗永浩、张功耀、王澄等人天南地北，变化着口径语调，发起对传统中医的新一波围剿。问题就出在这些学者、医学工作者或是医学博士的行为模式上，他们将学术争议的问题，极力推向民族大义和政治层面，其中的功利目的是相当可疑的。比如方舟子，在获得美国生物化学学位后，俨然以科学裁判自居，利用网络的传播功能，品评百家学科，这在技术上就是不科学的行动，居然还自诩一种观点，“在科学问题上有洁癖”。此言一语道破其学识上的幼稚。科学本来就是发展中的假设与理论，哪有纯洁无瑕可言，洁癖作为精神病科临床强迫症的主要体征，更是佐证了这些“学术打假”的病态和破坏性。至少从余云岫的坚持顽固到方舟子

① 新华网．毛泽东的中医情结：称其为中国对世界贡献之首．http：//news.xinhuanet.com/politics/2008－01/24/content_7485884.htm.

的狂执偏激，对于学术多元化的独立和自由是有害的，更不要说方舟子等人在转基因主粮项目等有着明显不确定议题上的选择性哄抬，其所作所为与他们一贯的严打行为自相矛盾，话语分裂，表现出典型的人格障碍症状与非科学行为。

从个性偏执到学术霸道，仅一步之遥。在现代市场经济中，“学霸”的存在可将新技术转化过程畸化成敛财工具。2000年新世纪伊始，生物技术领域的新进展发现，利用新生儿脐带和胎盘中的残留脐血，可分离纯化保存其中的成体干细胞，以备未来免疫治疗所需。但中国工程院院士陆道培滥用权威，阻止圈外专家涉足该领域。他的霸道行为先从自己所在的机构开始，设立公司，独饱私囊，再逐步利用把持的行政许可公权寻租。这种学术和公权结合的利益集团，可以把一部20世纪颁布的《血液管理办法》中“血液”的概念扩展到临床上废弃无用的脐带“血”上，并编造种种借口，将管理规范私下扩展到该办法制定当初尚不认知的成体干细胞领域。科学一旦勾结利益，政治的运作势必上下其手，唯利是从。新生儿脐血干细胞项目最后的结局是：10年的堕落活生生“阉割”了一项与国际同步的现代生物医学技术，海外留学归来的学者丧失了报效祖国的绝好机会，国内千万家的新生儿则永远失去了人生唯一的细胞资源，而金钱却填满了利欲熏心的科技政治玩家。

4.3.2 阶级斗争年代中的学术精英操守

1955年，作为政治领导人的毛泽东突然心血来潮，对生物生态学发表了个人意见：“除‘四害’运动，应将麻雀列为四害之一。”[①]有专家进言：“麻雀是农作物害虫的天敌，大田害虫肆虐之际，麻雀可以替代人工和化学方法除虫灭害，保障丰收。保护麻雀就是保障粮食生产，请放麻雀一码！”但是这个建议遭到拒绝。现在已经无法得知，政治强人为何朝夕之间，对麻雀恨之入骨。本书重在观

① 张锡金. 拔白旗——大跃进岁月里的知识分子［M］. 华中科技大学出版社，2010.

察当时国内著名生物学者对小小麻雀命运的态度，其实更为有效地看到了科学家个人的命运变迁以及对科学的执着和贡献，是政治在科学和科学家身上的镜像反映。生物学专业出身，出版过《生物学》《动物学》《植物学》《进化与退化》和《进化论》等大量著作的周建人抛弃了学术著作的理性原则，附和权势，顺从领袖意见，也主张麻雀有害，必须杀绝。周建人此后在政坛一路顺当。而把一生奉献在科学第一线的朱洗、张湘桐、冯德培、郑作新等科学家既不解政治，又不解风情，坚持生物学的基本知识和客观原则，力陈己见，宣传处死麻雀意味豢养大田害虫的学术观点，坚决反对将麻雀列入四害。几年下来，眼见麻雀数量的下降与粮食产量下降、人口总数下降同步发生，危机步步逼近之时，毛泽东不得不从维护政权的角度权衡利弊，终于在 1960 年收回将麻雀列入四害的成命。但“麻雀事件”并未到此为止，生物学家话语权并未真正得到伸张。麻雀是绝处逢生了，但坚持科学原则的科学家却将麻烦惹上了自身。1966 年“文化大革命”开始，这些老专家们不得不为自己当年的学术观点承受政治报复，乃至付出生命代价。

麻雀事件是 20 世纪五六十年代生物技术领域专家作为的一个小插曲。前文已重点回顾了胰岛素和遗传学这两个与政治密切相关的研究案例。在那个充满斗争火药味的时代，政治运动形成了紧张的生存环境，生活在这种生态中的科学家个人作为也值得同步展示，以便理解这些科学事件背后的发生基础。其中，经历了 1957 年惊心动魄的“反右”，刚刚开始的 1958 年拔“秀才”白旗的运动堪称分水岭，新中国成立初期新民主主义的既定原则，明确让位于阶级斗争的革命主义大环境。“拔白旗”成为“大跃进”时期拷问知识分子科学良心与生存技能的标志点[①]。在这样的特殊环境下，求生存是第一位的，要求所有的科学精英都能像受难的伽利略一样，被判决后依然呢喃“可地球仍在绕行”是太苛刻了。科学的独立精神和自由思想，以及科学家个人的道德品性，在这一年遭遇了

① 张锡金. 拔白旗——大跃进岁月里的知识分子［M］. 华中科技大学出版社，2010.

前所未有的挑战，这一年也成为中国科学家人格本质的展示年。让我们再次回到1958年。

1958年1月7日，《光明日报》刊登了协和医科大学张孝骞教授[①]的文章："在国内反右派斗争中我受到了很深刻的政治教育，在过去，错误地以为三大改造之后，资产阶级，包括知识分子已经改造得差不多了，没有认识到，两条道路的斗争一直是在持续地进行，知识分子的彻底改造是一个艰难而曲折的过程。"出现了这样的高级知识分子代表思想，科学精神完全被阉割开始成为普遍现象，通向科学探索的文明笔墨，成为革命的附庸，浸透了血腥与暴力："我们的笔是锋利的匕首/砍断通向资本主义的索桥/我们的笔是百发百中的枪/挑出那腥臭发黑的心肠/我们的笔是喀秋莎大炮/轰毁每座顽固的碉堡/我们的笔是优美的歌曲/歌唱青春生命的燃烧复活。"[②] 北京大学金克木教授写道："我戴着个人主义的眼镜，就把自己摆在很可笑的地位上，怎么也弄不对自己跟党和人民的关系，把党和人民放在一头，把自己放在一头。实际上是狂妄到把我和六亿人民同等看待，甚至把我看得比六亿人民还大，我的利益比六亿人民的利益更重。"[③] 这样充满个性与特色的自我调侃，语言学家的能力真是得到了充分的运用。

上海音乐学院副院长丁善德教授作为新党员，主观上想紧跟政治，却被批正话反说，成为可怜的政治角斗菜鸟："鸣放初期，对右派言论缺乏警惕，有些言论在思想上还引起共鸣，反右派斗争中对右派分子没有强烈的痛恨，斗争中表现得不积极。相反的，对某些有缺点的党员同志，反而有一棍子打死的思想……对党委领导教学的问题也产生过一种错误的思想，……认为具体有关教学上的一切问题应由院长和系主任联席会议来领导。这种思想与所谓'教授治校'没有什么本质上的区别。"[④]

---

① 张孝骞，1921年湘雅医学院毕业，1923年在约翰霍普金斯大学医学院深造，1932年在斯坦福大学进修，1948年任协和医学院内科主任，同年当选中央研究院首任院士。

② 盛俊义. 大字报选（第一集）[M]. 上海：上海文化出版社，1958：56.

③ 张锡金. 拔白旗——大跃进岁月里的知识分子 [M]. 华中科技大学出版社，2010.

④ 张锡金. 拔白旗——大跃进岁月里的知识分子 [M]. 华中科技大学出版社，2010.

上海水产学院院长朱元鼎是个完美主义者，但他在这个别样的年代，索性倒置科学原则，用心难辨："我来水产学院后，对鱼类标本室的布置也同样讲究架子与面子，研究室的鱼类标本已经超过10 000余号，种类达700多种，还嫌太少，每年要派人四处采集，要把中国大陆各地以及沿海各区的鱼类收集齐备，希望成为东方最完美的一个鱼类资源博物馆。……我的中国软骨鱼类研究工作已做了好几年，文稿迟迟尚未完成，这虽然是有种种客观原因，但是最主要的是由于我有了迷信，要把这一报告写得很完美，希望发印后会得到国内外鱼类专家的好评，怕草草了事会妨害我的名望，过去我还认为这种看法是正确的，现在通过总路线的学习才认清了我的迷信与所谓道德文章是不切实际的，是不符合多快好省原则的。"①

上海第一医学院的公共卫生专家苏德隆教授②在《彻底揭发我的资产阶级个人主义丑恶面貌》一文中自我贬低，不留余地："在学术上唯我独尊，自以为是，自高自大，目空一切，喜爱表扬夸奖，受不了别人的批评，不愿意听下面的意见，认为别人的知识远不如我。在学术上如有人批评我，我就当面反驳，不获全胜决不收兵，辩论时往往弄得面红耳赤，并叫别人下不了台。我自以为写出的论文很好，喜欢在大杂志或国外出版的杂志上发表，宁肯没有稿费，自己当了一、二种国外杂志的中国方面编辑，很得意，愿意别人知道这件事，这是低级的兴趣，是可耻的。我备课是相当认真的，但主要为的是维持我名教授的威望，而以培养人才放在第二位。"

上海水产学院高鸿章为了学问，不惜告御状："我试制成功了天体船位仪，就不顾国家和生产部门是否需要，到处打报告，要求大量制造，企图获得专利权，名利双收。……当个人名利没有得到满足，我竟狂妄地写信向毛主席控诉。"③

---

① 张锡金. 拔白旗——大跃进岁月里的知识分子［M］. 华中科技大学出版社，2010.

② 苏德隆，1935年获上海医学院医学博士学位，1944年获约翰霍普金斯大学硕士学位，1947年获牛津大学博士学位。

③ 张锡金. 拔白旗——大跃进岁月里的知识分子［M］. 华中科技大学出版社，2010.

交通大学校长邓初民不惜自我毒咒：“我是一个身体有病，多病的人，同时在思想意识上也是一个有病，多病的人。……我自己初步挖一挖，已经肯定自己是一个六气俱全的人，这就是官气、暮气、阔气、骄气、娇气、书生气。……我决心要立刻开始整掉我这六气，扫除我这六毒。……古人说十目所视，十指所指。我希望同志们、朋友们不只是拿十双眼睛来看着我，而是拿百双、千双、万双、万万双眼睛来看着我；不只是拿十双手来指着我，而是拿百双、千双、万双、万万双手睛来指着我。”①

政治高压下的中国科学生态危害涉及面极为广泛，将追求学术严谨当成狗皮膏药到处廉价自嘲的学术名人包括中科院学部委员：清华大学电机系主任章名涛，交通大学杨猷。中科院数学所所长华罗庚检讨：“我越发趾高气扬了，越发地自高自大了，我的尾巴翘到很高，越翘越高。毛主席所说的把尾巴翘到一万公尺高的人，其中有一个一定是我。”② 科学巴结政治，话语紧跟权力，还真不是常人能学得来的本事。

更有甚者，不顾伦理，求生触及家庭，长辈、老师和朋友全都拿来垫背，这样的生态下哪里有科学真理可言。复旦大学卢于道③说：“我的资产阶级个人主义是有深远的历史根源的。我的父亲是邮务员，祖父、叔父是经商的，而祖母、婶母、母亲又给我浓厚的封建家庭教育。……我接受的都是胡适之、丁文江等介绍的英美帝国主义文化。”华东师大束世澂说：“我有些朋友、亲戚跑到台湾去了，我在感情上并不加以仇恨，还处处原谅他们。又例如，我有一个朋友，在镇压反革命时判了12年徒刑，我虽不知他的罪行，他必有重大罪恶，在理性上是认识到的。但这个人在我的印象中温文尔雅，当我在江南大学任教时对我表现殷勤，我在感情上一直认为这个人不坏，并不考虑他是重犯。”④ 当人性中最深层的亲情和友情

---

① 张锡金．拔白旗——大跃进岁月里的知识分子［M］．华中科技大学出版社，2010．

② 张锡金．拔白旗——大跃进岁月里的知识分子［M］．华中科技大学出版社，2010．

③ 卢于道，1926年留学芝加哥大学，专攻解剖学，1930年获博士学位，同年回国担任中央大学医学院、中央研究院心理学研究所研究员。

④ 张锡金．拔白旗——大跃进岁月里的知识分子［M］．华中科技大学出版社，2010．

都刨出来贱卖了，科学技术还会珍贵如初吗？

4.3.3　科技精英自动畸化沦为行政工具

“开胸验肺事件”是 2009 年发生的又一桩科学技术与政治运作勾连的中国式典型案例。河南省新密市工人张海超工作 3 年多后，先后被郑州市二院、河南省胸科医院、河南省人民医院、北京协和医院、首都医科大学朝阳医院、北京大学第三附属医院等数家医院一致诊断为职业病——尘肺。由于职业病防治所仅承认“肺结核”诊断，因此张海超所在的企业就可以拒绝患者员工的劳动保护福利要求。30 年前修订的《职业病管理办法》规定，按照国家职业病防治法的有关规定，职业病的鉴定由当地职业病防治所进行，职业病诊断、鉴定需要用人单位出具相关证明。这样的技术规定显然是向企业倾斜的，给员工确诊制造门槛，让企业在“职防”鉴定上有空子可钻。唯有患者法定所在地区的职业病防治所方有权做出尘肺诊断的制度设计中，“尘肺”已经不是医学概念，“尘肺诊断”涉及劳保政治范畴，以及多方利益的政治平衡技术。这位年仅 28 岁的“死刑”患者不惜以死对抗权贵，他向郑州大学一附院提出“开胸验肺”的确诊方案。凭胸片肉眼就能看出尘肺病灶，从技术上讲，职防所不可能做出低级的误诊。在张海超坚持开胸手术的要求下，医务工作者提起了具有历史使命感的手术刀。胸部打开后，医生发现肺部沉积了大量粉尘，肉眼可见。肺部切片检验，排除了肺结核的可能。在张海超曾经工作 3 年的大型企业振东公司里，与他有相同遭遇的工友绝不止他一个。两年维权求医，张海超花费近 9 万元，早已债台高筑。张海超用一个人的力量进行这样无奈的抗争，揭穿了一场医学与政治的合谋。

2009 年 7 月 1 日，职业病防治公益网（www.zybsos.org）启动，这是一批由医学生、网络技术员和律师志愿者组成的网络平台，IT 技术正在设法摆脱技术革命以来技术被政治绑架的命运，设法寻求人类自我拯救的途径，包括民主、自由、独立与健康。职业病防治公益网宣传职业病防治知识，提高劳动者自我防护意识，倡导健康的工作环境，关键是摸准了职业病治理的命脉，“疾病并不可怕，可怕的是可以预见的疾病任其发展，吞噬一个又一个的生命，破坏一个又一个的家庭！让我们一起杜绝职业病防治路上明天的悲剧”！网站尽管一再声称由专业人士主办，但是北京大学医学部公共卫生学院职业病和劳动卫生学系、复旦大学上海医学院公共卫生学院职业病和劳动卫生学系作为我国该领域的两大学术中心，却没有任何合作行动，这些体制内的专家，从来没有正面摆脱道德与学术的双重拷问，是拯救生命，还是做政治帮佣[①]？

4.3.4　科技学术被动畸化成为外交工具

麻疹是由麻疹病毒引起的一种急性呼吸道传染病，具有传染性强的特征。2010 年 9 月 10 日，卫生部再度召开新闻发布会，重申全国普种麻疹疫苗的理由。问题出在“普种”上，即政府可以动用公权，对不配合复种的家庭设置障碍，如提高儿童入学和求医的门槛。过去几年中，中国生物医学经历了种种有关下一代的生命危机事件，如新生儿脐血干细胞事件、配方奶粉事件，这一次要求儿童普种麻疹疫苗的理由，也迟迟不予透明公开。有人推测是以往疫苗质量出了问题，有人推测是为了疫苗企业的商业利益，有人推测是卫生行政官员寻求政绩。没有料到，这次复种疫苗只是为了弥补中国政府对外的一个承诺，为了挽回面子，即中国已经消灭麻疹。其实，如何认识传染病的消灭，在科学史研究上很有技术争议，具有大量不同的判断先例[②]。

“为实现 2012 年在中国消除麻疹的目标，从明天开始到 20 日，全国范围内统一开展一次以 8 月龄到 14 周岁儿童的强化免疫，届时接种儿童近 1 亿。”这是卫生部疾病预防控制局副局长郝阳的发言。2009 年世界卫生组织（WHO）曾多次要求中国尽快采取措施

---

① 由马军等领导的公众与环境研究中心是中国的一家环保 NGO 组织，他们从 2006 年开始致力于编撰、公开和更新中国水污染地图数据库，目前已有超过 50 000 条的企业污染纪录，包括职业安全危机披露，成为公众通过非体制内途径获得高科技导致环境与人体危害的信息源. http://baike.baidu.com/view/2502980.htm.

② 余凤高. 瘟疫的文化史 [M]. 北京：新星出版社，2005：220.

消除麻疹。中国为了兑现承诺，自主决定进行非选择补种（普种）免疫疫苗项目。早在2005年，卫生部曾向世卫组织承诺，到2012年将在中国消除麻疹①。当时全国的麻疹病例接近13万，不仅免疫工作薄弱的西部省份发病率较高，就连发达的东部省份疫情也比较流行。而在2004年时，麻疹病例只有9.17万，占全球总病例数的18.0%。因为麻疹传染性极强，9.17万患者经历365天后，患病总数迅速飙升到了13万。此时，全球麻疹疫情趋势则是：在美洲该疫情已绝迹，欧洲区、东地中海区疫情仍然比较严重。卫生部随后启动了麻疹免疫全国计划，但到2008年，麻疹的发病率上升到了14.79万人，占全球病例总数的52.5%，突击之下，效果并不理想，此时距离2012年只有4年时间了。如果按照常规性免疫的方式计算，到2009年底，这一数字也只可能减为5.2万人。世卫组织依据1/100万发病率作为达到消除麻疹的指标，这就意味着中国每年麻疹发病必须控制在1 300例以内，才算达到了消灭麻疹的目标。5.2万与1 300相比，差距甚远。因此，紧急强化普种麻疹疫苗成为2010年唯一的临时措施，或者更为绝对地说，是一次临床假象，即2010年显示给世卫组织一个光鲜的抽查数据后，来年马上就有反弹的可能，这是宏观上的问题。对于相当比例的已经接种过麻疹疫苗的儿童个体来说，普种麻疹疫苗对于他们来说是多次接种麻疹疫苗，特别是一年内被接种两次疫苗的事件肯定会出现。动物实验已经证实：反复接种某种抗原，尤其是添加了佐剂等辅料以后，可以导致机体对于抗原的表位进行扩展化识别，引发各种自身免疫性疾病。这是让众多父母们忐忑不安的关键问题，孩子不是国际展示的样品，生命健康不是政绩工具，这是不容置疑的。

就目前来看，接种疫苗后儿童到底会不会产生免疫性疾病，还无法得出结论，因为目前医学水平还未达到这一高度，但人们自然会联想到山西高温疫苗事件。家长们之所以反应这么大，不仅仅与

① 温淑萍．麻疹疫苗风波：儿童会否产生免疫性疾病尢法得出结论［N］．经济观察报，2010-09-10.

疫苗是否会产生免疫性疾病的担忧有关，与公共卫生机构的公信力沦陷也有着极大的关系。

4.3.5　与奸商为伍出卖灵魂与技术的个体

20世纪90年代，我国地下毒品市场出现了严重危及生命健康的化学合成毒品甲基苯丙胺或甲基安非他命，俗称冰毒。冰毒在我国部分地区以作坊式的生产模式起源和发展，与高度专业的化学合成精英人士积极参与制造牟利紧密关联，他们是名副其实的毒枭。另一类新毒枭是炮制三聚氰胺毒奶的技术发明者，那些掺假售假的中原农民只是跟班，极其专业的乳品蛋白质专业人员参与其中是决定性的，只是他们被包装得更加合法和光鲜而已。

三鹿集团副总经理王玉良在案发后跳楼自杀未遂，部分证实了行业内部的技术骨干才是始作俑者。2008年1月8日，北京人民大会堂灯火辉煌，中共中央、国务院隆重举行国家科学技术奖励大会，王玉良代表三鹿集团以“新一代婴幼儿配方奶粉研究及其配套技术的创新与集成项目”一举夺得2007年度国家科学技术进步奖二等奖，包括“五大创新技术”：免疫活性物质保持技术、蛋白质重构技术、脂肪酸重构技术、关键生产工艺优化技术、重要营养素检测技术。据称，三鹿此番获奖终于打破了中国乳业界20年来空缺国家科技大奖的局面，确立了中国乳品技术新的里程碑。三鹿集团的技术队伍，应该包括一批熟练的乳品质量控制与测试专家。他们“改良”乳品技术，包括乳品质量的测试技术，活生生地将百年历史的“凯氏定氮法”经典改造成为犯罪工具。

早在2007年，三聚氰胺“宠物毒粮”饲料事件就在海外舆论上被追问得纷纷扬扬。有学者立即上书，饲料食品行业如不严肃科学态度，取缔行业垄断和质检潜规则，三聚氰胺“毒粮”迟早要出现在国民的餐桌上。只是想不到，“毒奶”上桌那么快，而且最大受害人群竟是婴幼儿。

三鹿牌三聚氰胺毒奶，只是被揭露出来的行业潜规则下的替罪羊罢了。每个乳品，或者食品行业的周边，都有一批草根作坊在核心企业的指挥棒下，炮制技术怪胎分娩的丑剧。无论是自杀还是谋杀未遂，其实都是掩盖幕后丑闻的最后挣扎，精英操纵的一段技术丑闻或许从此湮没史海，但精英盗用凯氏定氮法，指点愚民作恶的罪恶无法掩盖。

4.4　生物科学技术成为政治家关注的对象

前文讨论了李汝其的文章《遗传学也要百花齐放》影响了国家的政治进程，或者说，被政治强人用作了一次政治运动的工具。反之，科学技术精英出其不意，也会影响政治巨人。

据李锐先生回忆，1958年12月武昌会议期间，毛泽东与其谈话聊到为何相信“高产卫星”时说，“看了钱学森的文章才相信的”[①]。即1958年6月16日钱学森在《中国青年报》发表的署名文章。著名物理学家的书生之作，被用作政治谋略的依据，看起来当然科学性更强。照理说，科学大家敬畏学术深浅，避免涉足陌生领域，力求精益求精。钱学森为何会一步跨到生物科技领域，公开大发议论，又只是片言只语，缺乏论证和资料的引述？通过钱学森回国前后的经历，或许可以部分用来论证其人格特征。

钱学森是个聪敏绝顶的人。1935年9月他与20名庚款留美公费生赴美国，1936年获得美国麻省理工学院硕士学位，再到加州理工学院求见空气动力学权威西奥多·冯·卡门教授，征求进修意见。同年秋，入加州理工学院研究院，师从冯·卡门，1939年获得加州理工学院博士学位。同年8月发表重要论文《可压缩流体的二维亚音速流》，阐明压力修正公式，后被学界称为钱—卡门公式。因对空气动力学的研究做出重大贡献，位列美国陆军航空兵上校。此时，后任盟军驻中国军事顾问的史迪威也只是上校军衔。钱学森也是个仕途顺利的人。“二战”前几年，他加入加州理工学院火箭研制组，参与风洞研制。美军情报部探知德军正在德国境内建立大规模的火箭发射基地，火速拨款成立加州理工学院喷气推进实验

① 李锐. 大跃进亲历记［M］. 上海：上海远东出版社，1996：35-36.

室，钱学森任喷气研究组组长，成为世界知名的火箭喷气推进专家。1944年美国国防部聘冯·卡门为美国空军顾问，草拟未来20年美国太空研究的蓝图。当年冬，钱学森也辞去在加州理工学院担任的各项职务，跟随导师到华盛顿参加国防部科学顾问组。作为少数族裔的钱学森，政治上极其敏感，在经历了“二战”及战后美国的麦卡锡主义反共高潮后，他意识到只有加入美国国籍方能继续军事研究。海军部次长丹·金保因他涉及美军机密工作之深，极力劝阻钱回国，联邦调查局吊销他的机密工作许可，于1950年8月30日将其收押在特米诺岛的监狱里15天。钱出狱后被软禁在家长达5年，1955年9月17日才回到中国。钱学森筹建和主持了中国科学院力学研究所，为首任所长。后受命组建中国第一个火箭导弹研制机构，并任该机构（国防部第五研究院）院长，指导计划，协调技术。1958年开始研制航天运载火箭。1959年8月，钱学森加入中国共产党。冯·卡门在1967年出版的自传中特辟一章“钱学森与红色中国”，基本确定他的红色思维和政治嗅觉。

重要的是他面对权势拉拢和政治压力的生存能力。作为科学精英的钱学森，并没有轻易被政治所左右，科学思维主导了他的主要人生轨迹。作为军工专家的钱学森，一生没有放弃对生物科技的浓厚关注。1992年，上海交通大学生物技术研究所所长朱章玉教授收到钱学森先生寄自国防科学技术委员会的来信：

> 近读《科技导报》1992年10期《生态工程的曙光》，才知道您创立的生物技术研究所和其先进事迹，深受鼓舞！我要向您和您领导的班子表示衷心的祝贺！
>
> 十一届三中全会刚开过，上海复旦大学谈家桢教授，也是我的老同学，就提醒我利用微生物的广阔前景。现在这方面的工作在您那里开创了，真是可喜！
>
> 我没有别的，只希望您能在下个世纪把利用微生物的工业办成像上海宝钢那样的大企业。生物技术也将成为上海交大的

一个专业系了。

再次表示祝贺！并致

敬礼！

钱学森

1992. 11. 2

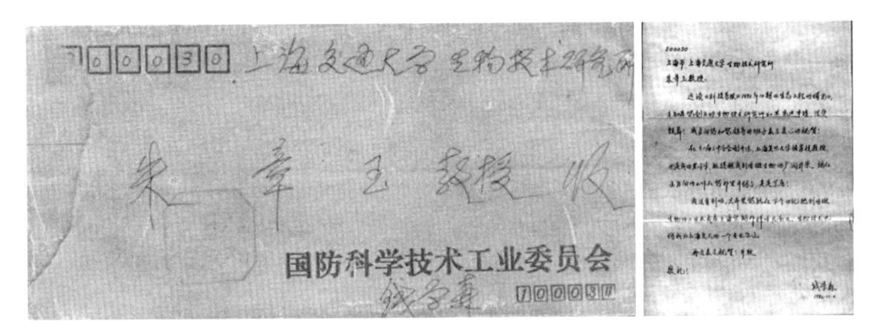

图 4－1　钱学森 1992 年 11 月 2 日来信影印件

老学长对母校的主动关心鼓励，对正处于困境中的朱教授无疑是雪中送炭，尽管两人只是第一次接触。作为曾经的纯工科大学，上海交通大学 10 年前刚开始生物技术学科建设，与上海第一医学院联合创建生物医学工程学专业，落实本科招生和相关科研项目。在医工结合的基础上，设立生物技术研究室，在只有 6 位教职员工、10 万元起步费和 16 平方米用房的情况下，开始了生态环境、自然资源、经济建设三者协调发展的“模拟生物圈建立新型的生产环境体系”研究。研究室在崇明东风农场开展的“生态农场的研究与实践”，以大型沼气发酵工程为纽带，有效地解决了奶牛场的环境、能源和资源问题，其规模和内容达到世界先进水平，对农业和畜牧业发展提供了新的模式和途径，获得联合国教科文组织驻华总代表处的高度评价，以及上海市和农业部专家的鉴定评奖，并向其他单位推广。同时，研究人员创立了“淀粉渣固态发酵转化配合饲料研究”和“光合细菌处理柠檬酸发酵废水生产单细胞蛋白”两项设想，商业部将其确定为国家重点科技攻关项目，共拨付 500 多万元国家科研经费。为此，研究室升格为“生物技术研究所”，从复旦大学和中科院等单位引进了一批生物学科的中青年骨干，组成20多人的跨学科攻关团队，奋战5年，获得国家“七五”科技攻关优秀成果奖。

1991年12月，交大生物技术学科建设的初步成绩，以《生态工程的曙光——上海交大生物技术研究所纪实》为题发表在《上海交通大学通讯》上，全文被中国科协主办的《科技导报》转载于1992年第10期。时任科协主席的钱学森，从《科技导报》上关注着母校的新学科动向，并为此寄来前面这封热情洋溢的鼓励信。

钱学森信中提及的生物技术重要问题，不仅是他当时反复思考的产业革命战略思路，也是他回报母校的严肃思考。参照1992年11月14日他为《上海交通大学1934级同学毕业60周年纪念册》所写的序言，这篇以《母校要面向21世纪》为题的文章中，钱学森明确提出：“母校要面向21世纪，设置一套新时代的专业课程，以培养国家在下个世纪所需要技术人才的问题”，“我们学校历来都是培养实用的工程技术人才的。21世纪有什么新的工程技术？我认为现在全世界都注意到生物科学，生物科学将同工程技术结合起来，出现继当今的信息革命之后的又一次产业革命，即以生物生命技术为龙头的产业革命。我在1992年深秋对母校生物技术研究所的朱章玉教授说：‘近读《科技导报》1992年10期《生态工程的曙光》（即上述信函内容）……这里说的大学，除利用微生物进行的化工生产专业外，还将有诸如植入人体的人造器官的设计制造专业，以培养出再造人体所需器件的设计制造人才。这方面可列举出：人工肾脏、人工肝脏、人工中耳、人工关节、人工心脏等。再有一个专业是培养设计制造老年人所需的辅助机械设备，如轮椅、登楼椅、机器人护士等的人才。到21世纪，这种结合生物科学、生命科学和工程技术的学科专业还会有其他门类。这种专业的发展是很快的。大学中必须同时有相应的研究所，就如现在关于利用微生物进行化工生产的专业，母校就设置了生物技术研究所。”最后，钱学森明确提出：“以上建议是否有当？请级友们考虑，请母校领导考虑，请师长教授们考虑。总之，母校要面向 21 世纪！”

20 世纪 90 年代初，中国处于十字路口，“改革”还是“倒退”。交大生物技术所取得成绩的同时，也给所内教师员工带来了极大压力，正所谓“树大招风”。一方面，校内外的各种非议不断袭来，像交大这样毫无基础的传统工科大学，到底有无必要，是否胜任生命科学研究，此事并无先例。另一方面，1989 年政治风波带来的出国浪潮流失了诸多青年知识分子，面向新世纪的生命科学人才能否继续留住，持续引进？或者再来一次院系调整，生物技术学科即从交大消失？这个时候，钱学森这样一封高瞻远瞩、情真意切的亲笔来信，无疑雪中送炭。此时正值邓小平“南下讲话”的历史性转折大背景，政治伟人与科学大师的思想观点，为改革探索征途中的科研人员和干部员工指明了坚定的改革方向，意义深远。上述信函转达校领导后，校方明确表示要按钱老的意见，下定决心把生命学科一如既往地发展下去。生物技术研究所保持了与钱学森的联系，不断获得他对具体工作和设想的鼓励。

图 4－2　钱学森 1992 年 12 月 19 日贺卡影印件

钱学森希望“把利用微生物的工业办成像上海宝钢那样的大企业”。1994 年 2 月 27 日，钱学森来函指出：“21 世纪新兴产业就是利用菌物进行生产”“人们谈论的生物科技也是这部分”“工农业生产过程中的大量‘三废’（废气、废液、废渣），生活中大量的垃圾和粪便都可以通过菌物改造利用。”特别是“我国湖泊的总面积 55％为含盐 1‰以上的盐水湖，盐水湖中的菌物可以利用阳光进行生产（有人称之为盐湖农业），开发这一类生产，在中国的年产量总值会达几千亿元”。他在信尾提出：“这样考虑，在上海交通大学只设生物科学与技术系就不够了，应该设生物科学与技术学院！老

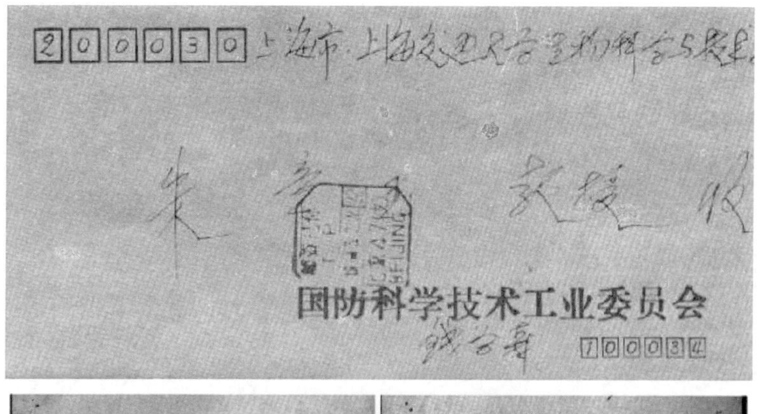

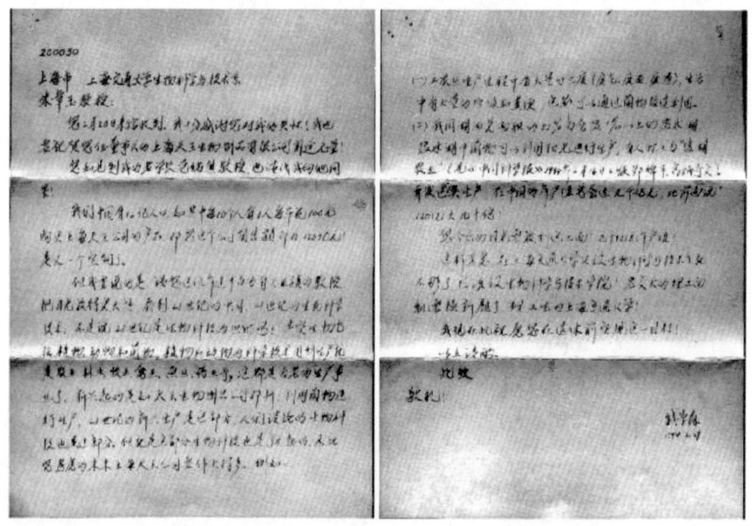

图 4－3　钱学森 1994 年 2 月 27 日来信影印件

交大的理工面貌要换新颜了，理、工、生的上海交通大学！我现在此祝愿您在退休前实现这一目标！”

钱学森在生命相关科学中，几经风雨，颇受争议，蕴涵人文思想和科学精神，是其丰富的学术体系的组成部分。无论面对权势，还是面对舆论，都是一往无前，坚持独立思维。终其一生，在研究物理，投身军工，关注农业、生态和生命科学方面，都有其完善学术大师整体理论建构的内部逻辑联系。

图 4－4　1995 年 12 月钱老精心挑选的贺卡富含寓意

4.5　转基因主粮种植的政治博弈中隐现国际巨鳄的背影

发生在 21 世纪的中国转基因主粮产业化争议愈演愈烈，其时代背景和技术相关背景，与延续了近百年的“中医废存”争论跨越百年政治体制更迭不同，与胰岛素和遗传学研发引进跨越几十年阶级斗争时代不同。转基因主粮技术的产业化，发生在更为广泛和复杂的全球化时代，科技精英和权势政治捆绑，国际政治和资本战略结盟，这些都是研究转基因主粮技术产业化过程中一个不可忽视的视角。

有关粮食，特别是转基因技术即将带来的全球化危机，旅德美籍地缘政治学家恩道尔在《粮食危机》一书中详尽分析了国际上各种利益集团和学者的言行，国内也有大量关注[1]。2008年11月4日，恩道尔在北京表示，“当前全球媒体更多聚焦于金融危机，但粮食危机才是缺粮国家真正要应对的更大的政治风险”，“美国试图扩散的转基因生物计划，目的就是将粮食政治化，以实现对全世界的控制，而不是为了让人类获得更好更多的粮食”。伦敦社会科学研究所所长侯美婉博士揭示转基因粮食“既危险又无效”，警告我们应该注意“转基因的不稳定性是个大问题，从一开始就是一个大问题”。世界顶尖的转基因科学家、苏格兰阿帕德·普兹泰博士的研究发现，转基因玉米的毒性是非转基因玉米毒性的3 000倍。但至少已有4届美国总统支持转基因作物，并不遗余力地在世界范围内扩散。就在中国政府正式宣布转基因主粮获得生产许可的前一年，恩道尔还在北京信心饱满地表示：看来，应对转基因作物不需要再增加更多的反对力量，尤其是中国和印度已经表明要反对它，建议中国至少应该在10～15年内对转基因作物进行全面禁止，这样就有足够的时间来证明转基因食物对于老鼠或其他动物是否安全。话音刚落，就在2009年底，中国国务院农业部颁发了国内首批转基因主粮安全许可证，及时给了天真的学者们一道响亮的耳光。转基因主粮商业化是否安全、值得推广的辩论由此拉开，焦点集中于转基因技术产品的人体安全性及其客观证据，中国粮食生产可持续性及其转基因主粮增产的真实性、转基因商品的生产流通监管法律与操作现实等。2010年初，笔者领头呼吁的问题是：转基因主粮的科学伦理在哪里[2]？

这里，主要分析几位中国政治和科技精英在国际学术政治和资本集团中的作为，这些隐蔽的言行收集与有限的公共信息已足以引起警惕。

孙政才，中国农业产粮大省吉林省委书记，兼任吉林省人大常委会主任。2006年12月至2009年11月任农业部部长和党组书记。

---

① 许未来，恩道尔．“粮食危机”背后的政治［N］．21世纪经济报道，2008－11－22.
② 方益昉．转基因水稻：科学伦理的底线在哪里？［N］．东方早报，2010－3－21.

在任期间，他推动了中国政府在转基因作物包括转基因主粮研发上的上百亿元人民币的投入，并在离任的最后一刻，在其部门网站上悄悄公布了转基因水稻和玉米的生产许可证。孙政才 1963 年 9 月出生，是目前为数不多的“60 后”高官。1987 年 5 月参加工作，系北京市农林科学院作物栽培与耕作学专业农学博士和研究员，从政前历任北京市农林科学院作物所研究室副主任和土肥所所长，应该比任何上级领导人和下属更明白转基因主粮的本质，而他的专家身份又更有效地说服其所属的体制接受他的政治意图和技术方案。值得一提的是，在他离任农业部部长前，在国务院新闻办公室 2009 年 9 月 21 日上午 10 时举行的新闻发布会上，孙部长披露了会后立即启程飞往美国，与国际农业巨头关门协商。相信当时情急的他并未意识到，其行程为转基因主粮争议留下了诸多疑问空间。

张启发，中国科学院院士、华中农学院院长。1985 年获美国加利福尼亚大学戴维斯分校博士学位，并做了一年博士后。戴维斯分校与孟山都公司的战略合作伙伴关系众所周知，其农业相关研究经费主要来自该公司的资助，主要研究人员都为该公司的战略需求服务。公开简历表明，张启发还兼任美国弗吉尼亚理工学院暨州立大学教授、美国麦克耐特基金会植物学国际合作计划专家委员会委员和美国洛克菲勒基金会水稻生物技术国际合作计划科学顾问委员会委员。美国洛克菲勒基金会是一家国际知名的政商一体的战略机构，其智库在美国政府运作中起了关键的作用。在张启发尚未被报道成为中国转基因项目的争议领衔人物之前，他曾被媒体这样高调宣传：“1993 年 7 月，一封充满信任之情的邀请信从大洋彼岸财力雄厚的美国麦克耐特基金会飞到华中农业大学一位青年教授的手中，他被聘为植物生物学研究国际合作计划专家委员会委员，组成该委员会的 12 名专家是经世界百余知名学者提名，从来自五大洲的 130 多位知名农业科学家候选人中产生的，他们的职责是规划项目的设置、起草招标指南、评审申请书、考察承担单位和个人的条件和能力、推荐参加单位和监督项目的实施。”[①] 他就是农学系39岁的张启发博士。1982年2月，他被派往美国加州大学戴维斯分校遗传系进修学习。不久，他提出了引进包括离散多元分析在内的新的统计方法，张启发的导师、美国科学院院士、遗传学会主席阿拉德(R. W. Allard)教授喜形于色，表示高兴和支持。在不到一半的进修时间里，张启发科研和学习双丰收。他被破格推荐攻读博士学位。此时，他实际上已修完了获得博士学位所要求的全部课程，并完成了学位论文的研究工作。1985年初，张启发向北美遗传学年会提交了他用离散多元统计分析的方法对大麦多位点结构进行分析的结果，指出在大麦这样的遗传体系中，基因间普遍存在这一事实。张启发凭着扎实的统计学基础推导出了群体遗传学中一个常用的统计量的抽样方差，论文《遗传多样性指数的抽样方差》解决了对不同群体的多样性进行比较的统计学问题，这一成果已被美国、加拿大的知名学者引用并得到我国著名学者马育华教授的高度评价。或者说，转基因技术并非张启发的本行，他是植物信息专家，优势在于通过数学方法，获得最值得珍惜的生物多样性遗传信息，而这些机密正是国内医学界反复强调必须控制的研究领域，卫生部甚至严格到不允许国内病人的样品被送到国外专业实验室进行疾病诊断，但张的工作却如入无人之境。1985年6月，他获得美国加州大学遗传学哲学博士学位。回国以来，这位在多个学科领域造诣颇深的专家先后主持承担了国家自然科学基金、国家高技术发展计划、国际科学基金、美国洛氏资金等国内外10余个重大科研项目。张启发还建立了广泛的国际学术联系，他是国际水稻遗传学会终身会员，也是全美遗传学会、全美农学会、美国科技进步协会、国际植物分子生物学会等学术组织的会员，并与他们保持着较为频繁的联系，以不断获取新信息和了解新动态，创造国际合作机会。

范云六，中国工程院院士、农业生物工程专家，是中国转基因

① 鲁大安. 他瞄准世界科学前沿——记留美博士、华中农业大学教授张启发 [J]. 神州学人，1994 (11)：16—17.

作物的真正技术操盘手，现任中国农业科学院生物技术研究所研究员、国家“973 计划”专家顾问组成员、农作物基因资源与基因改良重大科学工程学术委员会主任、国际“Harvest Plus”项目中国负责人。范云六 1952 年毕业于武汉大学；1960 年获苏联列宁格勒大学副博士学位；1980—1981 年，在美国威斯康星大学分子生物学实验室做访问学者；1981—1982 年，在美国西北大学医学院分子生物学系做访问学者。在美国工作学习的两年时间里，她亲身感受到了西方发达国家的科技优势，以及在先进的科研设备和环境条件下所产生的工作效率。“睁眼看世界”给她的思想所带来的冲击是巨大的。1982 年 12 月，她为中国农业科学院创建了分子生物学实验室。范云六多次应邀在国际学术会议上做特约大会报告，其中包括：“国际细菌质粒大会”（1979 年），由国际遗传工程及生物技术中心/联合国开发计划署（ICGEB/UNDP）主持的“植物抗逆性的分子及遗传途径国际会议”（1990 年 4 月），洛克菲勒基金会资助的“第二届国际水稻遗传学会议”（1989 年 5 月），以及“东亚地区国际水稻生物技术学术会议”（1996 年 12 月）等。在“第二届国际水稻遗传学会议”上，她被推选为国际水稻遗传工程委员会的五个委员之一。1990 年，又被世界粮农组织/联合国开发计划署（FAO/UNDP）任命为亚洲植物生物技术的中国项目负责人。她的主要学术贡献是：

（1）构建了中国第一个 DNA 体外重组质粒。1976 年她第一个在国内发表质粒分子生物学方面的科研报告。1979 年，率先建成 DNA 体外重组质粒基因工程。Apr/Tcs 的重组质粒工作发表在《遗传学报》1979 年第 6 卷 3 期上，标志着基因工程在中国的诞生。

（2）成功转移目标基因，获得多种转基因植物。她的基础研究工作直接应用于转基因作物研发。常规育种的基因源仅限于种内和种间，遗传背景狭窄。基因工程育种则大大拓宽了基因源，从动物、植物、微生物中分离基因，可以在三者间相互转移，不但突破了种间隔离的天然屏障，而且可突破生物分类上的门、纲、目、科、属，实现基因的界间转移。范云六先后克隆了几个具有重要经济性状的目的基因：对苏云金芽孢杆菌两个亚种的δ-毒素基因，即Bt基因进行克隆、修饰、缺失和重组；在不改变氨基酸序列的前提下，按照植物基因密码子选择的偏向，人工改造了天然Bt基因的密码子；人工设计、合成并建构了在植物中能高效表达的蛋白酶抑制基因，即CpTI基因，此基因来源于植物，是一种与Bt基因杀虫机制不同的基因；人工设计和合成了在植物中能高效表达的昆虫特异性神经毒素基因，即蝎毒基因，此基因与前两种基因的杀虫机理不同；人工设计、合成并构建了一种来自海洋生物鲎的广谱抗真菌病害的鲎素基因，该基因的产物对农业重要真菌病害，如水稻稻瘟病、油菜菌核病、小麦赤霉病的病原菌等有高效杀菌作用；用人工改造的Bt基因及CpTI基因经基因枪法转化水稻，已得到高抗二化螟、三化螟的水稻材料，此项工作受到国际同行和洛克菲勒基金会的重视，并应邀在1996年举行的东亚地区国际水稻生物技术大会上做学术报告。可见，即使中国一流的生物学家背后，也有国际政治和资本的渗透。

(3) 率先实现旨在提高和稳定抗虫遗传改良效果的多基因转化。范云六在中国最早提出用多种不同抗虫机制的基因转化植物来延缓害虫对转基因植物产生抗性的策略，率先获得了含Bt基因、CpTI基因的双抗虫基因的转化植物。转基因作物如水稻、棉花的持久性抗虫育种也起到了借鉴和示范作用。1995年还与江苏省农业科学院合作，获得了转双基因的抗虫棉。

(4) 创建中国农口第一个分子生物学研究机构。1983年，范云六从美国回来不久，创建了中国农口的第一个分子生物学研究机构——中国农业科学院生物技术研究中心，并作为主要负责人建起了农业部农作物分子及细胞生物学重点实验室。

此外，中国转基因主粮产业化过程中还有郭三堆、贾士荣、胡国成、黄季琨等专家，他们的专业成就在这一领域不是领衔的，但其本人或者通过他人积极运作转基因主粮在中国的产业化，与国际资本或与国内企业的密切关联，使得转基因产业化博弈中的背景更加迷离。有资料显示：中国农业科学院生物技术研究所研究员郭三堆持有“深圳创世纪转基因技术有限公司”33%的股份，该公司已成为转基因稻米等转基因农作物品种供应的主要公司，并与美国孟山都等多家国际转基因公司保持着密切联系①。中国农业科学院生物技术所研究员贾士荣是“深圳创世纪转基因技术有限公司”的首席科学家和董事。贾士荣的一个转基因水稻品种——抗白叶枯病转基因水稻的专利权并不专属于中国人，而属于他与美国的合作伙伴加州大学戴维斯分校，而加州大学戴维斯分校的这个项目是美国孟山都公司资助的。中国科学院农业政策研究中心研究员黄季焜的妻子，在贾士荣任董事的“深圳创世纪转基因技术有限公司”任职多年，前些年又被全球最大的转基因技术公司美国孟山都公司聘用。

在不断白热化的转基因主粮产业化争论中，目前比较具有冲击力的观点来自农业科技研发阵营内部。2013年9月，中国政策科学研究会国家安全政策委员会在北京召开“再论转基因与国家安全研讨会”。中国农业科学院作物科学研究所研究员佟屏亚的发言有据有力②：

> 从2004年我就感觉到孟山都在有计划地打入中国。跨国公司把中国种业纳入全球化战略体系，成为全球化竞争赢得全局性胜利的重要环节：一是寻求企业合作；二是开展合作研究；三是聘任高级顾问；四是培养专业人员；五是推动转基因渗透到产业中去。由于上述链条，我们国内2011年发布了全国种子发展的意见，以及落实这个意见的规划，这个规划有三个地方把培育转基因品种的商业化写了进去。这个规划没有广泛征求社会意见，就是以农业部科教司的一些人为主搞的。现在每年都要下达项目。最近在进行的一个措施就是支持种子企业发展生物育种，5个亿，全国最后申报的种子公司41家，明确规定要用生物育种培育转基因品种，而且建立生物技术研究室。这41家当中多的获得1 200万元，少的获得600万元，这

① 有关信息参阅：http：//www. wyzxsx. com/Article/Class22/201002/131713. html
② 佟屏亚. 转基因作物能增产是骗人的［J］. 粮食决策参考，2013，10（20）.

都是有名单的。而且如果说到今年把这1 200万花完了，滚动再给1 200万，这样滚动三次。这就是稳步地在渗透，不仅科研单位，中国主要的水稻为主的企业都进去了。

转基因有两个软肋：第一个就是所谓的“增产”。报纸上老在说转基因能增产，能高产，这是最能唬人的。事实上转基因不增产，更谈不上高产。它最重要的宣传目标所谓“解决13亿人的粮食问题”完全是虚假的。第二个软肋就是所谓的“抗虫基因”，这也是骗人的。实际上孟山都就两个基因，这是专利性很强的。比方说棉花，1999年棉虫很厉害，用了孟山都的抗虫基因以后，一个是抗虫了，但是不止一种虫啊，其他虫来了还得打药。水稻有六七种虫子，玉米也有六七种虫子，所以你只转一个基因，这个虫没了另外一个虫可能又来了，各个地方每年都不一样的，所以它是解决不了生产上用农药的问题。

转基因这个玩意百年以后会出现什么问题，这是争论最大的问题。但是没有谁做长期稳定的、十年八年的研究，也没有实验。时间是检验真理的唯一标准。

转基因作物的技术和转基因主粮的不确定性，其实不难判断，除了科学精英，民众心中都有一把标杆。2006年，笔者指导纽约著名的斯岱文森高中（The Stuyvesant High School）三年级华裔学生Shuqun Joan Fang，向联合国可持续发展（United Nations Commission on Sustainable Development）会议提交论文《转基因工程与抗拒饥饿》[1]，作为可持续发展的我们——公民科学（Citizen Science，the science and technology program of Sustain US），获得当年高中组年龄段大奖（CSD 14 - 2006 Citizen Scientists Side Event）。其中一些观点，可以比较同样作为华人的中国转基因专家，后者无论在年

① Shuqun Fang. Genetic Engineering — Helping Hunger［C］//Acta of Sino-American Biomedical Frontier，2006（1）：55 - 62.

龄、历史、文化和道德底线上都缺失了相当一块底色，再次证实科学人格既要从小做起，还需不断加强。

至今，还没有见到中国生命科学领域的权威学者频繁、广泛、平等地与社会公众讨论、对话。科学研究的态度是高傲还是敬畏，科学研究的目的是服务社会还是娱乐自我，在投入大量公共经费的时代，这是一个首要问题。有科学研究学者正面指出：与其说是科学技术的发展及工业化、城市化“不可避免地”引起了公害，还不如说是由于只从追求利润的功利主义观点出发而采用新技术，或者说，在还未能充分掌握预防公害对策的情况下，就推行工业化及现代化、产业化而造成的[①]。转基因主粮正是一项由各路人马利益兑勾，出于各种功利考虑而仓促出笼的产物。

4.6　生命科学工作者的独立精神、自由思想和敬畏言行

在不同的文化背景和时代环境中，学者对于科学的敬畏精神表现不一，但是要求研究者回归科学的本质，要求独立的精神和自由的思想，这样基本的底线理应不容逾越，否则难以作为科学技术的信徒。尽管中国是个宗教信仰淡薄的国度，但中华民族深层的自然敬畏和牢固的道德信仰还是延续了千年，笔者在《夏小正》一文中就看到了史前的人性光辉和理性原则[②]。

从科学史的研究角度探寻，学者勇于摆脱政治干扰的独立意志，在 20 世纪 40 年代的第一代中国现代学者身上显示了相当鼓舞人心的榜样力量。1940 年 3 月中央研究院院长蔡元培先生去世后，按照程序，应由中央研究院数十名资深院士民主举荐，投票确认新院长。当时人气聚集在胡适、翁文灏和朱家骅几位身上。围绕这样一个学术性职位，各方并未轻易放弃，院士们利用各种机会，讨论

---

① 岩佐茂. 环境的思想［M］. 北京：中央编译出版社，1997：19.

② 方益昉，江晓原. 通天免酒祭神忙——《夏小正》思想年代新探［J］. 上海交通大学学报（哲学社会科学版），2009，17（5）：43-49.

发言，深入博弈。有人认为，尽管胡适非常适合担此重任，但他一旦当选，就要放弃驻美大使的职务，孔祥熙的下属颜惠庆就有可能出任大使一职，这对国难当头的中国更为不利；蒋介石居然也对此职位相当重视，极力施展行政影响力，推荐三人之外的顾孟余出任院长，这下更触犯了学者敬仰的学术自由底线，群情激愤。当时，积极附和蒋介石提议的有李四光，但陈寅恪主张，院长应该在国际学界有声誉，而不是单举几个蒋先生的秘书。最后票决结果是：翁文灏和朱家骅各 24 票，胡适 20 票，李四光 6 票，王世杰 4 票，顾孟余仅 1 票，朱家骅代理了中央研究院院长。这批民国时代培育的老一代学者普遍具有独立意志和严谨学风。此后半个世纪，中国科学院院长的聘任，再也没有比这次院长聘化更为民主的讨论与选举了，甚至对院士选拔过程评价也不高。60 年来中国科学大师“难产”，科学界生态的变化难脱干系[①]。

相比之下，美国相关制度建设中，至今仍凸显民主机制，弱化行政与司法干扰。2010 年 5 月，美国科学家文特尔（C. Venter）博士被国会相关部门请去“喝咖啡”，起因是他合成了人工造细胞“辛西娅”。虽然辛西娅还不是一个完整的合成生命，但却是人工生命征途上迈出的最重要、最关键的一步。这个人工尤物在科学家的电脑程序上被启动设计，完全颠覆了西方社会的宗教伦理，也威胁着现代科学的生命进化伦理，风险难料。对此，各种利益集团褒贬不一：认同者以为合成细菌是未来新能源的希望，反对者指责文特尔博士为新一代生物武器和反人类的技术恶魔提供了罪恶通道，更有甚者呼吁将文特尔博士绳之以法。但是美国不是韩国，对于科学研究，法院避免介入。迄今为止，还未见任何法院受理起诉文特尔博士的案件，仅有相关部门约谈文特尔，了解项目细节的实情。与此同时，美国公权机构倒是立即启动了听证程序。7 月 9 日，卫生福利部属辖的总统生命伦理咨询委员会，针对本次生命科学的技术创新和伦理危机，在宾州大学校长艾蜜·古特曼教授主持下，邀请

---

① 潘光哲. 何妨是书生 [M]. 桂林：广西师范大学出版社，2010：101—104.

十几位公共卫生专家和其他各行专家，公开讨论该项目进一步发展的可能益处，或者可怕结局。与所有类似的重大公共卫生事件一样，听证会通过电视政论频道现场实播，以便公众随时调阅实况录像，了解生命科技最新进展对自身生活现状的影响程度，了解政府未来决策的科学依据，也对号入座地了解各路专家的主观意见和利益倾向，以便公众在未来民主政治的投票行动中将此作为自身利益表达的依据之一①。

在美国现代宪政社会框架下，公共卫生事件发生之后，政府反应快捷，意见收集广泛，专家讨论公开，能迅速在社会公众、新闻媒体、决策机构之间有效达成信息公开和操作透明的良性关系。在这里，专家意见和利益取向是受监督的主要方向，这些专家来自生物产业、公共健康、社会伦理等领域，甚至有美国联邦调查局的生化武器专家，所言所为，均代表各自背后的利益共同体。而处于技术末端和信息盲区的公众人群，依托公开听证过程，可全面获得当前信息和跟踪渠道，成为最大的获益者。为了实现整套机制的合理运作，美国社会曾经付出过惨痛的历史教训。40多年前，海洋生物学家蕾切尔·卡逊（Rachel Carson）的《寂静的春天》，首次披露了环境保护和技术发展之间的利益冲突，政府、国会、资本、学界、媒体的表现远非如今这般文明和冷静，农药DDT杀虫剂与生态、发展和健康关系的澄清过程，最终演变成一场人类发展终极目标的哲学争论和政治上的环境保护运动，卡逊甚至为此付出了生命的代价。公共卫生领域的“公众”参与机制转型，是保障公共卫生工作落实的基础；公开的听证机制建立，可以有效地抑制利益同盟的背后运作，有助公共卫生学者发出独立的声音，还公众社会以健康权利。公众需要公共卫生专家的独立意见，公共卫生专家应该敢于发出“公众”的心声②。科学个体有了个性，科学独立有了精神，是对科学技术领域出现的国家主义垄断的最大平衡。

---

① C-SPAN电视频道：http：//www. c-spanvideo. org/program/294437-1

② 方益昉. 公共卫生重在“公众”参与和专家“独立”[J]. 科学（上海），2011，63（1）.

相比之下，每当学术问题经过媒体引爆、发酵，最后延伸为公共事件之后，我国当代学者的独立意识与独立声音极其微弱，而行政与司法干预的冲动却很强烈。2009年被极度关注的“开胸验肺”事件，其重大意义在于公开曝光了中国几十年来劳动保护与职业病防治方面的暗箱操作，不仅反映了长期处于社会底层的弱势尘肺患者再也无法忍受职业病防治部门的推诿言行，同时也突出了职业卫生专家没有竭尽白衣天使治病救人的职业道德。公共卫生专家理应具备强烈的公共意识，一旦公众事件发生，须在第一时间独立地向公众解释职业病防治的法规细则，从而顺势向尘肺高危人群提供正面指导。比如，日本福岛核电危机之后，日本大众媒体邀请各类公共卫生专家公开讨论从核辐射到临床处置的各种知识，以便民众及时判断各自所处状况，防止信息误导，引起二次社会危机。而国内的公共卫生专家，总要等到卫生行政部门有所表示，对政府的意图揣摩清楚之后，才敢附和一些“专家言论”，其结果是公共卫生专家的公众意识与独立人格模糊，卫生行政部门和职业卫生专家双方的公信力都大打折扣，使已经广遭非议的公共卫生事件和医疗卫生体制危机陡增。“开胸验肺”事件的结局，不是这项个案的结束，而是唤醒更多高危作业受害者的维权意识，集体要求劳动保护权利。可见，生命科学在社会实践中与政治运作，紧密捆绑在一起。类似的公共卫生事件，前文已经展开了详尽的分析，如奶粉事件、添加剂事件、瘦肉精事件等，危机的发生与科学良知沦陷有关，但危机的发酵中，却看到了学者独立意识和良知的再次泯灭。

“转基因主粮”的安全性争论爆发后，食品卫生专家基本没有在公开场合发表见解，从专业角度向社会公众正面解释转基因主粮的食品安全性评价程序，比如确立一次有效人体试验的样本大小要求，人体健康的监测指标选择，挑选志愿者与对照者的“双盲”或“三盲”原则等科学规范。针对大众媒体上混淆是非的所谓安全性依据，比如转基因研发小组人员声称自己已经食用，口感极佳，未见异常等违背食品安全评价科学原则的作秀言论，至今未见食品卫生专家的正面回应，公众急需鉴别转基因食品与非转基因食品的相关知识，以便自我选择食品来源。

“生物基因漂移”本该获得环境卫生专家的广泛关注和评论，因为从理论上讲，基因片段与化学合成产品一样，均会导致人体正常基因的整合与修饰，稍有差错人体就将出现肿瘤等疾病。美国之所以重视基因漂移的生态危机，是因为DDT的环保历史已经证实，生态危机正是人类悲剧的序幕。比如，抗草甘膦转基因作物已经导致长芒苋对除草剂的抗性，这种基因片段通过高度流动的花粉，凭借风力和昆虫快速远扬，受害范围无法估计。2009年，仅阿肯色和田纳西两州就有超过50万公顷的农田受害。相反，我国转基因棉花大规模推广后，只听增产喜讯，却至今不见环境卫生专家的独立总体报告。

2010年7月26日，卫生部官方网站公布了《食用盐碘含量（征求意见稿）》和《食品用香料、香精使用原则（征求意见稿）》，在网络技术配合下，卫生管理部门静悄悄地完成了信息公开的部分承诺。但是深入推敲上述两份意见，疑虑是共同的，主要出现在科学依据和科技专家两个方面。适用标准的颁布，没有附加任何科学依据，这些公开的参考文献和材料方法，是公众得以独立判断、提供有效反馈意见的共同平台。标准到底经过了哪几位专家的评审，同意和反对声音的比例，有何更独特的建议，专家的就职背景，等等，应是上述国家标准出台的重要附件，卫生部却不予公布。这些依据的缺失将导致程序的错误，公众无法在第一时间获取卫生管理机构出台这些攸关民众食品安全的基本数据，即使卫生管理部门公开“征求意见”，欢迎公众的质疑，但是公众话语往往被导向无的放矢，最终极易被视作外行，予以彻底否定。我们无法就此认定，各类标准的出台过程是一场官方的“阳谋”，但是，许多征求意见的行政文件最终往往轻易地成为实施法规，确实是生活中的常例。

事实上，一名真正的公共卫生工作者不难看到，近10年来我国民众的总体食品结构变化、食盐摄入来源、碘盐与香精的需求状况。碘盐的“被食用”，其实捆绑在我们悄悄改变的生活模式中，越来越多的成品和半成品食物取代了家庭厨房功能，个人试图逃出盐业集团的碘盐包围已不太可能。公共卫生专家往往比民众更清晰地看到卫生行政管理背后，主导上述大宗商品生产与价格的发改委、商业部、盐业总公司，以及无数地方利益集团的背影和活动。资本和公权的力量剥夺了健康和科学的权利，同时震慑不同意见的发出。上述卫生标准本该20世纪就出台，公众健康哪里经得起10年的耽搁。食品卫生专家的集体沉默，又将被历史记载，成为2010年中国诸多食品卫生事件中不可回避的悲剧之一。

近年来，生命科技发展迅速，无不攸关百姓的健康和性命，但社区公众对于知识界、实业界、新闻界传递的新兴科技信息常处于无法独立判断其客观意义的尴尬境地。生命科技精英用一些公众不明所以的专业术语解释自己的研究成果，让普通民众无法了解和判断新科技对自己生活的影响。新闻媒体急于报道事件进展，发表评论意见，却难以确保披露事件细节和事实真相，甚至还有其他各类利益集团的利己言论混迹其中。最要命的是，此时最需要获得公共卫生专家独立公开意见的民众，却发现以“公共”冠名的学者们集体失声，任由资本利益集团和权力话语集团发表主宰媒体的言论。当各级公共卫生体制内的学者专家不惜甘做利益集团附庸的时候，公众健康的悲哀其实已经降临。江平先生在《八十自述》中坦言自己比较喜欢对公共事件发表意见。他认为，公共知识分子在今天这个环境下，在主管部门看来多少有点说你是反对者的意味。其本质却是，中国历次的政治运动培养的一种不敢说真话的习惯。中国真正敢说真话的知识分子是比较少的，也可以说，这是知识分子的某种软弱性吧！

2003年“非典”事件以后，越来越多的学者开始意识到，公共卫生不是一门孤立的知识体系，它更主要的特色在于突出民主与法治体系下的公正独立的“公众”卫生监督功能。公共卫生可以细分的职业卫生、环境卫生、食品卫生、卫生监督和卫生法学等领域，涵盖疾病预防、健康促进、提高生命质量等所有和公众健康有关的内容。它从以病人为中心的临床医学传统模式转型为以人群为中心的社区管理职能以后，已经不再属于严格意义上的传统医学范畴。

要实现这样一门传统学科的重生，公共卫生官员与学者的基本素养，应该发生根本性的调整，不仅需要现代科技知识，更加需要现代社会、民主和法制意识及其行动的植入。否则，始建于 20 世纪上半叶的公共卫生理念，很难继续承担政治、经济、技术、资本各方利益博弈下生命健康的话语代言责任，以及社区服务和健康管理的公众责任。公众需要公共卫生专家的独立意见，公共卫生专家应该敢于发出“公众”的心声。

历史在不断地重复自己的心声，历史长河中随波逐流的人类却未必感知到了历史吐露的真谛。本章写作中，上述科学事件中的科技人物反复被作为讨论的重点，以期揭示导致科学事件发生的科学人士的关键角色。或许，由科学第一线以外的研究人士来研究这些问题还会被科学界人士认为不切实际，那么，我们再来听听科学界的精英自己的观点。对于近年不断发生的科技作假事件和科技人员操守事件，中国科学院上海生命科学研究院神经科学研究所的外籍所长蒲慕明身在此山、眼观四海，明确表明了他认为中国科学界不断涌现丑闻的症结在于主管部门对于学术不端事件的容忍和姑息态度，表面科技人员个人的行为背后却有一只无形的操纵之手，涉及体制和政治等深层次问题[①]。轰动中国科技界的李连生“剽窃造假”一案，在科技部的“一纸批文”之后，似乎是对公众有了一个交待，而事实上隐藏在事件背后的“推手”似乎是一个无形的庞大集团，很难撼动。中国的官员根本就不愿意亲手解决敏感的、有争议的问题，要说服他们几乎不可能；而愿意站出来处理各种不端行为的人更是凤毛麟角，这正是中国科技界的悲哀。学校和政府机构的官员和科学家们都不愿意做“恶人”，科技部向许多国家奖的获奖者和未获奖者道歉，公开承认在国家奖的评审中犯了错误，并承诺将采取有效的措施来防止类似事件重演。科技部这种公开声明将向社会表明，科技部愿意改善评奖体系，而且这样的举动将理所当然地得到社会大众的赞赏。在国外的学术界，谈论最多的话题不是中

① 蒲慕明．谁在纵容中国的科研不端 [N]．科学新闻，2011－03－07．

国科学家的重要发现，而是有关中国科学家的学术不端行为。虽然中国学生和博士后在国外实验室仍是最抢手的，但在过去的几年里，提及他们的表现，不再只是聪明与勤奋，他们的科研道德同时也会受到导师、实验室同事的关注。这是因为近年被撤销的一些高影响因子期刊文章很多都是由中国学者所完成的。虽然中国发表的学术论文数量急速上升，现已列世界第二，但是中国整体的创新能力和文章质量仍远远落后。

更糟糕的是，由于学术不端行为的不断发生，中国科学家在国际上的声誉与可信度已出现危机。更加不安的是，我们科学界和有关政府机关对此仍保持非常被动的态度。笔者认为，对于科研不端行为的纵容态度将是中国科学文化发展的最大障碍。如果我们的政府科研主管部门（其中很多是“前科学家”）只喜欢谈论科学诚信的口号，但不愿意认真地去处理科研不端行为，并且用这样那样的理由来避免采取任何行动，这将是科学文化健康发展的主要瓶颈。

本章集中阐述了重大科学事件中科学精英个人的作为，尤其分析了中国不同政治环境下科技人员的作为。科技人员遭受政治影响的结果将及时传递到其所涉及的科技项目中，导致科技项目的内在事件与公共事件发生。近年我国发生的重大生命科技事件，一直没有解决60年来政治介入科技的困境。

◆ 未来延伸研究案例与焦点

石元春案例：

（1）院士李季伦等6位学者举报其他院士不是一场闹剧；

（2）三科院士石元春是否作假剽窃，依靠学术论证即可澄清；

（3）科学院和大学等主流机构噤声，有何难言之隐；

（4）大众新闻媒体依托农民召开新闻发布会能够说明什么；

（5）我国在位大学校长的主业与当选院士的业务分析；

（6）退休校长的学术后路在于商业老总，属于哪种规则；

（7）目前制度下的教授、校长、院士产生机制与利益纠葛。

第 5 章

崛起的冲动依托权力的本能：解析生命科学背后的政府作为

▶ 本章重点

芸芸众生满怀善良与感恩，将国家与政府合二为一，这是活生生的现在时态。但历史告诫我们，生活与学术是两种不同的状态，学术研究中，对于研究对象的概念必须明确界定。国家与政府是不同的两个概念，研究边界该清则清。国家是一种象征；政府则是由一批代表人物集合而成、方便行使公权的政治集体，无论他们声称的是国家利益、民众利益，还是其他利益，总之是有着明确利益导向的实体。因此，政府在科学技术中的角色，同样有着坚定的利益诉求。

5.1 紧握政府无形之手，数年造就黄禹锡“大师”

作为卢武铉总统当政期间科技发展的象征，无论是黄禹锡的崛起，还是黄禹锡的陨落，黄禹锡团队的背后一直伴随着卢武铉政府的身影。以下摘录的论文题目，就是黄禹锡发表在《科学》杂志2004年3月12日第303卷、目前已宣布被剔除的研究报告。事实上，文章的全部内容依然可以在《科学》杂志的网络版和印刷版中查阅到，历史无法抹去，只是标记了警告：

Evidence of a Pluripotent Human Embryonic Stem Cell Line Derived from a Cloned Blastocyst (Woo Suk Hwang, Young June Ryu, Jong Hyuk Park, Eul Soon Park, Eu Gene Lee, Ja Min

Koo, Hyun Yong Jeon, Byeong Chun Lee, Sung Keun Kang, Sun Jong Kim, Curie Ahn, Jung Hye Hwang, Ky Young Park, Jose B. Cibelli, Shin Yong Moon)

其中，原韩国总统府科技助理兼国家科技中心社会推进企划团团长朴基荣（Ky Young Park）的大名赫然在册。按照国际通行的科技论文排名原则，朴基荣的倒数第三署名，表明了他在研究经费筹集资助上的角色相当吃重。朴基荣从政之前为韩国顺天大学（Sunchon National University）的植物生理学家，对于黄禹锡工作的意义自然是了然于胸的。

韩国政府以科技助理朴基荣为核心，于2005年5月组建了具有政府职能的“黄禹锡科研组支援与监督小组”，该小组的成员分属青瓦台、国务调整室、科技部、保健福利部、外交通商部、国家情报院、专利厅和国家科技咨询会8个机构，其主要目标就是及时为黄禹锡争取诺贝尔生理学或医学奖。举国之力博取诺贝尔，在西方学术圈是不齿于科学共同体的手法。但在韩国，这样的政府行为诠释了黄禹锡事件不仅仅涉及一个科学家，或者一支研究团队的科学技术研发项目，黄禹锡的后期工作及其全部项目，完全是政府策划下的一次国家利益争夺。

2005年6月，韩国政府授予黄禹锡“首席科学家”称号，韩国外交通商部专门为唯一的国家首席科学家派出一名外交官，协助他处理国际有关事务。在这个巅峰时期的黄禹锡，除了申报诺贝尔生理学或医学奖，还有诸多涉外国际事务有待处理。当年10月，韩国政府专门为他的干细胞克隆研究项目建立了一个国家研究中心，由卢武铉总统亲自为该中心举行启动仪式。此刻，黄禹锡的项目正式上升到国家层面，政府的背影清晰可见。

然而事件的急转直下，实在太过于戏剧性。3个月后的2006年1月，黄禹锡事件再也抵挡不住来自各方面的质询，随着黄禹锡辞去首尔大学教授公职，韩国科学和技术部部长吴明（Oh Myung）也不再担任此项曾经与黄禹锡项目关系密切的职务，卢武铉总统的科学和技术顾问、2004 年《科学》论文的共同作者朴基荣也不得不随之递交辞呈。

对于韩国政府而言，近年来实施的干细胞全攻略的教训是惨烈的，因为这是一场基于西方学术、伦理、文化标准的高科技竞赛。黄禹锡被韩国民众捧上神坛，又因丑闻从神坛上跌落，从“国宝”变为“国耻”的这一过程，与韩国政府和民众寄予这位“克隆之父”过多的赞誉和过高的期盼密不可分。韩国民众执迷于韩国科学家荣获诺贝尔奖的急切企盼之中，并将希望寄托于黄禹锡身上。韩国政府还授予黄韩国“最高科学家”称号，并迫不及待地将黄的“丰功伟绩”写入韩国历史教科书。黄禹锡事件曝光后，韩国各界开始进行痛苦而冷静的反思，领悟到这一切似乎都来自于“在真相和国家利益中，国家利益至高无上”的错误思想。黄禹锡所描绘的干细胞研究造福人类的美好前景，恰恰契合了韩国经历金融危机后迫切寻求经济动力的心理需求。在这种心理的推动下，很多人甚至在黄禹锡“反道德”获取卵子一事被披露后，仍主动要求捐献卵子用于研究，并对曝光黄禹锡事件的电视台进行攻击。一些支持黄禹锡的网民还摆出“为了国家利益不管真的假的都支持”的态度。

从政治层面而言，举国之力承担国家战略是儒家文化圈中理所当然的原则，而这恰恰冒犯了西方民主的大忌。作为一种国家战略，韩国政府表示，干细胞技术的产业化，可以体现新世纪科技实用主义与全球经济竞赛的绝妙关系。韩国的干细胞研究仍然需要继续，为避免已达到国际水平的干细胞研究技术被埋没，韩国政府决定由科技部和产业资源部等制订并推进泛部门的综合计划，由来自政府和学术机构组成的有关专家，初步计划推动韩国在 2015 年进入世界干细胞研究三强，相关产品的产值占领全球市场 15%的份额。按估算，计划中的干细胞产业经济总额将是目前韩国在全球电子和汽车产业所占份额的 100 倍。

有关韩国政府在处理黄禹锡事件中的作为，民间反思的角度是多元的。韩国延世大学国际学研究生院教授在上海《文汇报》撰文指出，卢武铉政府通过大肆宣传黄禹锡的研究成果对经济发展的积极效用，以及 IT 强国、世界杯四强等成就，希望借机提高国家综合竞争力。经过朴正熙执政时代的经济发展热潮以后，现在的韩国在经济发展的同时，没有相应的精神层面提高。1997 年亚洲金融危机以后，虽然韩国在经济恢复上有所成就，但人们在根本的思考方式上没有实质性提高。现在，黄禹锡事件给韩国人对自身的思考方式提供了一个反思的机会[①]。姜孙已（Jang Sung Ik）是韩国《环境》期刊的首席编辑，他说："政府要为创造出'偶像黄禹锡'负最大责任。它给人们一种幻觉，即黄禹锡的技术是一只能下金蛋的鹅。"

黄禹锡的首篇干细胞克隆论文发表于 2004 年，但直到 2005 年初韩国政府才颁布了一条规范高敏感性研究的法律，而制定法律的 12 人委员会中有 7 人是政府部长。首尔国立大学荣誉退休教授秦觉慧（Chin Kyo Hun）表示："这一生物伦理法律只有极少部分涉及生物伦理的保护，基本上所有的规定都是为黄禹锡提供法律支持。"

通过将重要的论文发表到国际最顶尖的《科学》和《自然》等期刊上，黄禹锡达到了迅速成名的目的。他说自己"打开了干细胞研究的大门，现在只剩下一些等待开启的小门"了。日本过敏和免疫学研究所的研究员罗伯特（Robert Triendl）强调："黄禹锡传达的信息让韩国政治机构非常激动，因此，他们一步一步地将他置于前所未有的超级地位，却没有弄清楚他做的工作究竟是什么。"

亚洲生物伦理协会的负责人宋三泳（Song Sang Yong）认为黄禹锡事件的教训是：在生物技术领域，增长不能代表一切，在这个领域中，一个国家在每一步上都应该小心谨慎。

韩国大学亚洲研究所的历史学家崔江际（Choi Jang-jip）评论，"韩国政府在将黄禹锡推举为"国家英雄"后，却无力恰当地监督其工作，黄禹锡事件是卢武铉政府促进科学发展的政策产物。这一事件与政府的妄想和贪婪有密切关系，政府总是期望韩国在国际生物技术领域占一席之地。韩国政府下属的黄禹锡科研组支援与监督

① 韩硕熙．黄禹锡事件带来的不安和希望 [N]．文汇报，2006-01-11.

小组仅开过一次会，实际上有名无实”。崔江际指出，“政府全力促进黄禹锡的研究，将这位克隆专家推举到了超级巨星的地位，这样营造的研究环境会将所有的批评和争论都拒之门外”。基于黄禹锡的研究成就，再加上民族沙文主义和爱国主义，政府制定的政策全力支持和资助黄禹锡的工作，由此产生了一种类似专制政治的环境：压制批评和探索真实的自由。这就完全背离了科学探索的本意。他认为，“黄禹锡事件是民主倒退的一个缩影”。

5.2　韩国政府的力挺模式，获得中国科技部极力赏识

2005 年 8 月 9 日，黄禹锡事件发酵之前，中国科技部在官方网站上刊出名为《韩国克隆技术突破：既敢提目标又狠抓落实》的专题评论，完全站在欣赏和学习韩国科技体制思维的角度：

> 韩国克隆技术的领军人物黄禹锡，风头也大有超过“克隆羊多利之父”威尔莫特之势。在克隆技术领域，韩国这匹黑马接连超过原本领先的英国、日本和美国，不能不引起人们的深思。
>
> 韩国科学家之所以取得这些成果可以找出很多原因，如政府在资金、政策和人才方面提供了大力支持等，而给人以突出印象的则是在科技领域，韩国既敢提目标，又狠抓落实。
>
> ……
>
> 2003 年 6 月底，卢武铉总统在经济展望国际会议开幕式的演说中，阐述了韩国今后 5 至 10 年的发展战略，提出了争取尽早进入人均国内生产总值 2 万美元时代的目标。此后，韩国又接连提出了今后 10 年进入“世界科技八强”和“世界经济十强”的目标，并要把“第二次科技立国”的科研模式由“模仿、迎击”型转变为“创新型”。
>
> ……

> 为了实现今后10年使韩国进入“世界科技八强”和“世界经济十强”的战略目标，韩国科技部提出了要实现5个方面的具体目标。
>
> 它们是：一、创新主体，到2008年把制造业创新企业的比率由目前的40%提高到50%；到2012年建立10所具有世界水平的研究型大学；国家科研院所朝专业化、大型化发展，重点满足国家核心原创技术、大型复合技术等战略储备技术的开发。二、加强成果转化，注重经济效果，最大限度地提高投资效益。三、实施从研发到成果转化全过程的一揽子支持体制，构筑产学研紧密结合的网络化、开放的研发体系，加速成果推广，优化产业结构，培植新的经济增长点。四、创新系统。建立知识共享型研发基础和具有发达国家水平的产学研协作机制，到2008年完成国家科技综合信息系统建设，强化国家科技部门的综合调控能力。五、加强科普活动，将社会各界注意和关心科技的人群比率分别逐步提高到10%和40%；将与科技有关领域岗位的比率由2002年的16.2%提高到40%。
>
> ……
>
> 关于韩国在科技领域狠抓落实还有两条措施。一是强化领导。2004年修订《政府组织法》和《科学技术基本法》，将科技部长的级别升格为副总理级，使之成为名列财政经济副总理、教育副总理之后的第三位副总理。二是增加投入。2004年科技预算为13 287.42亿韩元，较上年增长4.9%，韩国政府2004年甚至提出今后5年内科研投入要翻一番。有了权力和资金，不愁宏伟目标变不成现实。①

时至今日，我们依然可以在中国科技部的官方网站上看到上述言论，说明黄禹锡事件的风暴并未撼动中国科技官员的主流思维，

① 新华网. 韩国克隆技术突破：既敢提目标又狠抓落实［EB/OL］. http：//www.most.gov.cn/ztzl/jqzzcx/zzcxcxzzo/zzcxcxzz/zzcxgwcxzz/200508/t20050809_23765.htm

黄禹锡学术成果的真假之争也不是中国政府官员的关注视角。此文的久久悬挂，昭示了这样一个事实：黄禹锡事件的国际热点内涵尚未衍生成为政府引以为戒的自觉需要，对于目前的科技官员而言，在科技政策层面上紧跟韩国，学习与赶超韩国从研发到成果转化全过程的一揽子体制化支持，优于对黄禹锡事件负面意义的反思。中国媒体曾经出现的大量针对黄禹锡事件的报道，只是起到围观和凑热闹的效果，并未达到舆论监督和政策反思的高度，对政府的推动作用不大。

目前，从中国最权威的自然科学基金开始，国家级的科学技术研究奖励制度采取自上而下逐级匹配的模式，也就是说，各省、地区和单位依据国家的财务资助基数，以上至数倍、下达若干百分比的比例同时拨款。这样的结果是：一个科学技术的研究项目成为各级政府共同的关注项目。举国体制自然是倡导的政策，一旦项目出现重大问题，各级政府也成为陪绑角色。在这里，科学技术研究已经蜕变，从一开始就不是一项基础科学人员驾轻就熟的学术路径，政治投靠艺术必须在项目的立项阶段全面出击，方能有所斩获。

5.3 生命科学中的宗教敬畏得以制衡美国公权机构

2010 年 9 月 7 日，美国哥伦比亚特区联邦法院驳回有关撤销胚胎干细胞研究临时禁令的要求。美国国会要求暂时撤销利用纳税人资金资助胚胎干细胞研究的禁令，国会认为这项要求符合公众利益，而法官驳回撤销临时禁令是对国会意愿的“蔑视”。

裁决以破坏人类胚胎为由，禁止联邦资金资助人类胚胎干细胞研究。由于有 24 个胚胎干细胞项目需要在 9 月底之前“更新”联邦资金资助审批，美国司法部 8 月 31 日在哥伦比亚特区地方法院提起上诉，要求撤销临时禁令。但法官强调，在裁决前接受联邦资金资助的胚胎干细胞研究项目不受裁决影响。美国司法部只得继续向联邦上诉法院提出上诉。

在美国，胚胎干细胞研究一直是充满争议的研究领域，经历了克林顿、小布什和奥巴马三任总统的时期，这也是为何活跃在东方的生物医学研究人员得以利用时间和空间来弥补差距，日本、中国、韩国、新加坡和中国台湾地区的科学家们在此领域成果显赫，可以比肩西方。2009 年 3 月 9 日，奥巴马上台不久，签署行政命令，解除前总统布什在任期间一直禁止联邦资金用于胚胎干细胞研究的禁令。此举主要源于三大因素：

(1) 履行竞选承诺。奥巴马在竞选总统时就表示：胚胎干细胞的医学应用前景非常广阔，他强烈支持拓展胚胎干细胞研究；布什政府的胚胎干细胞政策妨碍了美国有关科学家的工作，也削弱了美国与其他国家在干细胞研究领域竞争的能力。奥巴马上台前曾指出，他将通过一项总统令取消布什的相关限制命令。因此，美国专家和媒体对奥巴马的举动并不感到意外，认为取消这项限制只是时间早晚的问题。

(2) 改变布什政府以政治干预科学的政策。布什政府任内发生了多起以政治压制科学的事件，其对科学决策的干涉让许多科学家深感痛心。例如，“关心核问题科学家联盟”公布的一项调查显示：在美国环境保护署工作的科学家中，超过半数的人承认他们在进行科研时曾受到美国有关部门的政治干预，回答问卷的科学家中有半数认为，这种干预行为是“经常性或随时存在的”。奥巴马一直强调，政府的决策应该基于最可行且具有科学有效性的证据，而不是某些官员的意识形态偏见。美国科学界的主流观点认为，胚胎干细胞是极有前景的研究领域，有望找到攻克人类诸多顽疾的新疗法，但在这一问题上，布什政府奉行的是以政治压制科学的政策。在国际胚胎干细胞研究蓬勃发展，且美国大部分民众支持胚胎干细胞研究的大背景下，奥巴马的举动表明“科学政策应建立在科学基础之上”。

(3) 促进美国在胚胎干细胞研究领域的发展。近年来，由于无法得到足够的研究资金，美国越来越多的胚胎干细胞研究人员转向别国寻求发展，美国在这一研究领域也有些落伍。奥巴马力图在改善民众健康上有所作为，其对具有重要医疗潜力的干细胞研究自然不会放弃。

这项政策短期内不会给美国胚胎干细胞研究带来显著改观，美国国家卫生研究院还需要时间进一步制定该国人类胚胎干细胞研究的伦理规范，并确定何时利用联邦政府资金，以及通过何种方式资助胚胎干细胞研究。此外，美国现有法律仍禁止用联邦政府资金制造人类胚胎干细胞，也就是说，用非联邦政府资金制造的胚胎干细胞，才有可能得到联邦政府的深入资助。

在总统布什时代，干细胞的研究就曾在美国社会引发若干争论，2010年首例“人造细胞”的问世，这一问题再次被推到风口浪尖。虽然总统奥巴马已下令举行听证会，敦促生物伦理委员会督察此事，“评估此研究将给医学、环境、安全等领域带来的任何潜在影响、利益和风险，并向联邦政府提出行动建议，保证美国能够在伦理道德的界限之内，以最小的风险获得此研究成果带来的利益”，但很显然，这堵不上悠悠众口。

5.4　美国通过制度设计，提升科学技术去政治化的水准

生物医学研究，特别是干细胞研究，一直反映了科学技术发展与现有宗教伦理、道德规范之间的冲突，更反映了美国科学与政治之间日益复杂的关系。

早在2003年8月，民主党众议员维克斯曼（H. Waxman）作为国会“政府改革小组”的牵头人，提出了一份语气强硬的调查听证报告，猛烈批评布什政府越来越严重的“科学政治化”倾向。白宫发言人全力维护总统权力，反击维克斯曼的报告充满错误，蕴藏政治动机。发言人声明，对于科学事务，维克斯曼无法作为客观的仲裁者。

2004年大选中，民主党总统候选人约翰·克里（John Kerry）再次挑战秉持保守伦理思想的布什，称其坚守的“干细胞研究需要

破坏胚胎干细胞，等于摧残生命体”的观念阻碍了干细胞研究的进展，延误了利用该项研究的成果，放弃了医治诸如老年痴呆症等患者的机会，是不尊重生命的表现，道德固然重要，但科学更应优先，布什政府与美国主流意识脱节。布什问鼎 2004 年大选继续执政后，有民意调查显示，大约 2/3 的美国人支持胚胎干细胞研究。布什否决干细胞研究法案，是为了向共和党保守派人士和宗教人士示好，回报帮助布什赢得总统大选的基督教福音派和宗教右翼团体。

布什执政 8 年间，曾两次动用总统否决权禁止利用联邦政府资金进行胚胎干细胞的研究。直至 2009 年 3 月 9 日，奥巴马才重新签署行政命令对胚胎干细胞研究进行松绑，他同时还签发了一份备忘录，旨在“保护正常的科学研究不受政治因素影响”。这一举动赢得了美国天主教主教会议委员会的赞赏，称此为“一个政治超越科学与道德悲痛的胜利”。亦有宗教界自由人士表示，奥巴马此项决定合乎伦理道德。基督联合教会、芝加哥神学院教授苏珊·西斯尔斯韦特（Susan B. Thistlethwaite）说：“这可以帮助人们减轻痛苦、促进医疗，是一个伦理道德上很有必要的行为。”她形容，这对于一个关心人类痛苦和减轻人类痛苦的宗教性的多元化社会而言是个好政策。

民主政治的最高理想是“民有、民享、民治”，而科学技术进步的终极目的也应该是造福“最大多数人的根本利益”。从这个角度看，科学与政治具有一致的主体和受体，所以在当今时代，科学活动也同时可以被看作是一个政治行为，相应地，政治选择过程也脱离不开科学的话语权。在此意义上讲，科学与政治的“特别”关系，也是科学与现代社会“密不可分”关系的一个缩影或特写。科学的进步是“以人为本，以人的健康为本，以最大多数人民的根本利益为本”，还是“以道德观、伦理观、宗教文化观、政治观为限”？显然，不同的回答背后蕴涵着不同的政治理念、科学理念和价值判断标准。至于宗教、伦理、道德等因素与科学价值观之间的争议，只是“科学与政治”复杂关系的一个侧面体现。这些因素背后其实代表着不同的政治利益集团的特定价值选择。

总统要履行他在竞选期间做出的承诺，在政治与科学之间划一条明确的界限。奥巴马将谈到他的政府会回归“健全科学”，实现他“政治归政治，科学归科学”的承诺。

等了 8 年，美国科学家终于盼到了联邦经费补助用于胚胎干细胞研究，以对抗疾病和伤残。奥巴马的行动将使国家卫生总署考虑科学家对研究数百种干细胞株所提出的要求，并给予经费支持。

有关人士表示，自布什政府设限以来，科学界已研发出数百种干细胞株，这些干细胞在治愈帕金森症、糖尿病等重大疾病方面潜力极大，而对胚胎干细胞研究的限制会严重阻碍生物医学研究中最有希望领域的发展。

奥巴马的行动将使科学家和维护病人权益者感到欣慰，但会招致宗教界和维护生命权利的右派人士的不满。后者认为，为从事研究而摧毁人类胚胎不道德。众议院共和党领导人约翰·博尔纳表示，财政收入应该用于那些不会破坏胚胎的干细胞研究。据悉，目前美国有数百万人反对解禁干细胞研究。博尔纳认为这种反对意见是具有正当性的。另外，有批评者说，这些研究有很多缺点，例如许多干细胞株可能有缺陷，移入人体十分危险。

奥巴马总统在答复科学游说组织“2008 科学辩论”的提问时，说明了他对干细胞研究的政策，“我坚决支持扩大干细胞研究。我认为，布什总统设定的人类胚胎干细胞经费限制，让我国科学家束手束脚，无法与他国竞争”。奥巴马同时强调说：“我将以总统名义取消针对胚胎干细胞研究基金的限令。同时，所有有关干细胞的研究都将受到严格监督，保证其在伦理范畴内进行。”奥巴马相信干细胞研究能为数百万患有重大疾病的美国人带来福音。当时，布什对此反驳说，人类胚胎干细胞研究时常会涉及对人类胚胎的破坏，会引起道德争议。他建议科学家考虑其他研究方法。

2001 年，针对从人类胚胎中取得新的干细胞株的有关研究，布什政府曾下令禁止联邦基金提供支持，只允许对其他 21 种干细胞株进行研究。同时，布什曾多次对国会支持干细胞研究的相关立法进行否决。

在解除胚胎干细胞研究禁令的同时，奥巴马政府还将废除布什政府的另一项规定，该规定允许美国医护人员在与道德冲突的情况下，拒绝为病人进行胎儿鉴定或实施堕胎。随着奥巴马取消大部分禁令，干细胞研究学者开始转回美国，毕竟，这里的科研条件和政治气候还是优于世界其他地方。位于波士顿麻省理工学院附近的白头生物医学研究所（Whitehead Institute for Biomedical Research）是全球闻名的一家干细胞研究中心。白头研究所旁边就是著名的麻省理工学院，也为研究所的年轻生物学家和医学家提供了跨学科合作的绝好机会。比如，和理工学院的物理学家、数学家以及计算机专家合作，为干细胞研究建立数学模型进行模拟计算等。

在这里，研究人员试图把成人体细胞的基因重新编码，变成具有胚胎干细胞功能的人工多能干细胞。虽然这种方法已经可行，但是还有很多问题，因此目前还不能完全替代真正的胚胎干细胞。团队负责人、知名干细胞学者鲁道夫·耶尼施（Rudolf Jaenisch）教授说："现在我们还得从人类胚胎中提取新的胚胎干细胞，因为我们还不完全清楚，究竟什么样的细胞才是胚胎干细胞"。耶尼施教授认为，"有国家经费支持至关重要，因为正是国家过去的投入才使美国的干细胞研究跻身世界前列。"不过，67 岁的耶尼施教授还要花很多时间去募集科研经费。25 年前，他参与创建了白头研究所。他曾考虑过是否该回德国了，但是干细胞研究在波士顿地区的兴旺以及美国东海岸的自由气氛还是留住了他。来自德国的博士后德克·霍克迈尔（Dirk Hockemeyer）表示："对我个人来说，奥巴马的表态很重要，他肯定了我们的工作。"朱迪恩·施特克（Judith Staerk）也来自德国。她曾在罗斯托克和马尔堡读书，并在比利时的布鲁塞尔获得博士学位。她很喜欢美国的原因是，年轻人也可以大有作为，也有机会承担重任。她可以设想将来再回到欧洲，但是不会回德国，因为胚胎干细胞研究在德国太受限制。她说："我现在主要是用小鼠细胞，但有时也会用到人类细胞。我不希望政府干涉、规定我的研究对象。"

5.5　利用公权约束民间科学狂人冲撞生命科技伦理底线

德国人类学和神学专家潘能伯格警示，人不愿意再适应世界和自然的秩序，而是想统治世界。此种人类特征的出现基于人类的本质，即对世界的开放性[①]。简而言之，就是不断探索和发现外界的好奇心，成为区别人类与动物最为根本的不同点。

目前在西方，许多富豪，包括科学家与名人，热衷于列下遗嘱，将自己身后的尸体处理或者大脑处理全权授予生物技术公司，将其在零下 196℃的深低温液氮状态下长期冷冻起来，以期有朝一日能够起死回生[②]。美国的冷冻技术公司（The Cryonics Institute）等主要的深低温冷冻技术服务机构应运而生，以满足社会的特殊需求。如今，神经病理学家继续从爱因斯坦的大脑细胞上获得新的认识，发现他的脑细胞存在不同常人的许多特点，这就是得益于他的生物材料在实验室得到科学的保存。许多科学家，包括旅美华裔学者李泽厚先生表示，身后愿意保留自己的大脑，以期在将来能得到重新开发利用[③]。

由于人类不断求新的特点，人类社会具备了这样的生理与精神需求，因此延伸出相应的科研项目，甚至科学狂人，也就有其合理的成分，不足为怪了。问题是，如何在合理与出格之间获得平衡，由谁来调节这样的社会机制？因此，将伦理价值判断作为有条件的社会阻尼工具，而不是一味作为抗衡科学的工具，实在需要太高的运作艺术[④]。

1996 年 7 月 5 日，世界上第一只体细胞克隆动物绵羊“多利”

---

① 潘能伯格. 人是什么——从神学看当代人类学［M］. 李秋零，等，译. 上海：上海三联书店，1997：3.

② 巴里 · E. 齐然尔曼，戴维 · J. 齐然尔曼. 在岩石上漂浮［M］. 张树昆，等，译. 南京：江苏人民出版社，1998：202 - 209.

③ 2010 年 6 月 11 日，目前旅居美国的李泽厚先生在接受《南方人物周刊》采访时，表达了身后要求冷冻自我大脑，以便将来可能的时候继续发挥其学术作用的想法。相关内容也可见新浪网信息 http：//news. sina. com. cn/c/sd/2010-06-11/162620459655 _ 4. shtml

④ 关增建. 通识教育有什么用？［N］. 新闻晨报，2009 - 06 - 14。（该文讨论了物理学中的阻尼概念与科学发展中的伦理学定位。）

诞生，在随后的几年中，克隆牛、克隆猪、克隆马、克隆狗逐一宣告成功。克隆各种家畜已经在世界上许多国家实现，距离克隆人，仅有一步之遥。为此，西方学术共同体以及主管政府，开始从法律、伦理规范和科研经费上，严格控制人类细胞株的克隆建立，绝对禁止克隆人。

2002年12月27日，一群满怀分子生物医学幻想的科学主义分子聚集纽约，等待见证世界上第一个克隆人在公众面前高调诞生。中午时分，克隆援助（Clonaid）公司雇员在佛罗里达宣布，世上第一位克隆女孩的名字叫“EVE”，但就是不让世人一睹芳容。在CNN的全球转播结束以后，大家基本认定这是一次有意的炒作，这家公司利用人类克隆在理论上的可能性、技术上的现实性、文化上的好奇性和家庭中的需求性，成功完成了一次挑战宗教和伦理的科普造势。时至今日，我们确实无法证实，地球上到底有没有真正的克隆人类生存。但是，敢于公开声称克隆成功人类生命的，也就只有克隆援助公司和意大利的安蒂诺里医生等几个狂人。克隆援助公司实为法国“雷尔教”下属的机构。“雷尔教”宣称，地球上第一批人类由史前访问地球的外星人克隆而成，克隆是人类实现长生不老的捷径。但是，从科学人文的自由学术探讨角度，有关人类的起源和外星文明的探索，还是一种挥之不去的思绪，《2012》等科幻影片警示地球幻灭、文明轮回，以及超自然力量的视角，都是具有庞大信众的题材。

具有戏剧性的是，克隆援助公司在黄禹锡事件发生后，自以为在东亚出现了同盟军，他们发表声明，希望黄禹锡加盟他们的研究队伍。在世界舆论一致认为黄禹锡作假的时刻，唯有该公司表示：黄禹锡发表的研究成果是原创的，是那些反对干细胞研究的人串谋毁了黄禹锡，黄禹锡是保守的反科学团伙的牺牲品。克隆援助公司相信黄禹锡克隆出了人体胚胎，并拥有培育胚胎干细胞的技术。此后黄禹锡事件的逐步透明，使得克隆援助公司成了歪打正着的预言发布者。

就算克隆人体的宣告的真实性还处在可疑阶段，但有关半人半兽的古老传说，事实上已经在欧洲和华夏文明中流传了数千年[①]，包括电影等现代艺术创作（如《人兽杂交》）也不断制造新的表达形式。甚至 2011 年的科学新闻，还热衷于报道科学家已经克隆了上百个人兽杂交的物种[②]。这些信息透露出人类的心理特征，期待或者恐惧人兽杂交生物的出现。就生物克隆技术而言，科学家确实已经把握了这样的技术，或者更加科学地表述，人类已经获得在基因水平上将动物或者人类以外的其他基因片断克隆到人类正常基因之中的技术能力。理论上，最低混合程度的杂交人类基因，可能已经存世，那么，如果没有伦理规范和法律约束，杂交人类的问世也就是时间早晚的问题了。

唯一值得庆幸的是，科学共同体的一丝规范尚存，人类社会的基本价值尚存，敬畏自然的最后底线尚存。在人类社会还没有最后确认自我智慧与能力在社会伦理上、文化技术上和危机处理上已完全准备妥帖，可推出最接近自我的克隆产品之前，我们还把握着人类社会最后的尊严和理智，以免立即与自己的同种异类尴尬相处于一个地球。

相形之下，中国的科学狂人相对初级，除了前文提及的三聚氰胺有毒奶粉以外，目前存在于我国的地下冰毒作坊专业化，在东部发达地区私下流传的代孕母亲项目，都是值得关注的生命科学技术、社会伦理和政府监管的空白领域，有必要与上述案例同步思考。

5.6　转基因主粮市场化过程中政府角色与利益集团诉求

转基因主粮是否应该作为我国居民的主要食品，转基因主粮的生物安全性评价程序与单位、销售流通与执法监督主管单位，这中

---

① 有关人兽合一的传说，《山海经》《巨人国》等经典和媒体报道千年不绝，如 http://huanqiu. tietai. net/html/2011/yiguofengqing_0829/2181. html.

② 仲崇山. 半人半兽怪物真会出现吗？[EB/OL]. http://news. 163. com/11/0804/06/7AJHTMRB00014AED. html.

间的权力归属应当明确，到底属于哪个行政部门也值得分析。

中华人民共和国卫生部在其官方网站上公布的机构职能如下：

> 根据第十一届全国人民代表大会第一次会议批准的国务院机构改革方案和《国务院关于机构设置的通知》（国发〔2008〕11号），设立卫生部，为国务院组成部门。
>
> 一、主要职责
>
> ……
>
> （三）承担食品安全综合协调、组织查处食品安全重大事故的责任，组织制定食品安全标准，负责食品及相关产品的安全风险评估、预警工作，制定食品安全检验机构资质认定的条件和检验规范，统一发布重大食品安全信息。
>
> ……
>
> 二、内设机构
>
> 根据上述职责，卫生部设15个内设机构：
>
> ……
>
> （十一）食品安全综合协调与卫生监督局。
>
> 组织拟订食品安全标准；承担组织查处食品安全重大事故的工作；组织开展食品安全监测、风险评估和预警工作；拟订食品安全检验机构资质认定的条件和检验规范；承担重大食品安全信息发布工作；指导规范卫生行政执法工作；按照职责分工，负责职业卫生、放射卫生、环境卫生和学校卫生的监督管理；负责公共场所、饮用水等的卫生监督管理；负责传染病防治监督；整顿和规范医疗服务市场，组织查处违法行为；督办重大医疗卫生违法案件。
>
> ……
>
> 三、人员编制
>
> ……
>
> 四、其他事项
>
> （一）管理国家食品药品监督管理局和国家中医药管理局。

（二）食品安全监管的职责分工。卫生部牵头建立食品安全综合协调机制，负责食品安全综合监督。农业部负责农产品生产环节的监管。国家质量监督检验检疫总局负责食品生产加工环节和进出口食品安全的监管。国家工商行政管理总局负责食品流通环节的监管。国家食品药品监督管理局负责餐饮业、食堂等消费环节食品安全监管。卫生部承担食品安全综合协调、组织查处食品安全重大事故的责任。各部门要密切协同，形成合力，共同做好食品安全监管工作。

（三）食品生产、流通、消费环节许可工作监督管理的职责分工。卫生部负责提出食品生产、流通环节的卫生规范和条件，纳入食品生产、流通许可的条件。国家食品药品监督管理局负责餐饮业、食堂等消费环节食品卫生许可的监督管。国家质量监督检验检疫总局负责食品生产环节许可的监督管理。国家工商行政管理总局负责食品流通环节许可的监督管理。不再发放食品生产、流通环节的卫生许可证。

这样的行政体制明确了国家卫生部食品药品监督管理局承担着牛奶、猪肉、食盐的安全性评价及 OMP、三聚氰胺、瘦肉精和碘的添加剂管理标准的制定与市场监督等职能，这是法律赋予其的权力与义务。

也就是说，当一种大米、玉米上市以后，决定这种产品销售和食用安全性，决定其是否可以含有转基因 Bt 蛋白的行政主管部门应该是保证生命健康的卫生部，一旦出现市场混乱，必须向危害者问责。但是，就是在转基因主粮的安全性评价程序上，主管单位已经转移。中华人民共和国农业部科技教育司网站上 2010 年 6 月 6 日的一份公函披露，有关转基因食品安全评估的主管部门，已经由国家卫生部食品药品监督管理局转移到了国家农业部科技教育司。

《农业部办公厅关于推荐第三届农业转基因生物安全委员会食品安全评价委员的函》如下：

国家食品药品监督管理局办公室：

根据《农业转基因生物安全管理条例》和《农业转基因生物安全评价管理办法》的有关规定，我部组建的第二届国家农业转基因生物安全委员会（以下简称“安委会”）任期已满。为做好换届工作，请你部门协助推荐下一届委员会食品安全评价委员。有关事宜函告如下：

一、安委会的职责

安委会是农业部履行农业转基因生物安全管理职能的技术咨询机构，主要对农业转基因生物的安全性开展评价，并提出咨询意见。

二、委员条件

1. 具有中华人民共和国国籍。

2. 遵纪守法，作风正派，恪守科学道德，保守秘密。

3. 科研、教学等事业单位中具有副高级及以上技术职称的专家。

4. 具有转基因食品药品安全评价等方面的专业背景，熟悉转基因生物安全评价相关知识。

5. 身体健康，热心转基因生物安全评价工作，能够履行委员各项义务。

三、推荐

请你部门根据委员条件协助推荐适合人选 10 名，并填写推荐表（见附件），于 7 月 10 日前反馈农业部科教司转基因生物安全与知识产权处。我部将会同相关部门根据推荐人选酌情遴选下一届安委会委员。

据农业部信息中心 2004 年发布的全国农业转基因生物安全管理标准化技术委员会名单[①]，这个专门机构的组成足以说明利益的

① 农业部信息中心：http：//www. stee. agri. gov. cn/biosafety/gljg/t20051107 _ 488652. htm

倾向。

表 5-1　全国农业转基因生物安全管理标准化技术委员会会（SAC/TC276）成员构成[①]

委员会职务	成员工作单位构成									
	农业部		直属科研院		其他监管		疾控与健康		其他	
	数量（个）	比例（%）	数量（个）	比例（%）	数量（个）	比例（%）	数量（个）	比例（%）	数量（个）	比例（%）
主任委员	1	2.44	0	0	0	0	0	0	0	0
副主任委员	1	2.44	2	4.88	2	4.88	0	0	0	0
秘书长	1	2.44	0	0	0	0	0	0	0	0
副秘书长	1	2.44	0	0	0	0	0	0	0	0
委员	4	9.76	19	46.4	2	4.88	5	12.2	3	7.32
总计	8	19.52	21	51.2	4	9.76	5	12.2	3	7.32

分析名单，值得关注的问题是：①农业部官员直接担任主任和委员，监督裁判和标准制定一身兼任，计主任 1 名，副主任 1 名，正、副秘书长各 1 名，委员 4 名，约占 20%；②农业部直属单位委员占 50%；③直接监管消费者健康安全的委员仅 4 名，占 2%，6 名主任委员中，仅 1 名来自食品安全监督部门的农业部以外官员。可见全国农业转基因生物安全管理标准化技术委员只是一个侧重粮食产量、轻视主粮质量和消费者健康安全的专门机构。健康安全和生命话语的博弈，在这里胜负是早已确定的。

农业部共有 19 个主要内设部门，是一个经济管理职责重大的行政管理部门，其中与 GDP 密切相关的有政法司、经管司、市场司、计划司、财务司、国际司、科教司和种植业司。种植业司的主要职能共计 17 项：

（一）负责种植业（粮食、棉花、油料、糖料、水果、蔬

① 2016 年 6 月 12 日，农业部在其官网向社会公示了第五届农业转基因生物安全委员会委员名单（76 名），其透明度比作者 10 年前研究有关资料时有所变化。

菜、茶叶、蚕桑、花卉、麻类、中药材、烟叶、食用菌）的行业管理。

（二）拟订种植业发展战略、政策、规划、计划并指导实施；起草有关种植业的法律、法规、规章并监督实施。

（三）指导种植业结构和布局调整及种植业标准化生产；拟订种植业有关标准和技术规范并组织实施。

（四）提出粮食、棉花、油料、糖料等主要农产品产需调控和品质改善建议。

（五）提出种植业科研、技术推广项目建议，承担重大科研、推广项目的遴选及组织实施工作；负责主要农作物高产创建工作，指导种植业技术推广体系改革与建设。

……

（十）负责农作物种子监督管理；组织农作物品种审定；组织实施农作物种质资源保护；负责农作物种子（种苗）、种质资源进出境、种子生产经营许可；负责种子检验员及检验机构考核管理等工作。

……

科教司主要职责13项：

（一）起草农业科技、教育、资源环境和农村可再生能源的法律、法规、规章，拟订发展战略、规划和计划，提出相关政策建议，拟订有关技术规范，并组织实施。

（二）组织国家农业科技创新体系和农业产业技术体系建设；牵头指导农技推广体系改革与建设；指导农民教育培训、农业生态环境保护、农村可再生能源体系建设；指导农科教结合和产学研协作。

（三）负责农业科研和技术推广工作，组织实施农业高新技术和应用技术研究、科技成果转化和技术推广；组织实施农业科研重大专项；组织引进国外农业先进技术；承担农业科技条件建设工作。

（四）负责农业转基因生物安全监督管理；指导协调农业

知识产权工作，负责农业植物新品种保护工作；负责农业科技成果管理和科技保密工作。

……

由农业部负责转基因的技术研发、产品安全性评估和转基因种子企业的布局管理，就好比当初三鹿公司研发生产三聚氰胺奶粉获得监管部门的尚方宝剑一样，没有第三方约束，将运动员与裁判员角色合二为一。卫生部何以在农业部的两项部门规章《农业转基因生物安全管理条例》和《农业转基因生物安全评价管理办法》面前完全放弃了法律赋予的部门职责？这种程序违规和结局危机正是造成社会混乱的根源，值得从科学技术的政治运作角度加以深入探索。

2010年7月，在国务院第五批取消行政审批的项目中，第29项和第47项分别包括农业部的《农民养殖、种植转基因动植物审批》和《农业转基因生物过境转移审批》[①]。上述行政审批项目的取消表明，中国最高当局对转基因动物饲养、转基因作物种植和农业转基因生物过境转移的管理权力已经下放。

这样，不仅已获安全证书的3种转基因主粮再无产业化障碍而将迅速泛滥于市场，而且100多种已完成转基因开发的动植物项目（几乎涵盖所有食物，其中若干作物品种已具备了产业条件），从此也再无行政审批关隘，中国人民很快将陷入转基因的汪洋大海无法自拔，从而彻底丧失不吃转基因食物的选择权。

5.7 巨额税收是维系国家机器运转能力的主要来源

研究政府在税收专项上的本能冲动，可以从它赖以生存的经济来源着手。政府的经济支撑依赖税收，这成为政府建立治理制度、

① 国务院关于第五批取消和下放管理层级行政审批项目的决定［EB/OL］. http://www.gov.cn/zwgk/2010-07/09/content_1650088.htm.

保障安全、运用公权的物质基础。税收的本质，即国家以法律规定为依据，向经济单位和家庭个体征收实物或货币所形成的特殊分配关系。至于预防税收“恶之本质”，人类历史上已有无数政治家和经济学家的论述，其中最为著名的论述来自美国建国元勋杰弗逊的《独立宣言》：“政府是必要的恶，要用宪法之链束缚，以免受其害。”税收与国家的互相依赖关系与社会民众相处几千年，基本上是以不利大众的形式传世，切不可对政府的花言巧语寄予过多的希望。历史证明了政府在税收问题上的坚定，绝不会因为税基涉及民生的基本需求而给予社会一丝怜悯。也就是说，不会因产品涉及生物制品、攸关民生基本需求，而特别提供温柔减免。此事自古未变。

就中国而言，从皇权专制政府到民主共和体制的上千年历史中，也恰好印证了上述对于政府之恶的断言。仅以生命技术产品中维持人体最基本生理需求的食盐产品为例，政府从来也没有放弃或者松动过涉及这项民生基本的生产与销售的税收，有关该项目的政府税收控制和经济压榨，有遗存了上千年的历史文字记载。

公元前81年，即西汉昭帝始元六年，汉朝政府召开“盐铁会议”，以地方派和中央派各为一方利益集团，就盐、铁专营，酒类专卖和平准均输等问题展开辩论。这次会议的目的以《盐铁论》为历史文献流传至今。其宏观意义，无非就是从政权利益的最大化出发，寻求包括食盐在内的政府征税品种与税率平衡点的战略规划。从此，类似的在国家层面上展开的盐业税收压榨从来没有中止过，相关的管理体制一直延续到清末，政府还有两淮盐运使和两江盐运使等机构设置，各地方机构在盐业的贩运上也一丝不漏。政府为此设置的官僚体系环环相扣，从民间获得了巨大的经济利益，支撑了官僚集团本身的政治利益。新近建设落成的江苏淮安盐运博物馆，就在沿用千年的南北大运河工程和两淮、两江盐运史的历史遗址上重现了这段辉煌与血腥并存的盐业历史。

中华大地进入共和体制以来，盐业总公司代表国家机器，继续把握作为民生根本的盐业生产与销售渠道。前文讨论的碘盐标准规划、生产销售和健康复核案例，直接体现了现代体制之下政府及其利益代表机构从 20 世纪 80 年代起，有选择地操纵有关生命科学的人群数据和产品技术，利用国家机构把握生命话语的有利制度设置，在制定国民健康标准与食品营养标准过程中，通过调控食盐中的人体碘分子摄入含量，继续垄断盐业终端产品规格与价格，继而达到保持独家征收高额税收的根本目的。直到 2010 年，全国各地的华夏民众机械性地食用一种碘含量标准食盐对国民健康的危害才被公开披露和抨击，有关方面开始实施微量的调整步骤。

中国历史上另一种被政府利用，最终打造成为摇税机器的生物产品是丝绸制品，它同时也是中国最著名的国际贸易产品。华丽温柔的丝绸成为维护历代政府巨额税收的无尽来源，从而维护政权统治民众，这是丝绸发明者意想不到的。

丝绸的原创技术价值和珍贵市场价值源自华夏。《西京杂记》载：汉代陈宝光妻所织散花绫，“匹直万钱”。丝绸的别名“锦”字，就由“金”和“帛”组合而成，也说明它是最贵重的纺织品，以致古人有“锦，金也。作之用功重，其价如金，故惟尊者得服之”的说法[①]。织锦工艺复杂，费工费时，其价值相当于黄金。因此政府利用丝绸作为财富和征集税收的来源也就顺理成章了。通过深入研究官府与商帮的关系，那条源自长安的丝绸之路，细究起来远非只有古今学者吹奏的远古牧歌一种祥和温馨的曲调。产品制造过程中的辛勤汗水，特别是官府设立关卡时冰冷的税牒也不容忽视，目前已经出土的边塞汉简中不乏涉及敦煌、安西、酒泉、鼎新（毛目）、居延等地边民商客生死血泪的记载。驼铃伴随商帮，将一捆捆产自华夏的华丽丝织用品销往西方，于是这条路也成了当年世界政商兼顾的一条主要国际政治与外交道路。丝绸之路横贯亚欧，从汉唐古都长安往西，一直延伸到罗马，来自中国的丝、绸、绫、缎、绢等制品源源不断地运向中亚和欧洲。这是商贸之路，也兼具文化之路和技术之路的功能。汉唐政府利用西安的市场贸易地位获

---

① ［东汉］刘熙．释名・释采帛．

取税收利益增强国力之后，再次攻击更多的西方小国，从而获取更多利益。

从西方的视角来看，这条路也是西方不惜一切手段学习、窃取中国丝绸技术的血腥之路。中国是养蚕织帛的发源地，历代朝廷为了维护通过丝绸获取的政治和经济利益，想方设法保护相关技术和资源的机密性与独立性。伏羲氏化蚕桑为绵帛；黄帝元妃嫘祖始教民育蚕治丝以供衣服。人们把创造发明联系在神话祖先身上是很自然的，也是可以理解的。1921 年，在辽宁省砂锅屯仰韶文化遗址（距今约 5 500 年）发掘到一个长数厘米的大理石制作的蚕形饰，其上的蚕形被学者确认为蚕。1958 年，在浙江省钱山漾新石器时代遗址（距今 4 700 年）中出土了一些纺织品，这些纺织品中有丝绸片、丝线和丝带。经鉴定后发现，丝纤维截面呈三角形，应该是源自家蚕蛾科的蚕，这是长江流域迄今发现最早、最完整的丝织品。1960 年，在山西省芮城西王村仰韶文化晚期遗址中，出土了一个长 1.8 厘米、宽 0.8 厘米，由 6 个节体组成的陶制蚕蛹形装饰。1963 年，在江苏省吴江梅堰良渚文化遗址（公元前 3 300—前 2 300 年）中，出土了一个绘有 2 个蚕形纹的黑陶。1977 年，在浙江省余姚河姆渡遗址中（距今约 7 000 年），出土了一个骨盅。此盅上刻有 4 个蠕动的虫形纹，虫纹的身节数与蚕相同，结合同时出土的大量蝶蛾形器物，学者认为虫形纹是蚕纹。1984 年，在河南省荥阳县青台村一处仰韶文化遗址中，出土了一些丝织的平纹织物和组织十分稀疏的丝织罗织物。这些出土文物告诉我们，在距今 5 000～6 000 年之前，黄河流域和长江流域就已有了蚕业生产。我国蚕业丝绸的源头至少可以定在新石器时代晚期，且是在不同地域相继独立出现。1972 年，马王堆一号汉墓出土了一件素纱禅衣，引起文物界和纺织界的轰动。该衣用极细长丝织成，织物纱空方整，薄而透明似蝉翼，千米长丝仅重 1 克，每平方米衣料仅重 12 克，有举之若无、真若烟雾的缥缈感觉。

蚕桑丝织技艺大约在公元五六世纪传入高昌（今吐鲁番）和于阗国（今和田），又是一桩通婚政治的轶事，只不过这一次源于对蚕桑养殖技术的企图。于阗国古称“瞿萨旦那”，该地获得蚕种的故事是：西域小国起初没有蚕桑，向西安要，皇上不给。于阗国王心生一计，向公主求婚。迎娶前，于阗国王派使者告诉公主，“于阗国无丝绸，你来时带一些蚕种”。于是公主出嫁时将一些蚕茧藏于帽絮中，通过边境关卡[①]。在此之前，为了获取蚕种和桑种，不知经历了多少战事与流血。20世纪初，探险家斯坦因在和田附近发现一块画版，有一头戴高冕的盛装女子、几个侍女以及一个装满果品的篮子，其中一个侍女用手指着贵妇人的冕。这个女子就是把蚕种藏在帽子里偷运到和田去的唐朝公主。蚕桑丝织技术传入新疆后，进一步外传到了波斯（今伊朗）。不仅中国严禁蚕桑丝织技术外传，连已掌握此项技术的波斯，为了自身的经济利益也密而不传。公元550年左右，东罗马皇帝查士丁尼向云游在丝路上的僧侣许诺，如能搞到蚕种并带回拜占庭，将给予重赏。僧侣返回“赛林达”取得蚕种，并将蚕种藏在竹杖中偷带到拜占庭。于是东罗马便有了蚕丝业。13世纪以后，法国、意大利逐渐成为欧洲丝织业中心。一场上千年的税收垄断随着技术的外流，经济与政治利益随之远去。

当下，值得重点讨论的政府税收与社会健康涉及烟草利益体系。一方面，它同食盐和丝绸一样作为大宗贸易商品，通过税收不断充填了官府的金库；另一方面，烟草对于人体生命健康的损害众所周知，但烟草作为主要商品，依然流转于市。这样比较下来，同样是官府的税收基础，烟草比食盐和丝绸的税收历史更加血腥，并且继续成为现代政府税收暴征的恶例。

烟草源自于南美，明朝万历年间传入台湾和福建等沿海地区，相比盐业和丝绸等获取巨额税收的经济产物，其历史短了上千年。西方历史上一直把烟草作为药用植物，中医同样盛赞烟草是“通利九窍之药”“一切寒凝不通之病，吸此即通”，将它视作包治百病的灵丹妙药。上述来自专业技术领域的依据公然成为烟草产品税收合

---

① ［唐］玄奘．大唐西域记［M］．桂林：广西师范大学出版社，2007：190．

法性的铺垫，并且延续了几百年。现代学者王保宁等研究显示，山东省烟草的种植，最早记载于顺治年间①。乾隆元年（公元1736年）的方苞就有商业认识："种烟之利独厚，视百蔬则倍之，视五谷则三之""上腴之地，无不种烟""方亩之地，种烟草三千株""以中数计之，亩得烟叶五百斤，斤得钱十五文，合计亩得七千五百文"。鸦片战争之后到清朝末年，山东烟草的种植地域进一步扩大。仅东平州"菸（烟）叶销售直隶客商，岁约十余万斤"。巨大的市场也孕育了巨额的税利。

20世纪50年代起，吸烟与肿瘤发生的关系得到确认，全世界目前每年有490万人死于吸烟相关疾病。如今的医学研究证明，吸烟不仅有害自己的健康，吸二手烟还危及他人的生命健康，这些结论已经成为科普常识和健康共识。严峻的现实是，中国目前依然保持着3亿吸烟者的高位状况，占中国人口总数的20%～25%。原因何在？2005年，中国因烟草相关疾病而死亡的人数已达120万，这一指标在2030年预计会超过350万②。毫无疑问，烟草已经成为中国人健康的"第一大杀手"。2004年，中国卷烟产量1.9万亿支，2008年增加了20%，达到2.2万亿支，占世界产量的40%。中国到目前为止，并没有公布以快速有效减少市场烟草需求为战略目标的国民健康核心计划。造成这种状况的原因，实际上是为了避免全面控烟而导致相关产业发生危机，保护地方经济，维护与此相关的国有企业利益。其结果，在宏观层面上，却是以直接牺牲国民健康为代价的血腥产业，即使从国民经济的角度，事实上也大大提升了国民与国家用于吸烟相关疾病的医疗保健支出。

出于人伦道德和社会发展伦理，把握国家立法控烟的时机已迫在眉睫。但是迄今为止，中国民众可以真实感受到的控烟压力，仅仅来自香烟包装盒上一行小小的提示：吸烟有害健康。而且，烟草

---

① 王保宁于2011年6月在上海交通大学人文学院科学史与科学哲学博士学位论文答辩中详细论及此事。

② 卫生部. 控烟与未来——中外专家中国烟草使用与烟草控制联合评估报告［R］. 2010-01-06.

公司还可以在字体大小与标示位置上与政府有关部门讨价还价[①]。有关政府监管部门也确实会与烟草企业一起演绎，在类似官司上投入无限时间精力，一丝不苟地将法律程序拖延几年。如此细致入微的法律细节，在政府行政操作上，恐怕再难找出第二件可以比较的作为了。中国政法大学副校长马怀德先生的研究直接追究控烟立法的初衷和本意的可疑[②]："总体而言，我国现在的控烟立法是层级低、内容分散、效率不高，而且科学性、有效性还存在很大的问题。这是导致整个控烟事业动力不足的一个重要原因，所以有必要在总结地方立法经验的同时加快推动中央层面统一的控烟法的制订。"研究人员对于国家控烟立场的怀疑在一定程度上也从相关政府工作人员的态度立场上获得证实。国家控烟办主任杨功焕对全国性控烟立法的表态证实了目前控制烟草总量的努力是有限的，"实际上，控烟立法的立法基础是保护不吸烟人的健康，因为人人都有健康权。控烟立法要着眼于让人们免受二手烟伤害，不能在室内公共场所吸烟，不能影响不吸烟者的健康"。控制烟草总量的措施却不是开门见山地要求直接控制烟草的消费和烟草的生产加工，难怪有识之士忧心忡忡。

在全国人大教科文卫委员会的马力委员看来，"控烟立法过程是一个利益博弈的过程，是一个制度变迁的过程，而中国的重点在于减少需求和增加产量之间的博弈，这是核心博弈"。中国社科院国际法研究所教授赵建文直言，现行国家烟草专卖制度、"政企合一"的国家烟草专卖局和中国烟草总公司是中国未能履约实现全国控烟立法的根本障碍。政企不分，控烟管理和烟草企业是"一套人马，两块牌子"，这是控烟目前碰到的最大症结。例如，国家烟草专卖局局长兼任中国烟草总公司总经理，亦是工信部党组成员，而工信部却是八部委联合的中国控烟履约小组的组长单位。

---

① 《新京报》2011年8月10日报道：国家烟草专卖局网站昨日转发中国烟草总公司通知称，2012年4月1日起，我国境内生产和销售的卷烟一律采用新的卷烟包装标志。警语字号将加大，并且撤销英文警语，警语字体与警语区背景色差要足够明显、醒目。

② 田鹏. 控烟失效症结［N］. 经济观察报，2011-01-08.

立法缺位加上底价促销，成为控烟的雪上之霜。如何通过切实手段达到减少各类人群特别是青少年烟草消费者的目的？最有效和重要的手段是通过经济杠杆，大幅度提高香烟价格和税收。中国的烟草消费税率为36%～56%，低于大部分国家烟草税的水平。其结果是，50%的吸烟者（约1.5亿人）购买一盒卷烟的最高花费只有5元，而每百盒卷烟平均费用只占2009年人均国民生产总值的2%。这都表明，中国大多数吸烟者的卷烟花费仍处在很低的水平。不久前通过的美国控烟措施，已经将每包香烟的最低市场价格定格在12美元/20支，而同期的美国猪肉价格，依然保持在1～2美元/磅。

因此，中国控烟政策涉及烟草管理和专卖体制、控烟立法、烟草税收等，借用中山大学社会保障与社会政策研究所所长岳经纶的观点，在“一场不情愿的控烟运动”中，正是国家烟草专卖局这个反对控烟的“少数派”掌控了中国的控烟政策，并成为国际上代表中国履约谈判的主力。我们不妨分析一下出席2010年乌拉圭埃斯特角世卫组织《烟草控制框架公约》缔约方第四次大会（COP4）的中国代表团，20名成员中5人来自国家烟草专卖局，而对控烟持支持态度的卫生系统人员只有2人，而且级别较低，与目前农业部领衔的转基因作物标委会内的构成类似。2011年1月6日发布的《控烟与未来——中外专家中国烟草使用与烟草控制联合评估报告》显示，烟草业造成的社会成本远高于其产生的利税，2010年烟草产业的净社会效益是负600亿元！

所以，当政府出示种种冠冕堂皇的依据发展生物技术产业的同时，必须保持一份清醒的警惕。刚刚颁布的转基因主粮放行政策，借道解决粮食短缺的战略指向，但基本数据已戳破其遮羞的面具。从中国市场食品、调料品与化学添加剂丑闻不断爆发的现况来看，政府在法制建设落后和社会道德沦丧的一系列混乱局面和生态中，依然大力倾心生物技术产业化，其中巨额税源是其不忍放弃的原因之一。

◆ 未来延伸研究案例与焦点

输血性 HIV 案例：

（1）20 世纪 80 年代中原地区将采血作为产业的后遗症；

（2）科技人员与商业采血对于红细胞回输技术的误用；

（3）地方政府极力掩盖医疗技术与政策的失误后果；

（4）民间科技人员和新闻机构面对公权力的反复抗争；

（5）国际 HIV 预防治疗系统与中国政府的立场与分歧。

第 6 章

资本的欲望：千年生物技术产品史中资本的逐利生存战略

▶ 本章重点

本章着力讨论生物技术及其产品的战略规划。分析表明，公权与资本尚未崛起之时，技术与产品牧歌般传播全球养育了人类。全球大航海时期，既带来了交流，也带来了技术与产品的控制和征服。中国曾经将茶叶运作成最具威力的成瘾性生物技术控制力量，但没有全球控制欲望和征服尝试，最后倒在同类产品即鸦片面前，教训惨痛。以史为鉴，今日西方继续掌握生物技术控制力量，我们无法忽视转基因主粮技术与产品背后的政治力量。

6.1 光环下的韩国生物医药资本市场集体亢奋

2003年2月25日，平民出生的卢武铉宣誓就任韩国新一任总统。当年6月底，卢武铉总统在经济展望国际会议开幕式的演说中，阐述韩国今后5～10年的发展战略，提出争取尽早进入人均国内生产总值2万美元时代的目标。此后，政府接连提出今后10年进入“世界科技八强”和“世界经济十强”的目标，并要把“第二次科技立国”的科研模式由“模仿、迎击”型，转变为“创新型”。

过去20年里，韩国创造了“汉江奇迹”，汽车、电子和信息技术取得长足进步，社会弥漫着幻想和浮躁的浓厚氛围，“只要下决心，没有办不成的事情”。因此，生命科学技术被视为“未来经济增长十大动力”之一，不惜动用巨额资金和行政力量进行扶持，急功近利，试图模仿大量生产汽车或计算机芯片的模式，快速克隆人类细胞。作为一种国家战略，韩国政府的表示，干细胞技术的产业化，可以体现新世纪科技实用主义与全球经济竞赛的绝妙关系，推动韩国在 2015 年进入世界干细胞研究三强，相关产品的产值占领全球市场 15%的份额。据估算，计划中的干细胞产业经济总额将是目前韩国在全球电子与汽车领域所占份额的 100 倍。

与历届总统一样，卢武铉政府上任两年后，面临支持率下降的问题。因此，大肆宣传黄禹锡的研究成果，预估其对经济发展的积极效用，成为 2005 年下半年当届政府提升政治威望、表现当选承诺的举措之一。

在经济界，对于那些渴求新的发财之路的韩国金融家来说，投资生命科学产业是继 IT 产业之后的第二次跳跃性尝试。黄禹锡奇迹般地发表了一项又一项顶级科研成果，刺激了韩国干细胞研究的崛起，支持和追捧黄禹锡就是给自己寻找新的发展机遇。反映韩国股市风云的 KS11 指数，2005 年整年线性上扬。其中，构成生物医药的成分指标股从 2005 下半年开始一路飙升。意在吸引风险资本，扶持干细胞研究成为韩国真正的生物高技术产业、带动国内的产业升级并实现干细胞研究产业化的韩国“干细胞概念股”出现过热局面，与 2005 年 5 月黄禹锡在《科学》上发表论文不无关联。

这些年，生物医药股市中，技术与资本创造的市场神话，又何止韩国一家。

6.2　生物医药产业链中国际资本追逐暴利的野心

据华尔街生物医药市场预计，各类疾病推动了全球医药公司每年出售价值 3 000 亿～3 200 亿美元的药品和服务。目前生物制药只占全球医药市场的 8%，即 240 亿～260 亿美元的份额，但它的发展速度是惊人的，很多隐蔽资金正在流入生物技术投资的洪流中。出于对 IT 互联网领域的投资疑虑，巨额资金正处在观望游荡中，新近盈利的生物技术公司抓住了从网络股中游离的大量资金。2000 年的总投资额高达 600 亿美元，是 1999 年的 3 倍，各类药物纷纷登场，另外。传统制药业正寻求与其他生物技术先驱联合，以保持创新，这使生物技术领域得以迅猛发展，未来更多的突破还会在这里产生。据资料显示：1997 年全球生物技术药品市场约为 150 亿美元，且每年将保持 12%甚至更高的增长速度；2000 年其市场销售额达 300 亿美元，到 2003 年则达 600 亿美元，估计占同期世界药品市场总销售额的 10%以上。市场占有率较高的品种主要有：重组人体胰岛素（占 18%），干扰素及集落刺激因子（各占 15%），人体生长激素（占 11%），纤维蛋白溶酶原活化剂（占 4%），其他药品类（占 37%）。美国市场方面，1996 年生物技术产品总市场销售额为 101 亿美元，生物技术药品销售额为 75.5 亿美元，占美国整个生物技术市场的 75%。至 2006 年[①]，美国生物技术药品市场估计可达 286 亿美元，1996—2006 年平均年增长率为 13%。欧洲方面，1996 年生物技术药品市场销售额为 26 亿美元，1995—2002 年平均增长率为 8.5%。日本在 1997 年生物技术总市场销售额为 6 417 亿日元（约 52 亿美元），生物技术药品市场则为 3 410 亿日元（约 27.5 亿美元），占整个生物技术市场的 53%。总之，资本在现代生物医药产业链中的规模是巨大的。

6.3　横扫国际生物制品市场的千年资本逐利历史

下面让我们比较一下中国当今和历史上，资本在生物产品领域中的活跃程度和逐利本能。

6.3.1　国际资本高盛公司捧杀中国企业海普瑞

2010 年 5 月，海普瑞公司登陆深圳中小板股市。在上市路演过程中，有投行大腕有意无意地嘀咕，“很少见到这样好的医药企业”，于是神话开始传播。海普瑞的产品相当经典，肝素钠粗制原料。肝素钠最后精制成品具备血液抗凝固功能，是临床上和实验室

① 截至 2016 年，世界范围内的生物技术相关经济数据增加幅度比 10 年前更加惊人，具体参考年鉴。

的主要用品，也是心血管疾病治疗的主要药物成分之一。

首次公开募股（IPO）前夕，证券机构对海普瑞的报价一日高过一日，最高超过 200 元/股，最后证监部门不得不“窗口指导”，首日天价发行才被控制在 148 元。一夜间，四川商人李锂及妻子李坦身家超过 500 亿元，成了中国最新出炉的首富。上市第二日，海普瑞摸高 188.88 元之后就开始一路滑坡，最低时跌至 105 元，破发幅度达 29%。7 月 31 日，公司发布中报称，上半年净利润为 5.99 亿元，同比增长 127.08%，预测 2010 年 1～9 月份净利润将同比增长 90%～120%。令人意外的是，海普瑞股价几乎没有反应，成交量十分惨淡，一年以后股份仅 30 元上下。有研究基金认为：持有海普瑞的机构太多，首发就有 200 多家，筹码太过分散导致任何一家机构都不敢贸然动手拉抬股价，担心成为其他机构和散户的轿夫，所以才会出现海普瑞业绩喜人但股价不涨的现象。但这是表面问题[①]。

海普瑞业绩保持高增长依赖于美国食品药品管理局认证的金牌。这是一种典型的人造社会型壁垒，并非技术型壁垒，很容易被复制。一旦有其他企业拥有该牌照，海普瑞的增长就将受到冲击。性价比太低是海普瑞神话的软肋。海普瑞强调其通过美国食品药品管理局认证的“唯一性”，但话语权捏在他人手中，是极其脆弱的社会资源。事实上，海普瑞的国内同行常州千红、烟台东诚等企业，也通过了食品药品管理局的不同认证。所以技术核心的缺乏，是中国生物技术上市企业的致命要害。资本可以为其打通国际渠道，获取暴利，但无助中国企业的技术进步与提高核心竞争力。活跃在中国的国际生物医药资本布局长远。

先观察上市企业最关键的技术型壁垒，即内行所谓的技术细节。

海普瑞的主打产品是肝素钠原料，将粗制品销往海外制药企业进一步精制，所以海普瑞基本属于低端工艺：在新鲜猪肠衣刮下的

---

① 张陵洋．海普瑞限售股解禁机构谁都怕抬轿［N］．北京商报，2010-08-06.

黏膜中加碱保温，10小时左右出料过滤；滤渣进行第二次提取，合并2次滤液；将合并后的滤液加热，加入新鲜猪胰脏，反应1～2小时；将树脂投入滤液，再进行洗脱；过滤后的洗脱液内加入酒精静态沉淀；提取沉淀物放至布氏漏斗中真空脱水干燥，再用丙酮反复脱水2次，即得肝素粗品。

再看市场上最值得炫耀的社会型壁垒，即垄断程度。

海普瑞生产的肝素钠原料，其最大的海外买家是世界制药龙头之一的赛诺菲·安万特（Sanofi-aventis）。2008年初，美国发生“百特事件”，近百人使用美国百特公司的肝素钠药品后死亡。此事导致行业大洗牌，嗅觉敏锐的投资公司看到，百特事件对海普瑞生产的肝素钠原料是利好，于是主动帮助海普瑞在洗牌和市场甄选中胜出。在舆论配合下，投资公司有意将海普瑞产品获得美国食品和药物管理局认证的事件放大，最后引进著名的高盛投资银行参股海普瑞，各路投资人信心大涨，最终实现海普瑞在深圳中小板交易市场的公开上市融资战略。

其实，中国生物医药行业中，还有无数类似海普瑞的企业，技术工艺粗放低下。它们在国际资本布局中是被任意宰割的羔羊，也是30年前衣帽鞋袜、电子器械等“三来一补”低端模式的再版。现在，海普瑞公司无非就是利用与资本结盟的方式，在生物医药高新技术的概念包装下开始了新一轮外加工循环。海普瑞公司的技术核心，即对生猪小肠的竞价收购、捣碎萃取、干燥外销等几个关键的简单重复环节没有丝毫改变。2009年，海普瑞的产能为6.4万亿单位的肝素钠粗品，总共消耗了1.6亿根猪小肠，所以这家企业首先更像一家巨型废品回收加工站。这一年，中国生猪出栏数量为6.4亿头，全国1/4生猪的小肠为海普瑞所收购。按照公司规划，如果未来两年产能达到10万亿单位的话，在目前生猪出栏量年增10％的情况下，2012年海普瑞将要消耗全国逾三成的猪小肠，这是一个极其庞大的废品收购工程，而且我国生猪屠宰行业非常分散，因此收购网络必须遍布城乡角落。根据海普瑞的招股书，全国有几百家猪小肠供应商依附在海普瑞的原料上游。

海普瑞公司的潜在财务危机是，它对收购企业制定的条件极为苛刻。在这个收购行为极不规范的行业里，这些上游收购公司完全执行正规的商业行为一定无法完成收购任务，或者毫无利润。这就意味着，海普瑞必须以大量现金，与上游企业一起在灰色地带行商。这样的营运模式造就了海普瑞的前五大供应商当中多为自然人，与现代化企业管理机制和目标相距甚远。

这样不惜接近财务灰色地带，国际资本在中国追求利润的冒险精神可见一斑。海普瑞上市原因很简单：缺现钱。在其开始启动上市的 2007 年，净利润只有区区 6 800 万元，现金流极差，为负 1.2 亿元。经国际资本包装上市后，以 2010 年 6 月初的平均股价计，2009 年市值约 560 亿元，净利润也仅 8 亿元。与 2009 年市值 1 300 多亿元，上年净利润超过 50 亿元的明星企业万科无法比拟。2008 年，赛诺菲・安万特的采购额约 7 500 万元，占海普瑞销量的 17%；2009 年采购金额增长 20 倍，至 15 亿元，占海普瑞营收的 67%。肝素钠出口均价连年攀升，2009 年出口均价是 2001 年的 8 倍。海普瑞招股书中显示，2007—2009 年，业绩划出了一根陡峭的曲线。不过蹊跷的是，3 年间它的产能仅增加了 2 倍，生产成本中所消耗的燃料动力在 2008 年不升反减，2009 年只增长了 16%，3 年间的制造费用仅增 24%。营业额剧增而成本没有相应变化，反映了市场价格的大幅上升，资本的暗箱操作无法忽视。而资本的获利更是大举成功。海普瑞原计划募资 8 亿元，结果实得近 60 亿元，主要策划者高盛公司在不到 3 年的时间内，账面盈利超过 90 倍。

海普瑞成功上市，离不开赛诺菲・安万特这个下游的大额采购巨鳄，但这种关系究竟能维持多久？海普瑞在各地设立分公司，为了靠近上游供应商，海普瑞所到之处，赛诺菲也安营扎寨，形成竞争机制。2007 年赛诺菲・安万特投资 9 000 万美元在深圳兴建生产基地，又在成都建立了临床研发中心。据统计，欧洲市场每年需肝素钠 25 000 亿单位，其中法国年销成品量为 6～7 吨，主要用于手术抗凝血剂；美国市场需求 8 000 亿单位，南美需 5 000 亿～6 000 亿单位。最新资料表明，目前国际肝素钠的销售价为 900 美元/亿单位。

上市公司海普瑞脱离家族背影不久。董事长夫妇在企业运作中具有绝对权力。1987 年，董事长李锂从成都科技大学化学系毕业，就职于成都肉联厂。这个时候的肉联厂，宰杀生猪是主营业务，生猪下水可以被刚刚脱贫的市民吃个精光，即使有少量的猪血用于家具和油漆行业的填充辅料，主要还是被送往副食品市场销售。相对来说，猪小肠倒是在中国五大名菜或者地方小吃中用途都不大。李锂所在的肉联厂生化制药研究所开始关注利用猪小肠，按照生物化学的基本手段提取具有抗凝血和降血脂功能的肝素钠。这项传统粗制品提炼的技术环节不多，成本很低，是商业性肝素钠的主要来源。该系列产品有销路，市场前景好，技术成熟，效益显著，原料充足，无三废，符合国家产业政策，是投资小、见效快的跨世纪盈利工程。这样一项工程，最终成为国际冒险资本在中国吃到嘴里的一块肥肉。类似的鸡肋变肥肉的项目，中国还有很多，如维生素的粗制原料、柠檬酸等有机食品添加剂的粗制原料、饮食行业地沟油的回收处理工业化利用等。在这些与自然资源、能源消耗、废弃物处理等环境保护密切相关的行业中，国际资本只追逐利润，不关心企业的技术发展，而国际医药巨头的野心是完全把握核心技术和市场。我们要清醒地认识到，中国生物医药企业刚刚处于最低端的帮佣阶段，毫无市场风险的抵御能力。

6.3.2　外资操控下的农产品制造潜伏隐性危机

2007 年起，外资并购将预置安全审查，玉米、大豆、蔬菜等农产品均被纳入安全审查范围。商务部公布的《外商投资产业指导目录》规定，蔬菜属于国家鼓励外商投资范围，农作物新品种选育、种子开发生产（中方控股）和玉米等产品的深加工属于限制目录，禁止目录中只有我国稀有和特有珍贵优良品种的养殖种植[①]。理论

---

① 国家发改委和商务部. 外商投资产业指导目录［EB/OL］. http：//www.ndrc.gov.cn/zcfb/zcfbl/2007ling/t20071107_171058.htm.

上说，转基因植物种子、种畜和种禽等开发生产及其相关的农产品到底该不该放开，指导目录并没有明确规定。

目前，外资对于农产品的控制势头已经出现，尽管农业部官员一再声称中国食品是安全的[①]，但政府回避了粮食产业在时间纵深的发展将影响目前现况的暂时描述。国际上大豆、玉米等农作物都是由美国和法国公司巨头通过卡特尔形式进行垄断，即指同一生产部门的企业，以获取垄断高额利润和加强自己在竞争斗争中的地位为目的，彼此之间签订关于销售市场、商品产量和商品价格的协议，并交换新技术的许可证等等而形成的一种垄断联合。因此外资对于中国农产品的控制正趋向于从种子到田间管理等整个环节的控制，势必影响产业安全。以食用油为例，现在占国内市场份额前几名的食用油如金龙鱼、福临门、鲁花等知名品牌都有外资背景，持有金龙鱼 100％股权的嘉吉集团，现在更是占据了中国食用油的半壁江山[②]。国内唯一还未被外资染指的九三集团，最近也因业绩不佳，频频传出与外资合作的消息。现在国内大豆加工市场基本被外资控制，国际粮商们或并不满足于此，完全侵占中国市场才是他们的真正目的。2009 年，山东日照港临港工业区世界 500 强企业马来西亚森达美集团斥资 5 亿美元建设棕榈油（资讯、行情）项目。在森达美之前，世界四大跨国粮商 ADM、邦基、嘉吉和路易达孚中，3 家已控股或参股了日照大多数食用油企。ADM 与中粮集团及新加坡丰益国际（益海嘉里的控制人）、香港嘉银控股有限公司兴建了中粮黄海粮油工业有限公司，由中粮集团控股；邦基在 2005 年并购了山东三维集团旗下的日照大海油脂公司，新组建邦基三维油

① 2010 年 3 月 19 日，农业部部长韩长赋做客凤凰卫视《问答神州》栏目表示，中国人的饭碗要牢牢端在自己手里，粮食要立足国内，另外，油瓶子也不能完全提在别人手里，要振兴油料作物。详见 http：//news. ifeng. com/mainland/detail _ 2011 _ 03/20/5253966 _ 0. shtml.

②《经济导报》王延锋认为：对金融杠杆的利用也是国内粮油企业失败的原因，利用期货市场进行套保是普遍现象，更是防止企业在行情大跌中崩溃的必要手段，但在国内期货市场上，豆油、菜籽油、棕榈油上市只是最近两三年的事情，国内企业还没学会运用就已经被外资冲击得七零八散了。企业内部管理上，内资企业与外资企业亦相差甚远。在国内可耕土地有限的情况下，如能保证大米、玉米和小麦等基础粮食实现自给自足，外包一些大豆等非基本粮食可能是明智的选择。

脂有限公司，邦基占有绝对控股地位；路易达孚正在与中储粮及日照港集团兴建一个新的粮油项目，投资总额5亿元。在日照众多食用油企业中，目前只有山东新良油脂有限公司和日照中纺粮油有限责任公司是纯内资企业。日照中纺粮油是中国中纺集团旗下的一个项目，在该项目建设之初，中国中纺集团也曾寻求与某国际粮商合作，但后因监管层没有批准而不得不选择了独资。

粮油企业选择与外资合作并非日照独有的现象，统观全国，外资企业在食用油市场上所占份额正在迅速增长。以国内最大的食用油品种大豆油为例，外资企业压榨量已占总量的一半。2000年以前，中国的大豆压榨是以内资企业占绝对的主导地位。2003年，外资大豆压榨产量仅占全国产量的18%。2004年开始，油脂行业发生巨大变革，国际大豆价格曾在一个月内从10美元/蒲式耳急剧暴跌至5美元/蒲式耳，致使中国榨油行业全面亏损，一大批油厂被迫关闭，外资企业趁机进入中国市场。目前，外资企业已占据了中国压榨大豆市场的半壁江山。为何国内油脂企业面临外资节节败退？主要是在原料采购上。由于国内食用油植物种植面积不断减少，食用油生产自给率越来越低，进口油料价格低于国内油料。内资油厂如果采购国内油料，成本就会大大增加；如果进口油料，因国际粮市由四大跨国粮商控制，中国食用油企业在谈判时处于劣势地位，其生产成本同样要比外资大。目前世界三大植物油品种大豆油、棕榈油、菜籽油已占我国食用油75%以上市场份额，其中100%的棕榈油、80%的豆油、15%的菜籽油依赖进口。2008年前11个月，中国进口大豆数量为3 414万吨，创下历史新高。进口大豆采购成本为2 800元/吨，国产豆托市保护价为3 700元/吨，内资企业如果采购国产豆，其成本将增加900元/吨。

外资往往设法避开监管。首先是外资并购方式多样，外方股东表面上符合规定，股份只占49%，但由于中方股份非常分散，或者外方不断增资扩股改变股权比例，外方实际拥有控制权。甚至有的外资已经拥有了一些产业的绝对控制权，比如杜邦先锋通过对多个种子公司控股，已成为我国玉米最大的股东。其次是外资通过收购上市公司的母公司来控制上市公司，或者通过融资等方式间接控制中方企业。表面上，国内农业企业只有少数股权属于外资持有，但实际上是外资实际拥有控制权。同时，还出现外资通过私募基金等公司控制农业企业的苗头。据悉，美国黑石投资集团牵头的几家国际财团斥资 6 亿美元，投资一家拟上市公司地利控股集团有限公司 30％的股权，该公司的核心资产是山东寿光农产品物流园。地利控股将以寿光农产品物流园等批发市场为依托上市，并构建一个遍布全国的蔬菜及农产品批发物流网络。

中国的粮食安全完全不容乐观。截至 2010 年 2 月 11 日，美国小麦价格上涨了 108.5％；玉米价格上涨了 103.8％；豆油价格上涨了 66.9％；棉花最夸张，涨了 138.5％。国际农产品如此暴涨，我们当然可以从他国身上找到原因：从市场行为上看，可以归咎为国际投机者疯狂炒作；从国家利益上看，美国是世界第一大粮食生产国，也是国际主要农产品期货市场所在地，还是国际投机资本的大本营，粮食价格的大幅上涨符合美国的多重利益；从粮食需求角度而言，还可以归咎于美国采取乙醇汽油替代石油的战略，这导致了“汽车吃人”的悲剧上演；等等。我们需要反思什么呢？对 18 亿亩红线保护不力，城市建设和各种开发区占用浪费了大量良田；对农业重视不够，水利年久失修，很多地方还是在吃改革开放前的老本；包干到户的小农经营方式使得农业缺乏系统运营的能力，只能靠天吃饭；国家在本土农业科技方面保护扶持不力，种业逐步被外资所控制，大豆等农产品形成了对国际市场的依赖，比如 60％以上的大豆需要国际进口；出口导向型经济使得农村大多数青壮年劳动力到城市打工，农业主要依靠老弱妇孺支持。

中国有悠久的饮食文化，但人口大国不宜提倡大吃大喝，否则不仅吃光了中国的粮食，还要吃他国的粮食（2010 年是中国玉米大丰收年，玉米进口仍比 2009 年狂增了 17 倍），甚至要吃掉子孙后代的粮食。中国人的粮食消耗在过去 30 年中急剧增长，除了人口的绝对增长外，肉食消费的快速增长是主要动因。中国人均肉食消费已经从 1980 年的 13.7 千克增长到了现在的 59.5 千克，已经超过世界平均水平的41.2千克。1千克牛肉需要消耗8.5千克谷物，而1千克猪肉需要消耗5千克谷物，据统计，每个中国公民1年增加1磅（0.453千克）猪肉，就需要增加250万吨谷物。目前用于畜牧业的粮食已经达到中国粮食产量的45%。而如果中国和印度以目前美国的肉食水平消费（人均126.6千克），世界谷物产量必须比现在高出5倍。

为了这个肉食饕餮的口腹之欲，我们正付出双重巨大的代价。一方面，是对水土环境的过度透支。中国耕地化肥和农药施用量全世界最高，比如广东省化肥施用量每亩大约240千克，农药施用量平均每亩1.8千克；中国每生产1千克粮食需要消耗1 300千克水，中国北方缺水，就大量开采地下水，致使华北平原地下水位以每年1米的速度下降，造成了今天春水贵如油的局面——要知道，中国本来水资源就极其匮乏，占世界20%人口的中国仅拥有全球7%的淡水资源；畜牧业使用的草场是耕地面积的2.5倍，超负荷放牧使草场退化沙化非常严重，造成了席卷大半个中国的沙尘暴。

另一方面，由于自然资源跟不上肉食增长，在需求与暴利的诱惑下，畜牧业中大量使用抗生素、激素，甚至在牛奶中添加三聚氰胺，催生劣势肉奶品，又导致各种富贵病、癌症发病率的快速增长。“毒牛奶”事件后，世人愤怒声讨，殊不知中国资源根本无法满足国人的牛奶需求——没有恶性需求，就没有恶性供给。我们每个人都难辞其咎。

如果继续追随美国人的生活方式——大汽车、大房子（一套不行，还要几套）、牛肉、牛奶等等，中国人将不得不在全球范围内争夺石油、铜、铁矿石，并为粮食进行越来越惨烈的竞争。矿产能源还可以解释成为西方转移生产，粮食却连这个最后托词也没有了。

那么，后果会怎样呢？国际粮价必然继续飙升，不排除未来一年内再上涨50%的可能性，CPI很可能上涨到10%以上，利率大幅提高引发中国房地产泡沫破灭，肉蛋价格也许会涨到多数中国人吃不起的地步。如果政府强行补贴，中国的水土自然环境会在不久的将来崩溃，未来很可能会有大饥荒在等待着我们。

倘若世人都不愿控制自己越来越大的吃肉胃口，那么全球范围内的粮食危机将愈演愈烈。为了争夺有限的粮食和肉食资源，世人、社会各阶层、各国各种族的竞争将日趋激烈，甚至造成毁灭性后果。突尼斯和埃及的社会动荡，就与食品价格大涨有直接关系。

每个人的胃口和生活习惯就这样与通货膨胀、社会安定，以及人类命运联系在了一起。如何消除食品涨价型通胀的焦虑，最直接的方法是从改变我们的欲望膨胀，改变我们的生活方式开始。

6.3.3　生物技术历史上的童贞交流与人文牧歌

从历史上看，在人类赖以生存的生物资源和生物产品上，资本的介入和技术的转移以协助人类解决了生存与健康的基本需求为主。在全球生物产品资源交流史上，童贞般的交流牧歌和人类战胜自然的历史意义，大大超越了现代资本的逐利境界。

1. 玉米——解决温饱的南美牧歌

2007 年 4 月 9 日，《美国国家科学院院刊》(PNAS) 发表佛罗里达州立大学的人类学家玛丽·波尔 (Mary Pohl) 教授的研究成果：早在 7 300 年前，墨西哥先民已开始驯化和种植原始玉米等作物，此后迅速传播到墨西哥东南部和美洲的其他热带地区。她说："我们的研究表明，早期的玉米种植栽培者在海洋和沿海泻湖间的岛屿上，一边种植作物，一边继续捕鱼。"研究同时发现：在美洲人开始大规模烧荒毁林的时候原始玉米已经存在了一两百年了。这种早期被驯化的玉米品种实际上来自一种野草——墨西哥类蜀黍 (teosinte)，随后传播到墨西哥湾得到广泛种植[①]。一种普遍认同的说法是，1492 年哥伦布从古巴带回玉米这种当时很稀奇的植物。哥伦布把玉米带回西班牙，西班牙又把玉米带到全世界。西班牙占据过吕宋（菲律宾），玉米很可能是从吕宋传入中国。明嘉靖三十九年（1552 年）《平凉县志》里，把玉米叫作番麦（和番茄名字有异

① POHL M E D, et al: Microfossil Evidence for Pre-Columbian Maize Dispersals in the Neotropics from San Andrés [J]. Tabasco, Mexico PNAS 2007, 104 (16): 6870 - 6875.

曲同工之妙）。李时珍的《本草纲目》也有“玉蜀黍种出西土，种者甚罕”，说明当时种植人很少。因为是新引进品种，所以每到一个地方推广就有一个新名字，除了番麦、玉蜀黍，还有西天麦、苞谷、六谷、腰芦等名字。引进来多用来做副食品。后来由于它适应性强，且容易栽培，春玉米又比其他春播植物成熟早，易于填补青黄不接时的空白，因此很快成为山区农民的口粮，后来逐渐扩散到平原地区。20 世纪 50 年代后玉米栽培大为发展，超过粟成为第三大粮食作物（前两位为稻、麦）。

但另外一种推断说，中国最早发现了美洲，证据是古代史书中记载的扶桑国，扶桑就是玉米。《梁书》（卷 54）：“扶桑国者，齐永元元年，其国有沙门慧深来至荆州，说云：‘扶桑在大汉国东二万余里，地在中国之东，其土多扶桑木，故以为名。‘扶桑叶似桐，而初生如笋，国人食之，实如梨而赤，绩其皮为布以为衣，亦以为绵。作板屋，无城郭。有文字，以扶桑皮为纸。无兵甲，不攻战。其国法，有南北狱。若犯轻者入南狱，重罪者入北狱。有赦则赦南狱，不赦北狱。在北狱者，男女相配，生男八岁为奴，生女九岁为婢。犯罪之身，至死不出。”

玉米现在多作为饲料使用，当然玉米也可以酿酒，山区很多地方就以玉米酿酒。湖北西部有些地方玉米酒就很不错。玉米面的时代，60%粗粮，40%杂粮。玉米给那个时代的人留下了深刻影响。窝窝头也称“窝头”，是过去劳动人民的主食品种，用玉米面加少量“起子”（即小苏打）或食碱，上蒸锅蒸即成。加枣儿蒸制叫“枣窝头”，调入红糖的称“糖窝头”，加入葱和盐的称“咸窝头”。过去一般百姓只有年节待客或收获小麦季节才能吃上几顿白面馒头，平常都得吃窝头，窝头延续了香火。

2. 土豆——拯救欧洲的魔鬼食物[①]

从营养学上看，土豆不仅可以果腹，还能提供丰富的 B 族维生

---

① 迈克尔·波伦. 植物的欲望——植物眼中的世界［M］. 王毅，译. 上海：上海世纪出版集团，2005：193.

素。拉丁美洲传统作物墨西哥玉米、秘鲁土豆和古巴的烟草与甘蔗一直是全球化进程中的主角。土豆学名“solanum tuberosum”，克丘亚语（quechua，印第安语言之一）称“papa”，在西班牙称“patata”。土豆的发源地在秘鲁的普诺与库斯科之间的地区，即喀喀湖一带，世界上50%的品种都能在这个地区找到。土豆种植已有1万多年历史，它可以在海平面到海拔4 500米的不同高度上生长。野生土豆有188个品种，其中1种经人工培育产生了8大类土豆，这8大类又产生了4 000个不同品种。土豆成为人类发展史上与两河流域的小麦、中国的水稻、玛雅人的玉米齐名的四大主粮。

土豆有不少优势和特色。目前世界上倾向于发展有色土豆，美国“blueberry”有色土豆价格昂贵，呈现出一圈圈晕染似的蓝色内里。安第斯山区的黑色土豆和蓝色土豆含有更多的抗氧化、抗癌物质，高出美国这个品种10倍。安第斯山区的土豆自古以来就有烤、煮、风干等多种传统吃法，但美国已经禁止在炸土豆片的包装上做针对儿童消费者的宣传。在安第斯山区，生长在3 600米以下的是甜土豆，3 900米至4 500米以上的是含有生物碱的苦土豆，而3 000米以上的土豆就能抗冻。在夜晚零下10℃、白昼35℃的高海拔上，农民发明了以苦土豆为原料的“风干土豆”：白天把土豆摊开在阳光下风干晾晒，夜晚让它们在寒冷中接受冰冻，再经过脚踩进一步脱水，只能储存1年的新鲜苦土豆就变成了可以保存20年的风干甜土豆。这样的脱水食品养育了自远古以来的原住民，尤其是在1个世纪里养育了100万平方公里地域里的1 200万人口，囊括了半个南美的印卡古国“塔万廷苏约”，即“四方之国”。各处的粮仓里储备的是它，漫长的寒冬靠的是它，经年的征战靠的是它，间或的灾年靠的还是它！印卡人是一个居安思危的民族[①]，风干土豆可称为是最早的压缩食品。

① 索飒．全球化进程中的拉丁美洲传统作物（土豆篇）．参见作者在其手稿《走在穷人的大陆上》中引用的汉斯·霍克海默尔（Hans Horkheimer）《前西班牙的秘鲁：饮食及对食品的获取》、托马斯·H．古德斯皮德（Thomas H. Goodspeed）《农业的起源与文明的发展》、卡尔·马克思《1848年至1850年的法兰西阶级斗争》。http：//www．wyzxsx．com/Article/Class20/200810/56011．html

西班牙人来到秘鲁30年后才开始吃土豆。土豆最先由哥伦布带到了西班牙的加纳利亚群岛，再传到意大利，1600年左右传到英国。很长一段时间内，西方人一直鄙视土豆，认为它是印第安穷鬼的食品；《圣经》上没有提到过的作物；有刺激性欲的危险；是雌雄合一的化身；因为由可以看见的根茎中长出，所以是麻风病、梅毒和淋巴结核病的病因等等。全球化初期种种变异引起的恐慌心理，反映了欧洲根深蒂固的随着美洲的发现格外流行起来的文化偏见和欧洲优越论。

土豆的发现和驯化是南美取得的巨大农业进步[①]。如果没有认识植物性（通过块茎）繁殖的原则，土豆的进化不可能取得今天这样的成功。因为这种繁殖方式使被选品种得以原样保持。土豆的欧洲推广者是18世纪的法国药剂师安东尼·帕尔芒捷（Antonio A. Parmentier）。他在自己的园子里种上土豆，白天严加看管，夜间故意让人去偷，以便传播。在一个盛大的土豆宴上，他邀请那个时代的要人名流品尝一切以土豆为原料的菜肴和饮料。法王路易十六对他说，“法国有一天会感谢你为她发现了穷人的面包”。谁料此话真的说准了。1845—1850年，爱尔兰爆发了一场严重的土豆病虫害，几百万爱尔兰人死于饥饿，150万爱尔兰人流亡北美、澳大利亚——今天4 000万爱尔兰人后裔成为这些国家重要的移民群体。土豆成为欧洲赖以生存的作物，证实了它的传播甚广。1845年到1846年的土豆虫害及土豆欠收成为加速社会不安，促成动乱的两大世界经济事件[②]。由于大航海的发展，土豆在1650年左右从菲律宾传入中国是合理的。由于土豆对环境和土壤没有特殊的要求，迅速种遍全国，也成了中国百姓度荒的主要食物之一。中国沿海地区称呼的“土豆”，在西北山区被称作“洋芋”，还有“山药蛋”“地

---

① 索飒. 全球化进程中的拉丁美洲传统作物（土豆篇）. 参见作者在其手稿《走在穷人的大陆上》中引用的汉斯·霍克海默尔（Hans Horkheimer）《前西班牙的秘鲁：饮食及对食品的获取》、托马斯·H. 古德斯皮德（Thomas H. Goodspeed）《农业的起源与文明的发展》、卡尔·马克思《1848年至1850年的法兰西阶级斗争》。http://www. wyzxsx. com/Article/Class20/200810/56011. html

② 同上。

蛋”“荷兰薯”等多种别名。人们发明了每两年在不同的坑里轮种土豆和蚕豆的种植方式，目的是“让土地更肥沃”。土豆被全人类接受，从遭受鄙视到成为全世界“穷人的面包”，对解决世界饥馑功不可没。500 年来，美洲安第斯山作物润泽寰球，但是他们中的大多数至今生活在穷困之中。现在全世界一年的土豆收入要超过整个殖民时期从拉丁美洲开采出的全部贵重金属的价值。安第斯山农人对世界的贡献不可估量，但是相当数量的安第斯山人民至今仍生活在穷困之中。无论如何解释，其中都有一种无可辩驳的不公正。有人说，缺少土地是秘鲁农民贫困的原因，但是，他们的祖先早在十五六世纪就懂得开梯田，兴水利，节约土地，提高产量。今天，农业科学日新月异，而秘鲁的土豆产量却减少到 30 年前的 1/4，这是南美的全球战略失误。

3. 番薯——免除中国人口与食物危机[①]

明万历六年（1578 年），张居正在福建试点清丈田亩，登记户籍，推行一条鞭法，结果让他惊诧莫名，悲意顿生：早在洪武二十六年，福建已有 81.5 万余户、391.6 万余口；近 200 年后，这个省份的在册臣民，仅剩 51.5 万余户、173.8 万余口，锐减了接近 6 成。户口的急剧萎缩部分出于民间隐匿瞒报，但也折射了尴尬境况。令人惊讶的是，再过 200 余年后，清道光十四年（1834 年），福建依旧灾荒不断，在册人口却达到 1 500 余万。与此同时，全国户口激增 7 倍左右，达到 4.09 亿。如此巨大的人口曲线起伏背后，隐藏着玉米、土豆和番薯等多种外来农作物的背影。

“番薯”又名“甘薯”，含有大量淀粉，是主粮替代品。与玉米和土豆一样，番薯原产美洲，明中叶大航海时代由缅甸、安南、吕宋等路径传入云南、广东和福建等地，在福建，番薯初种于漳郡，渐及泉州、莆田。藤蔓延伸，渐渐覆盖了整个闽南红土带。康熙初年，浙江温州、广东潮汕种植番薯的记载也开始渐渐出现。番薯成

---

① 王保宁，曹树基．清至民国山东东部玉米、番薯的分布：兼论新进作物与原作物的竞争［J］．中国历史地理论丛，2009（24）：4．

为东南红土带地区民众的主要食物了。而对富饶江南来说，这种非果非粮的食物几乎是多余的。所以在贫瘠的地区常见洼地种下了稻谷、麦子，丘陵地种下了番薯和玉米；闽西、江西、广西乃至安徽，处处可见淡紫色番薯花。

番薯传入中国时，正值张居正“一条鞭法”推行全国之际，它的主要内容是将徭役的编征由人口转向财产。徭役以财产为基准，在制度上推动了人口的过度繁衍。人口繁衍成本大大降低，普通家庭得以务农、经商、手艺、读书、科举并行，连清圣也下诏，“自后所生人丁，不必增收钱粮”。税收调节了国力，其中番薯、玉米、土豆等外来主粮是芸芸众生的主要食物，成为环境恶化中的救命粮。人口越多，开垦越广，林地越稀疏，旱涝蝗灾越频繁，结果外来杂粮流传越广，番薯也因此夹杂在晚期帝国的余音之中。

仅以山东为例。清乾隆年间番薯传入山东，鸦片战争前后逐步推广至全省，后成为山东劳动人民的主要粮食，在有些县份占每年农村人口主食的2/3。番薯支撑了一个贫困人口大省的再生。番薯成为山东人民的主粮有其政治经济原因。明末清初，经过了长期战乱，山东农村遭受到极大的破坏。人口锐减，土地荒芜，出现了田多人少的局面。清初政治上稳定，山东在经济上也有了很大的发展。山东人口骤增，因而出现了人多地少、粮食不足的矛盾。王保宁等计算后发现，即便丰收之年，山东劳动人民也难免受饥挨饿。频繁的灾荒加重了人多粮食少的矛盾，是山东劳动人民迅速接受番薯普遍推广的又一因素。此外，清代山东大量经济作物如棉花、烟草和瓜果花木的种植占用大量农田，也是山东劳动人民容易接受番薯种植的重要因素。经济作物扩大种植，这就决定了人均口粮的大幅度下降，出现了严重粮荒。劳动人民为了生活下去，除大批逃亡他乡外，提高单位面积产量，利用代食品，就成了摆在人们面前的重要课题。或者说，番薯间接创造了财富。

山东官民齐心协力推广种植番薯的典型有农人陈世元父子，官僚陆耀、李渭。番薯在山东的全面传播具有深远的意义，不但为山东农作物增加了一个新品种，填补了一项空白，而且部分地解决了粮食不足的现象，在一定程度上减轻了当时无法抗拒的自然灾害。番薯和其他农作物比较，对土壤的要求条件较低，适应各种土壤的能力较强。番薯最适宜于沙壤，番薯茎叶丛生，藤蔓遍地，藤节着地，易生须根。宜种于沿海，特别耐碱性土壤。番薯之所以耐碱，并不是因为番薯需要从碱性土壤中汲取什么养分，而是因为根据番薯生长的特点，在碱性土壤中开沟降低地下水位，压盐上升，再引淡水冲刷盐分，可以达到改良土壤的目的。山东是运粮河的流经之地，也是黄河的入海口。沙壤土质约占全省可耕土地的 20%左右。山东又是一个海岸线很长的省份。盐碱土壤约占全省可耕土地的 15%左右。这些盐碱沙荒，有的是不毛之地，有的虽可以种植其他农作物，但属于低产田。番薯的全面传入和大面积种植，在一定程度上弥补了种植其他农作物低产的不足。种植番薯和其他农作物比较，具有防灾、抗灾、耐旱、耐涝，不怕虫害的特点。番薯产量极高，上地一亩约收万余斤，中地约收七八千斤，下地约收五六千斤。乾隆时期，山东种番薯，一亩种数十石，胜谷朴 20 倍。番薯迅速蔓延开来，并且成为山东省此后 500 年的民生象征。

6.3.4　资本左右下的茶叶生理性依赖成为战略武器

农业发展的历史既是人类文明的发展史，也是现代生物技术发展史的前奏。其中，具有成瘾或者迷幻生理功能的一类农副产品，如酒类、草药、茶叶、糖类、香料、咖啡、烟草包括鸦片等饮食产品及其加工技术，在人类发展的历史中，不仅与生命健康息息相关，而且与社会历史发展进程保持着千丝万缕的联系。

史前遗迹与证据不断证实，酒类产品与技术的产生与发展，不仅满足了芸芸众生的口腹之欲，更重要的是，酒的迷幻功能触动和加强了人类与自然和意识的启蒙，以致最后创造了宗教、艺术、哲学等文明成果。

饮食史中那些来自遥远异国他乡的稀奇食品，最初都被认为是能产生神奇愉悦效果的神物，被用作祭祀，也是药品，既作用于精神世界，也影响生理代谢。甚至灰头土脑的马铃薯和柔软多汁的西红柿都被认作与性欲有关的“爱之果”[①]。但来自墨西哥的可可豆，来自非洲的咖啡，来自安第斯山脉的古柯碱，来自中国的茶叶和来自美洲的烟草，确实是一类特别的具有精神生理特效的药食兼用产品。17世纪后的300年来，为了获得和控制这些产品，从这些产品的巨额贸易中获得暴利或者税收，殖民、战争、技术、工业、政治较量，一个基于生命话语和生物技术的全球化通道打开了。在中华民族的记忆中，最为深刻的是基于鸦片的一场倾销与反倾销，开放与闭关，守旧与现代的战争，或者说是现代生存战略，一步走失，中华帝国就失去了傲视全球的机会长达100多年。

事实上，中华帝国在数千年历史进程中，多次拥有如同把握了鸦片产品这种特殊生物技术产品的机会，但是我们没有把它放在战略武器的高度加以重视与运用，牛刀小试之后，便宽松地将种植加工技艺传授他人，这就是中华茶叶与茶技的历史贡献，也是历史性遗憾。

公元758年，陆羽完成了《茶经》，有关茶叶的产品和技术系统从此全面建立起来，产量也逐年增加。此书的社会意义在于：它将历来作为皇家贵族御用的饮品推向寻常百姓家，继而成就了新的政治与经济模式。首先，唐皇朝新增了茶税，用于支撑国民经济。从唐德宗开始，茶叶征收什一税，即茶叶销售收入的1/10是税金。这项税收政策执行两年后，皇家财政状况明显改善。于是，以后历朝历代，每当朝廷财政困难的时候，都会开征茶叶税以解燃眉之急。唐文宗的办法更绝，他开始将茶叶交易限制在规定的市场内，建立官府统购统销的茶榷制度，茶叶成为国家垄断的交易，增加税收的一个举措变成了一个延绵千年的国策。茶叶产地是丘陵山区，这些土地不适合种植其他农作物。也就是说扩大茶叶产量，根本不会挤占原有的粮食、棉花等经济作物，茶叶成为新的经济增长点。更重要的是，茶叶在北方少数民族地区完全不适合生长。

---

① 彭慕兰，史蒂夫．贸易打造的世界：社会、文化、世界经济，从1400年到现在［M］．台北：如果出版社，2007：119－120.

由于茶叶具有显著的协助消化、提神解乏的生理功能；茶叶富含的维生素、单宁酸、茶碱恰是游牧民族饮食所缺少的果蔬营养成分；茶叶所含的芳香油能溶解动物脂肪，降低胆固醇，加强血管壁韧性，因此饮茶对北方民族而言，是一种生理需求，化解牛羊肉、奶等燥热、油腻、不易消化之物。长期饮用滚开热茶的卫生习惯，可以杀灭细菌，减少寄生虫感染。茶叶与粮食、盐巴是北方游牧民族不能断绝的生命元素。缺了茶叶，肉食为主的民众将不得不退回煮食各种苦涩的树皮草药来消食化解的史前社会。因此，茶叶的另一项战略意义逐步体现，成为中原王朝化解或控制北方游牧民族的“生物武器”。在华夏民族不断壮大的历史中，茶叶功不可没，但也没有更进一步发扬光大到全球范围。

公元 1575 年，在朝廷首辅大臣张居正的主持下，13 岁的万历皇帝终于击败了蒙古札萨克图汗图们率领的蒙古各部和女真族的建州部，而这场打了 3 年的清河堡之战，诱因却是今天看来微不足道的茶叶。3 年前万历皇帝刚刚登基，张居正以皇帝的名义下诏，为了维持茶叶贸易的官方垄断关闭边境贸易，目的在于取消低价流通的民间私茶与黑茶，而边境交易的北方游牧商人正是价廉物美的茶叶边贸的主顾。边贸茶叶的供给断绝造成蒙古及女真各部一片混乱，限饮就是扼制生理需求，也是断绝了生命希望。一场茶叶引发的战争终于爆发，3 年的血战让茶叶贸易回到了原点。当明王朝宣布重开茶市，蒙古和女真各部的斗志被彻底瓦解。

在宋代和明代，茶叶成为战马交易的战略性物资。由于中原王朝对北方草原和河套等养马地区的控制衰弱，也就是说要想获得战马，只能通过交换的方式与产马地区的民族各取所需。丝绸之路上运输的主要货品丝绸、棉布、茶叶和瓷器并不是每样特产都能从草原地区交换到足够的战马，只有茶叶适合承担交换战马的功能。茶马交易制度沿用到明朝，朱元璋推行以茶制戎政策，“假市易以羁縻控驭，为制番上策”。明朝初年的茶马贸易价格是“马一匹，茶千八百斤”，到了明代中叶马价已经压低至“上马八十斤，中马六十斤，下马四十斤”。边境部落对此自然非常不满，辽东、宣府、甘州等地屡屡因为茶叶贸易而起争端。为了阻止私商，明王朝与历次王朝政府一样，采用关闭边贸互市的方式惩罚购买私茶的边境部落。由此类似清河城战役这样的茶叶战争在明代中叶之后频繁发生。边境部落渐渐被明王朝时而靠封闭茶市作为要挟的手段感到厌倦，并且不再甘心把辛苦养大、视为生命的牛马换取少得可怜的茶树叶子。茶马贸易使得明王朝强大兴盛，然而最终由于过于相信自己对资源的垄断，整个王朝还是被原本臣服在茶叶武器之下的北方少数民族推翻，游牧的满族最终取得了政权。在明王朝灭亡的同时，一个新兴的世界霸主正在欧洲渐渐崛起，他们将鸦片作为战略性“生物武器”，利用印度洋作为跳板，正逐步堆积在华夏的外缘。其全球性战略一目了然，用成瘾的鸦片换取同样成瘾的茶叶，从而征服全世界。而独拥茶叶上千年的华夏历朝历代，从来没有迈出亚洲东北地区一步。虽然这种因为茶叶贸易中断而挑起的战争在中国历史上并不罕见，茶马贸易成为控制游牧文明的武器，在历史上曾经是政治性商品的茶叶曾经被赋予了过多的含义，经济与霸权、战争与和平，但仅限于华夏东土。茶叶这种蕴含了中国财富、荣耀和高超的政治外交智慧的绿叶，今天已回归本位——一种给人带来健康的饮品。一段出于饮食结构的生命话语，将北方少数民族对于茶叶的依赖性远远高于中原民族的特点，转化成中原王朝的统治者对茶叶完全的定价权，成为中原王朝用来化解内部矛盾、控制北方游牧民族的武器。

当年，茶叶类似于今天的石油，具备政治使命，是全球战略性商品物资。沙皇俄国也是草原游牧的后代，1638年，一名叫斯特拉科夫的大使受命前往蒙古拜见可汗，并带去珍贵的貂皮作为晋见礼。可汗收下礼物，向沙皇回赠了200包中国茶叶。当时沙皇使者对茶叶一无所知，不愿接受，后经劝说才勉强接受。他将茶叶带回了圣彼得堡，沙皇命仆人沏茶请近臣们品尝，意外的是，众人一致认为入口有奇香。从此，俄罗斯人开始了漫长的饮茶史。茶叶种植技术的保密与转移，也是技术史上一则东西方智斗的有趣故事。在好几个世纪中，欧洲人爱喝茶，却没有人见过一棵真正的茶树，因为中国不允许欧洲商人进入内地。所以，这种东方古国的神秘植物引起了西方人的极大好奇。1560 年，葡萄牙耶稣会传教士克鲁兹乔装打扮混入一群商人队伍中，花了 4 年时间来往于中国贸易口岸和内地，才搞清了茶的来龙去脉。回国后，他把自己几年的所见所闻写入了《中国茶饮录》，这是欧洲第一本介绍中国茶的专著。从克鲁兹开始，不少西方探险家垂涎三尺，打起了中国茶的主意。1848 年，为了获得品种优良的茶树，同时寻找中国的茶农茶工和栽培工具，帮助英国政府在其南亚殖民地大范围建立茶树种植园，掠夺中国政府通过全球茶叶贸易获取的巨大利润，东印度公司派苏格兰最成功的植物猎取者福琼来到中国。他在《茶国之行》中详述了这次冒险经历。在一家小旅店的花园内，他发现了一株从未见过的植物。他刚想爬墙进去，突然醒悟到自己早已是一身中国人的打扮。于是，他们一行从容不迫地走进客栈，在一张桌边坐下，点了酒菜。吃完饭，福琼又慢条斯理地点上中国烟斗，对店主说："这些树真漂亮，我从海边来，在那里看不到这些树，给我一些种子吧。"善良的店主满足了他的请求。这一回非法猎取，福琼从衢州和浙江其他地区获得了茶树种子，他还从宁波、舟山等地采到了大量茶树标本。最后他将 23 892 株小茶树和大约 17 000 粒茶种带到了印度，并带去了 8 名中国茶工。

1848 年福琼的中国之行无疑是世界茶史上重大的分水岭。不久，在印度的阿萨姆邦和锡金，茶园陆续涌现。到 19 世纪下半叶，茶叶成了印度最主要的出口商品。1854～1929 年的 75 年间，英国的茶叶进口上升了 837%，在这一惊人数字的背后，相对应地是茶叶原生地中国国际茶叶贸易量的急剧滑坡与衰落。

从世界经济发展史的角度而言，在 20 世纪以前西方人所寻求的中国商品中，唯有茶叶在中西贸易中长期居于支配地位。茶叶为西方贸易商带来了巨额利润，以至历史学家普里查德（Earl H. Pritchard）认为："茶叶是上帝，在它面前其他东西都可以牺牲。"

虽然早在公元前 2 世纪中国人就开始种植茶树，但直到 16 世纪中叶它才为西方人所知，中华帝国从来没有利用过这个战略物资去征服世界。正如主持中国海关总税务司的英国人赫德所言："中国有世界最好的粮食——大米；最好的饮料——茶；最好的衣物——棉、丝和皮毛，他们无需从别处购买一文钱的东西。"

1559年，威尼斯商人拉莫修在其出版的《航海记》中首次提到了茶叶。1606年，荷兰人首次从万丹将茶叶输往欧洲。但在此后100余年间，茶叶并未成为输往欧洲的重要商品。1704年英船"根特号"在广州购买5 470担茶叶，价值14 000两白银，只占其船货价值的11%，而所载丝绸则价值80 000两。1715年，英船"达特莫斯号"前往广州，所携资本52 069镑，仅5 000镑用于茶叶投资。

1716年，茶叶开始成为中英贸易的重要商品，两艘英船从广州携回3 000担茶叶，价值35 085镑，占总货值的80%。18世纪20年代后，北欧的茶叶消费迅速增长，茶叶贸易成为所有欧洲东方贸易公司最重要、盈利最大的项目。当时活跃在广州的法国商人罗伯特·康斯登（Robert Constant）说："茶叶是驱使我们前往中国的主要动力，其他的商品只是为了点缀商品种类。"

经济上高度自给自足和相对较低的购买力使欧洲产品的中国市场非常狭小，唯一例外的是中国对白银的需求。大规模的中西贸易由此找到的支点：西人用白银交换中国的茶叶。1784年英国东印度公司在广州的财库尚有20余万两白银的盈余，翌年，反而出现了22万两的赤字。为了弥补东西方茶叶贸易巨大的逆差，东印度公司专门成立鸦片事务局，开始大规模向中国贩卖鸦片。不久后，令中华民族丧权辱国的鸦片战争爆发了。

茶叶的西进之路，在美洲大陆引发了一场战争使一个国家走向独立；在亚欧大陆也引起了一场战争使一个帝国走向衰落。茶叶就这样改变了历史，改变了世界。

◆ 未来延伸研究案例与关注焦点

脐血库案例：

（1）脐血干细胞收集储存技术的市场化方案；

（2）血液管理法规的空白与越位造成利益争夺；

（3）资本与权势的结合搅浑了科技行业；

（4）资本市场的混乱概念制造了 ST 中源；

（5）干细胞克隆技术对决资本的盲目冲撞；

（6）法律监管滞后与科技发展超前过渡之间的管理。

第 7 章

多媒体时代的话语角力：科学精神与公民素养的平衡

▶ 本章重点

本章主要集中了黄禹锡事件中媒体的作为、反省与后遗结果，通过统计数据比较了文化与科技传媒的关系。媒体在社会发展中的正面作用是显而易见的，通过自身对于生命相关的话语把握起着极大的作用，但是一旦出现媒体运作泛滥，对于生命健康的威胁同样后患无穷。一个自律负责的媒体理应提升科技素质与职业伦理，向科学传媒的经典靠拢，同时也有助于促进社会公众科学文化的提升，共同抵御现代科学技术发展中的负面误导。

7.1 黄禹锡事件中的大众媒体角色

现在，笔者探讨本书关注的最后一个科学政治影响因子，即科学文化与大众传播。黄禹锡事件中，公共媒体的关注程度和总体表现正好与多媒体时代的 IT 技术契合，表现突出。无论是事件发生的中心首尔，还是全球各地的主要媒体，事实上都经历了事件的发端、发酵、高潮和后续，即整个事件前后相续的四个阶段。

7.1.1 事件发端阶段

从 2004 年 5 月到 2005 年 6 月间，黄禹锡团队已经处于伦理质疑的阶段，卵子的获取途径与程序成为西方科学界与伦理学者的关注焦点。英国《自然》杂志披露，黄禹锡的 2 名助手在捐献卵子名单上，但是遭黄禹锡否认。此时整个质疑的范围和程度，还只是处于大众媒体视野之外的共同体内部。与此同时，黄禹锡不断获得的科研进展、韩国政府的支撑高潮以及东方传统文化对于“舍己报国”宏伟事业的信念，根本没有针对卵子伦理质疑而采取战略性应对。此后将近1年，此事并没有引起大众媒体的兴趣。韩国大众新闻媒体对于《自然》杂志例行公事的信息披露理应相当敏感。韩国作为一个相当西化的基督教社会，对于西方的伦理价值和理性规范理应认同程度很高，尤其是基督教作为韩国社会的普遍信仰，教义规定必须尊重和本能保护每个微弱的生命。所以哪怕再以科学的名义取卵，或者人工获取干细胞，这种亵渎、流产、扼杀生命的行为过程，在西方宗教原教旨上，与上帝赋予生命的绝对尊重，丝毫不予相容。2005年5月，当黄禹锡团队宣布，成功把人类的体细胞移植到成人的卵子细胞，提取出世界首例与病患者人体基因一致的人类胚胎干细胞，并成功把细胞培养成为胚胎时，整个社会都处于科学狂热和技术至上的兴奋状态中，西来宗教的严肃意义此时已经让位于原生态的东方文化基因，民族骄傲与经济前景战胜了形而上的殖民文化。黄禹锡团队的有关论文在《科学》上发表后，此时的黄禹锡已经背负民族大义和政府后盾，在记者招待会中公开批评时任美国总统布什的干细胞研究保守政策。科学成就一夜上扬，延伸成为政治焦点，黄禹锡自然成为当时的科学新闻焦点人物。

7.1.2 事件发酵阶段

2005年6月起的后半年里，黄禹锡事件开始发酵成全球性新闻事件。首先，韩国文化广播公司声称获得举报，开始全面介入黄禹锡团队违反生命研究伦理的报道，同时还对黄禹锡当年发表在《科学》杂志上的论文有造假嫌疑进行调查。一石激起千层浪，全球各大媒体全力跟进当年科学焦点人物的焦点事件。多媒体时代的IT技术成为助推该事件的发酵罐。举例来讲，原本对于克隆和干细胞闻所未闻的中文读者，或者至今也没有搞清楚两者关系的读者，通过报纸、广播、电视、网络和手机等新闻渠道，都知道了韩国的民族英雄与首席科学家原来是个大骗子。与此同时，另外一拨极端民族主义和国家利益为上的韩国民众，在道义上，而不是在科学技术的细节本身，力挺黄禹锡团队的工作。妇女强烈要求捐赠卵子，残疾人士和重症患者呼吁科学家们给予他们再获新生的机会。在韩国这样的民主机制的国家运作中，任何一种利益表达都可以在一夜间形成街头广场运动，所以在黄禹锡事件发酵过程中，百万人上街呼吁，参与抗议、烛光晚会、绝食明志等活动。这就是接踵而来的又一轮新闻素材，哪怕最及时公正的中立媒体，就是地球远端的西方媒体，在这样的突发事件的胶着过程中，也在第一时间完全被表层和最响的嗓门所迷惑，难以做出精准与深度的报道。

7.1.3 事件高潮阶段

2005年底，随着首尔大学宣布研究丑闻成立并开除当事人公职，《科学》及时跟进取缔黄氏论文，公权机构介入、司法程序开启三件标志性事件的到来，黄禹锡事件达到媒体密集报道和反复转载的高潮，黄禹锡明星形象瞬间陨落，一切归于平静，抗议民众回归家庭、政府照常运作，媒体一窝蜂转向另一拨吸引眼球的新闻事件。此时此刻的牵头媒体才是真正的赢家，博得行业共同体的瞩目，采编成腕、纸媒销售暴涨、广告倍增，这些行业里的考核指标陡然上升。但是对科学技术本身的促进并不显著。在这些尖端的领域中，依然只有孤独的两拨人马，当事人和科学技术同行中的有心人，一如既往地在竞赛，他们日夜坚持在实验室中，或是为了自证清白，或是为了迎面赶超。

7.1.4 事件后续阶段

跟踪黄禹锡事件的后续发展是一件无趣而且耗神的差事，没有令人发狂的新闻热点，缺乏第一手的资料来源，最关键的是，完全没有事件的终点可以预料，无法估计未来所耗费的时间和结局演变。除了生命科学研究人员，以及将科学事件作为研究对象的学术人员外，几乎少有人关注。截至2011年6月，黄禹锡事件的后续发展中比较重要的是三个标志性节点：一是黄禹锡再度出马，成立修岩公司，迂回展开生命技术相关工作；二是欧美主要实验室宣布干细胞克隆进展，同时肯定了黄禹锡工作的启蒙意义；三是韩国司法机关对于黄禹锡案件的最终宣判，当初促使立案的涉假举报无法成立。比较黄禹锡事件的发酵阶段和高潮阶段，上述三个后续进展中，媒体报道的力度是有限的，对于社会公众的引导是无力的，对于自己当年作为的反思是空白的，所以，最终对于科学技术的发展是基本无益的。

7.2　媒体对于生命科技新闻热点选择性关注的统计分析

利用现代媒体技术，我们不妨做一个初步的统计分析。笔者从主要搜索引擎Google、百度、Yahoo、搜狗上，分别针对黄禹锡事件高潮前后，通过相应的中英文的关键词汇，即黄禹锡造假/黄禹锡判决（Huagn Woo-Suk Fraud/Huang Woo-Suk Judgment），进行网上检索，结果如下：

表7-1　主要搜索引擎对黄禹锡事件的搜索结果统计分析

搜索引擎	关键词搜索结果数量			
	黄禹锡造假	黄禹锡判决	Huang Woo-Suk Fraud	Huang Woo-Suk Judgment
Google	142 000	27 000	70 600	460 000
百度	178 000	32 000	1 130	682
Yahoo	11 900	18 300	10 800	17 100
搜狗	37 595	6 930	115	98

搜索时间：2011年6月。

上述列表分析显示（从中国大陆的服务器出发来看）：

（1）Google与百度拥有大量的汉语信息，但不适合查找英语媒体资料，内容显示单薄。

（2）搜狗作为对照，表明其目前还不是主要的有效检索工具，研究依靠其他3项主要检索结果比较有效。

(3) 中文媒体显然对事件发生的核心时空极其关注，也就是说，对黄禹锡作假的信息传播做出了相当巨大的舆论引导，但是对于事件的整体把握，尤其是黄禹锡事件的结局，已经毫无兴趣；反之，英文媒体不但对黄禹锡事件的第一时间极其关注，而且对黄禹锡事件的法律结局更为关注，这一点可以从收集和检索大量英文媒体信息的Google和Yahoo中获得明确的数据。

尽管上述数量分析极其简洁，但是有助于了解媒体热点的形成与事件核心的关系。有时候，媒体的关注程度并非切合相关事件的核心意义，媒体的兴趣所在有其利益取向，引导大众读懂媒体也是媒体的责任，或者其他文化工作者的责任。上述分析手段的引进，有助于未来专门建立一个子课题研究，通过调整匹配最优化的中、英文关键词，对关键科学事件的媒体角色定位展开一项半定量，或者定量的数字化研究分析。

7.3 解构MBC商业电视台的从业行为

作为商业电视台，韩国MBC电视台曾经制作了在中国家喻户晓的电视连续剧《大长今》，同时也成为黄禹锡事件的积极传播者，并以此闻名，获得巨大商机。2006年4月12日开始，MBC电视台播出共计5集的黄禹锡事件相关报道。节目监制崔胜镐说，2005年黄禹锡事件刚刚开始披露时，他们就意识到这一事件的新闻性与商业价值，开始投入大量人力物力，制作了部分节目。但在当时，黄禹锡在首席科学家的神圣光环笼罩下，全社会顶礼膜拜的气氛马上将对黄禹锡实验中存在的质疑埋没了。黄禹锡可以轻易地利用他的影响力，要求MBC电视台停播对其造成负面影响的节目。为此，电视台安排在专题节目前后的广告时段被广告业主临时抽掉，MBC电视台的广告营收大幅下降。这些广告投入方，本来就是冲着有关黄禹锡事件的海量收视率才不惜重金投放的。

2005年底，电视制作方和广告商才等到转折点，黄禹锡被确定作假，首尔大学开除其教职和司法机关立案侦查等一系列高潮事件，促使有关电视新闻收视热点不断升温，广告营收也逐日回升。一起科学事件居然最后挽救了商业电视台的经济危机，这是始料未及的现代科学传播理论和实践的真实案例，尚未有人以专题形式深入广泛地研究其内部的逻辑关系。

但就社会效果而言，MBC 电视台的节目播出实在是一着险棋，面临预想不到的媒体视角与公众反应的剧烈冲突。2005 年 11 月 22 日深夜，MBC 电视台的深度调查栏目《PD 手册》在历时近半年的深入采访后，播出专题节目《黄禹锡神话的卵子疑惑》，迫使黄禹锡在公众面前承认，自己是在“不知情”的情况下使用了女性下属“有偿”捐献的卵子。

节目播出后，公众舆论的反应是 MBC 电视台始料不及的，韩国社会不仅没有人赞扬 MBC 不迷信权威的敬业精神，也极少有人批评黄禹锡在得知卵子来源真相后还加以隐瞒的不道德行为。韩国主流舆论，包括大多数韩国媒体却站在黄禹锡一边，指责 MBC 电视台“损害大韩民国国家利益”，主张不应该以“道德”问题抹杀“世界性研究成果”。MBC 电视台网站的观众留言板上出现了“发起拒看运动，直到电视台关门为止”“根据《国家安全法》惩处《PD 手册》摄制人员”“如果黄禹锡教授不能获得诺贝尔奖，责任全部在于 MBC”等激烈言论。有近 80％的韩国国民认为，“即使存在购买卵子和女研究员捐赠行为，也是不得已而为之的科学研究行为”。大多数韩国观众认为，MBC 电视台不仅必须承认以不光彩的方式报道关乎国家未来的重大问题，而且还要承担造成国家利益严重受损的责任。11 月 26 日晚，一些愤怒的观众还自发地聚集在韩国首都首尔 MBC 电视台总部前秉烛示威，要求该台正式道歉，停播《PD 手册》。社会舆论一边倒地谴责 MBC，指责它不顾国家利益和大局，声援黄禹锡。众多韩国主妇和美女赶到黄禹锡实验室，要求无偿捐献卵子。

“民粹爱国”高压下，MBC 主管不得不“低头认罪”，要求节目制作人接受停职处分。与此同时，MBC 报道中的几名“深喉证人”旋即在另外的电视台露面，不仅否认曾指证黄禹锡，还指控

MBC记者对他们采用恐吓手段，蓄意误导和曲解他们的原话。MBC最后公开表示道歉，称其工作人员在“职业道德”方面出现问题。一个“科学道德”的媒体主旨讨论，最终演变成了“新闻道德”的反思而收场。

2006年，MBC从前一年的教训中总结出了经验，他们再度推出黄禹锡事件特别节目，更加用心地找出了接近事件中心的两位“深喉”，其中一位金先生曾为黄禹锡团队的成员。金先生自称，事件发酵期间，黄禹锡为了保护自己，推出并有意泄漏了金先生的工作内容和身份特征，使得金先生如今无法在职场立足。所以，MBC电视台不仅在专题中拿科学和伦理说事，还试图从黄禹锡的人品上再挖掘，包装一个出卖与苦难、名人落难与常人落魄的奇闻轶事，利用黄禹锡案件公开审理在即的时机，再次吸引大众眼球，从而使得MBC电视屏幕的收视率再创新高，广告商再次加大投放力度。

这样看来，科学共同体和媒介共同体属于两个利益完全没有交集的集团，双方对于一个科学事件的关注，完全来自不同的视角，争取各自的利益。所以，作为大众媒体信息的受众，希望获得接近事实真相的愿望从一开始就面临误导。

黄禹锡事件发生时，海外媒体报道与评论重在韩国的信誉危机。12月26日的《国际先驱导报》认为，“从来没有一个科学家被本民族寄予如此大的期望，因此，当这个科学家倒下的时候，这个国家的人惊呆了”。为了迎合“舆论暴力”，韩国主流媒体和广大民众扛起与MBC作对的大旗，“民族情绪和感性战胜了理性，韩国人在审视黄禹锡的时候忘记了黄的科学家身份和科学的内在标准”。

即使在2006年1月10日最终调查报告公布后，依然有大批黄禹锡的支持者举行烛光抗议，有排长队为黄禹锡献花的妇女，有伫立在实验室外表示慰问之意的民众。支持黄禹锡的人们举着标语，高喊支持他的口号。他们认为，黄禹锡是韩国的骄傲和爱国者，黄禹锡是被诬陷的；是不负责任的舆论和一些年轻科学家造成了混乱事态，黄禹锡已经承担了不该承担的全部责任，应早日让他重返实验室。

不过，综合比较起来，电视媒体还是黄禹锡事件中唯一的赢家。无论事件的走向如何，在没有人气集聚的事件发端阶段，干细胞技术和取卵问题只是生命科学学术共同体内部的屡发性事件，作为企业的商业媒体兴趣淡淡；当科学事件成功酝酿成为一桩公共事件以后，每个环节都是商业媒体赢得广告的商机。在这里，技术性事件是否上升为公共事件是个转折点，前者可以在共同体内部按照自有程序规范处理，或许黄禹锡还有继续成为科学大师的机会，但当事件进入公共视野演变成大众事件以后，没有任何个人可以决定事件的走向，科学技术的理性荡然无存，公众舆论的发酵泡沫掩盖了一切可能澄清事实的契机。

7.4　科学文化与传媒在韩国当代生命科技中的作用

中韩两国一衣带水，文明传统一脉相承，源远流长，此乃文化基因和人类基因相近之故。近年来，韩国朝野重视全球化战略中的未来考虑，强调融入世界主流要比保留东亚传统更加迫在眉睫。他们多角度反思历史教训，致力于强化民族“主体意识”，做了大量的去“汉”化工作，比如将首都“汉城”易名“首尔”。但是，缓缓流经首尔闹市的“汉江”，汉名依旧。整个社会在面临重大抉择的关键时候，精神、传统、人文等文化层面的挑战，东亚传统的儒学家国伦理哲学本能地成为首选，“汉”痕难除，任重道远。黄禹锡事件的应对结局，再次证实东西方文明融合的艰巨和不易。

第二次世界大战结束，韩国摆脱了半个世纪的日本殖民统治，但国民经济遗留下了沉重的殖民地烙印。20世纪50年代的朝鲜战争，再次把韩国推入东西方冷战格局，身不由己置身于世界政治较量的漩涡中。

面对国民贫困、市场狭小的现实，实用主义的东方文化精神在韩国政府的生存欲望中及时得以体现。他们利用其同盟国的认同机遇，通过西方政治军事利益集团，在政治、经济、技术、文化、宗教上全方位建立与西方自由交流机制相适应的政策，逐步淡化自身的东方地理与文化特征，实行“出口主导型”的经济战略，推动经济飞速发展。到20世纪80年代，韩国成功地由世界最贫穷落后的国家之一转型为位居“亚洲四小龙”之一，进入世界中上等发达国家行列，此项经济转型模式被誉为“汉江奇迹”。

在较短的时间内，高起点、高速度，快速取得长足进步，是“汉江奇迹”相当突出的经济特征。取得“汉江奇迹”的政治特点则是全面接受西方民主政治体制，解除全盘西化的政治障碍，这样也就消除了西方向其转移经济利益和尖端技术的意识形态上的疑虑。2001年，韩国的国内生产总值为4 176亿美元，人均国内生产总值达到8 790美元，主要表现在汽车、电子和信息技术方面，产业化起点高，技术合作先进。上述成功在媒体的话语渲染过程中，最终凝聚成全民对于自我的全能迷信。

在生物技术领域，韩国政府同样继续保持其一贯的计划方针，在高起点投入和尖端项目上，快速挺进世界产业主流，全力适应“汉江风格”。这种风格和计划，已经全部体现在黄禹锡的干细胞克隆技术项目发展，以及社会各界对其独占世界鳌头的整体预期中。政府大举国力支持科研，民间狂热投资、热切期待，个中细节本书其他相关章节中都有重点阐述。

但黄禹锡事件爆发后，韩国政府迅速割断与黄禹锡团队的密切关系。比如，相关事件由司法部门处理，相关人员予以行政除名，黄禹锡被解除首尔大学教授公职，黄禹锡2004年《科学》论文的共同作者朴基荣被解除总统科学和技术顾问职务，吴明辞去韩国科学和技术部部长职务。上述变化在不到半年的时间里完成，但韩国行政体系依然摆脱不了功利色彩浓厚的东方文化底蕴，个体轻于全局，强权切割史实，在实用拯救家国、国家利益为上的名义下，以最快的速度消音处理丑闻事件以及可能出现的对自身政治局面的恶化与延伸。而在形式上，既满足了西方政治伦理要求，又维持了西方政商两界对其程序与制度的信任，政治与经济的全面合作格局不致发生恶化。

距离黄禹锡事件 4 年后，干细胞领域的商业竞争愈演愈烈。2009 年 4 月，韩国卫生福利部健康产业政策局主任金刚理宣布，全国生物伦理委员会有条件地接受查氏医学中心从事人类成体干细胞克隆的研究工作的申请。

至此，淡化因黄禹锡事件而起的人体干细胞研究开始重启，被韩国政府迅速采取灭火措施、禁止任何形式的人体干细胞研究的禁令最终松动。

政策方针一旦确定，韩国全力跻身世界生物技术领域研发能力前三位的全球化战略雄心再次展示。社会各方资源整合，分别在国内和国际两个层面，通过技术、产业和商业等领域全面进入市场化自由运作。依托韩国政府鼎力支持的李柄千团队声称，拥有犬类克隆技术专利的首尔大学已向总部设在首尔的 RNL Bio 生物技术公司颁发了克隆许可，李柄千博士亲自负责克隆狗项目。由此，黄禹锡博士和李柄千博士分别领衔两大生物技术公司，经营目前世界上仅有的犬类克隆垄断业务。两个团队之间相互竞争，符合市场化优胜劣汰的基本规律。

韩国继续向 2015 年进入世界干细胞研究三强，相关产值占全球市场 15%份额的“汉江风格”战略目标全速挺进。

韩国媒体在黄禹锡事件中秉持正反双方意见，剧烈冲突，与其重在民族自信，或者更看中自身商业利益有着相当的关联程度。

7.5　理性报道生命事件可以引导正面社会效应

生命话语一旦被大众媒体引导，就易再次放大其伤害程度，这样的历史事件时有发生[①]。1995 年日本阪神大地震期间，媒体大量使用航拍技术，展示扭曲断裂的高速公路和遭火灾的居民住宅，像好莱坞灾难片一般全方位立体报道生灵涂炭后的残酷画面，这样的

① 2016 年 6 月，福建省政府以政府令的形式，向社会公布《福建省医疗纠纷预防与处理办法》。引人注目的是关于媒体报道的规定：“新闻媒体或者记者对真相未明、调查结果尚未公布的医患纠纷作失实报道，或者报道中煽动对立情绪，造成严重社会不良影响和后果的，依照国家有关规定追究责任。”这开创了大众传媒对生命报道的精细化规范先河。

灾难记忆画面对于救灾实施和安置灾民到底起了多大积极作用，结论是可疑的。媒体的努力不是振奋了民众投身救灾的激情，而是加剧了灾民与公民心灵伤害。如果换一种媒体工作思路，全力获取第一时间的基本灾难汇总信息、现场救灾场景实况，社会可能获得更加有助救灾的判断依据。因此，阪神大地震中媒体忽视基本灾难信息，现场报道出现伦理偏差的行为遭到了日本国民的反感。媒体受到大量批评，也吸取了深刻的教训。所以，在2011年宫城地震中，日本媒体相当克制，注意减少危机报道对民众的次生冲击，控制理性报道与感性关怀的合理平衡，协助全社会将主要精力最快集中起来，投入到救灾和灾后重建中去。日本公共传媒的专业主义和人文情怀，演化成国家重大危机时刻“超越一切的公共平台，维系了国民的精神和秩序”①。

从震后报道开始，日本公共媒体始终鲜有“普通人的反应”。以日本最大的公共传媒NHK（日本广播协会）为例，主播们始终保持镇静的面容，给人的感觉就是非常坚强。画面上没有出现令人恐怖的死亡特写，没有灾民们呼天喊地的镜头，也没有第一线记者虚张声势的煽情式报道。有信息量却不侵犯个人，有数据但不煽情，有各种提示却不造成恐慌。即使NHK正开始播放对官房长官的采访实况，当获悉福岛县第一核电站第1号机有可能爆炸后，马上中断画面，转而反复播放核辐射时的生活指导及相关避难信息，每隔几分钟就提醒民众注意安全。及时地从各角度呵护生者的安全，体现对逝者的尊重，显示了媒体的社会责任。他们轮流使用日语、英语、汉语、韩语等5种语言，这就是考虑到了受众中可能有非日语观众。各大媒体第一时间把辐射量每小时1 015微西韦特的准确数据传播出来，并告知“这相当于普通人一年可以承受的辐射量”，而不是轻描淡写地说“影响不大”，塞给受众完全不知所云的消息。

公共传媒不同于其他大众传媒，不同于以盈利为动力的纯商业

① 和静钧. 从地震报道看日本传媒的操守 [N]. 新京报，2011-03-14.

媒体，它们是国家和国民根本文化的坚守者。如约瑟夫·普利策所言，公共媒体是社会生命的第一线瞭望者，对内就是“零距离”“零时差”的沟通者，对外就是国家形象的公共外交大使。

可见，媒体在生命相关主题中的视角是极有探讨空间和现实意义的。

美国公众媒体机构在此方面的理性程度相对较高，这是过去几十年中生命科技领先发达，遭遇过太多教训后整理出来的经验。美国公权机构为应对 2010 年人造细胞面世、生命伦理遭遇冲击的现况，马上与大众传媒机构配合，采取理性应对模式，立即启动了听证程序。政府、专家与媒体对于有社会关注度的科技事件反应之快速之有效，此为一例。

2010 年 7 月 9 日，与往常所有的听证会一样，此次涉及细胞克隆和生命制造问题的技术伦理听证会，由美国卫生福利部下属的总统生命伦理咨询委员会组织，宾州大学校长艾蜜·古特曼（Amy Gutmann）教授主持，邀请了十余位全国顶级专家参加会议历时两天，通过电视政论频道现场直播，公众也可以随时上网观看录像，了解政府智囊的决策过程，听取专家意见，包括全面掌握专家的利益倾向[①]。这个听证过程既正面澄清了科学知识，又澄清了政府角色。有趣的是，媒体的监督主要指向专家观点及其利益倾向，其中包括科学家、社会学家，甚至联邦调查局的情报专家。历史证明，将科技问题的关注窗口和监督力度前移，较之直接监督政府决策更有现实意义。政府的决策往往来自专家意见，仅将视角对准政府，事实上往往为时已晚。

所以，在一个实施宪政民主与三权制衡制度的成熟社会里，新闻媒体与决策部门的互动已经上升到新的层面，逐渐超越了初步的新闻揭短或曰媒体监督层面。政府与媒体保持良性的沟通关系，比相互玩弄手腕更具正面意义。在政府的约束与媒体的自律中，最大的获益者是广大的普通公众，他们得以在第一时间获得透明直接的

---

① 听证会网址：http：//www. c-spanvideo. org/program/294437-1.

信息，了解生命科技最新进展对自身生活现状的影响程度，了解政府未来决策的科学依据，也对号入座地了解各路专家的主观意见和利益倾向，以便公众在未来民主政治的投票行动中将此作为自身利益表达的依据之一。媒体利用专业资源，沟通社会各个利益涉及方，成为善待文明社会的主流渠道。

公共卫生事件爆发之后，职能部门的本能反应还处于初级防御阶段，往往首先采取回避媒体第一时间正面提问的消极手段，美其名曰：调查取证在先，公布回应在后。其连锁反应是流言快速滋生，主动放弃了第一道免疫防线部署的时机。以三鹿奶粉事件为例，政府对于整个事件的回应证实，首先重点考虑如何回避国内数个敏感时段。几个月耽搁下来，有毒婴儿奶粉还在被消费，作为受害人群的结石宝宝数量剧增，最后酿成的后患至今无法找到各方均感公平的处理方案。2008 年的奶粉事件是一桩值得从科学史和社会史角度深入展开典型性研究的科学政治研究项目。

作为一个经济上已经崛起的大国，中国在前政治突破时期，同样需要话语尝试和改革实践。从技术话语开讲，不妨作为一个切入点，成为融合世界与和平崛起战略的一个部分。在这方面，《时代周刊》《纽约时报》等主流大众媒体的科学栏目给了我们很好的样板，它们定期探讨与大众直接相关的生命话题，将纯科学语汇，诠释成民众理解与热衷的话语。所以，这些大众媒体较之《科学》和《自然》等一流纯科学杂志，向社会公众传播科学技术概念的影响力更大。在科学技术日新月异的新世纪，大众科学传媒把握积极主流的科学意识显得尤为特殊。我国《三联周刊》《瞭望周刊》《东方周刊》等具有社会影响力的大众传媒，科学记者与科学版面的安排上相当虚弱，缺乏对科学与生活的热点把握。面对目前语焉不详的现实政治、气味日下的娱乐狂欢和环境恶劣的经济预测，科学与社会的报道其实大有作为。

在这方面，选择一个历时几十年公共卫生争议的生命科学产品较有历史比较意义。

糖精，即化学甜味素-天（门）冬氨酰苯丙氨酸甲酯，是美国喜乐（SEALER）公司 1974 年提交美国食品药品管理局作为化学合成类食品添加剂面世的。近 30 年来，这种俗称阿斯巴甜的化学物通过无数安全性测试，被应用于 6 000 多种加工食品，包括可口可乐无糖系列，已被全球 2 亿消费者食用。

阿斯巴甜面市不久，意大利拉马齐尼基金会下属的实验室在实验小鼠中发现，一直食用该产品的老鼠罹患淋巴瘤、白血病和其他癌症的比例比从不食用该甜味素的实验小鼠高出很多，甚至那些服食剂量控制在每公斤体重 20 毫克的老鼠患癌症的比例也较高。不过，这项研究的专业性不是令人信服的，其结论也可能是错误的，因为在其中一个重点对照组中，服食阿斯巴甜的老鼠的癌症发病率比预计的要低得多。当然，上述实验用的甜味素剂量远低于美国公布的 50 毫克/每公斤体重的人体安全标准。所以，就科学性而言，上述研究阿斯巴甜的服用剂量与癌症发病率间的联系不十分明显，很难就此认定其为导致肿瘤的罪魁祸首。

即使面对这样混乱的实验数据，食品安全管理部门也没有轻易忽视，反过来倒是与科学媒体合作得非常协调，以免导致似是而非的社会混乱。权威监管部门及时通过媒体，警示这项毒理学动态，及时预防可能导致的社会恐慌。同时管理机构再通过严谨的学术途径，重新审查这种被广泛应用的甜味素，毕竟它也是特定人群如糖尿病人和低收入人群的依赖性产品。直到 1996 年，研究证实该产品可以继续核准使用，重新更名为“贝乃味”(Benevia)。

我国在开展大规模动物实验后确认，服用大剂量阿斯巴甜后，可能会带来中枢神经系统神经递质水平的波动。但大规模动物试验和人群流行病学资料均未显示神经行为方面的症状或者疾病可能与阿斯巴甜的摄入有关，遗传毒性试验也未发现阿斯巴甜有致突变作用。为此，结合国际实验与监管证据，我国卫生管理部门也核准甜味素在规范使用下的安全性。《食品添加剂使用卫生标准》（GB2760—2007）中规定，阿斯巴甜在各类食品中（罐头食品除外）按生产需要适量使用，添加甜味素或阿斯巴甜的食品应标明“甜味素或阿斯巴甜”。

食品管理与大众媒体良性互动，主动公布全面信息，其结果是该项历时已久的复杂科学事件至今也没有演变成公共事件，可口可乐公司的无糖型零度可乐等特殊甜味产品照常应市。

7.6 政府与媒体沟通处于失灵阶段的生命科技应用现况

相比之下，当前我国不断引爆的食品公共卫生事件，揭示了政府的暗箱作业惯性和媒体的信息公开业态首先成为两者在原始动机上无法协调的根本矛盾，加上新技术的介入和网络媒体的推波助澜，所以任何一项产品瑕疵或者有意作奸往往都是媒体曝光在前，政府解释在后，两者无法事先沟通磨合，从而使消费者成为最大的利益受损方。食品安全如此，其他涉及健康安全的媒体作业同样如此。

2011 年 10 月，四川新闻网发布了仅含两段的新闻稿，标题特别吸引眼球——《阿迪等 14 个品牌被曝涉毒可影响生殖发育》。摘录全部文字如下：

> 日前，国际环保机构绿色和平组织公布调查报告称，包括阿迪达斯、耐克、李宁、匡威、彪马、优衣库、雅戈尔等 14 个品牌在内的服装含有有毒物质 NPE。此前，绿色和平组织在中国、英国、阿根廷等 18 个国家采购了 15 个服装品牌的 78 件样品，其中包括运动服装、休闲服装，还有一些鞋类。抽样的 78 件样品当中有 52 件样品被发现有残留的有毒有害物质 NPE。负责这次调查的绿色和平主任张凯称，抽检中，阿迪达斯被检出含有 NPE 的比例是 40%，而李宁含有 NPE 的比例是 100%。
>
> 据悉，NPE 实际上是一种表面活动剂，起到的作用是把衣

服印染得更好以及使一些脏东西能洗下来。但它一旦进入到生物体内则会影响生物体正常的生殖和发育。幸好，NPE 是一种能够水溶性的表面活性剂，因此有专家称，在穿着新衣服前先下水洗洗，就能清除绝大多数的有毒有害化学物质。而送检样品是未经水洗的，所以才会出现以上结论。

上述新闻报道的伦理缺馅和专业失范实质是过分强调了一个伪危机。第一段文稿中所描述的危机——服装“含有有毒物质 NPE”，在实际生活中完全可以避免，即“穿着新衣服前先下水洗洗，就能清除绝大多数的有毒有害化学物质”。但媒体却把有限的报道文字，放在与生活脱节的数据中，不愿在生活常识的发布内容上给予足够的空间。对于广大迷信媒体，或者鉴别分析能力有限的受众而言，标题就是核心。《阿迪等 14 个品牌被曝涉毒可影响生殖发育》，消费者往往记住了标题，却忽视了全文中最后一句话的实质：“送检样品是未经水洗的，所以才会出现以上结论。”

照理，一个负责任的科学新闻机构应该重点突出清洗新购衣物的重要性，同时主动邀请监管部门发布权威意见，并采访专家听取不同见解。这样一个完善的排版布局才是有效防范 NPE 与生殖危机的措施。我们生活在一个被科学技术湮没的时代，每个人都无法摆脱科技的不利影响，何况 NPE 也是有益清洗的高新产品，所以，媒体惟有负责任地全面理解科技、报道科技，才能成为这个科技时代的无冕之王，这是时代赋予他们的职业伦理和道德标准。

此类为了吸引眼球而存在的媒体造门冲动，与目前的医患关系紧张密切相关。当备受关注的“八毛门”患儿在武汉进行了巨结肠根治术康复出院后，深圳市儿童医院外科主任李苏伊认为，“八毛门”事件刚被媒体报道时，患儿父亲的第一条诉求就是撤销自己的科主任职务，但是根据对孩子进行的检查以及多年经验，做手术是意料之中的事。在这件事件中，最需要反思的是媒体。家长无知，伤害了自己的孩子，但是如果媒体推波助澜，则会影响到很多孩子[1]。

媒体从业人员往往利用信息不对称，致力于哗众取宠。他们的版面崇尚热闹，一日算一日，全然没有深入长远的责任关怀。“八毛门”事件就事论事地反思的话，可以看作一场闹剧。媒体自始至终没有拿出一个科学依据，说明8毛钱做了什么事情。在事实没确定前，媒体就煞有其事、眉飞色舞地去夸张描述。因而，一大群不知情的人就盲目跟风，这些跟风的人中有看热闹的，有对医疗体制不满的。而媒体在报道时没有经过全面科学分析，就把这样一种虚无、猜测的意见升级到一个带有引号的事实，造成了这样一出闹剧。当出现医患矛盾时，患者和群众不应该冲动，而应该事实求是，尤其是媒体应该报道多方意见，包括医方的意见。

基本来讲，我国目前存在的科学传播与健康控制之间的冲突，主要还是监管部门与各类媒体的配合脱节，各有利益关注所致。2010年7月26日，卫生部在其官网上公布了食品安全国家标准《食用盐碘含量（征求意见稿）》。按照现有的行政模式，尽管公布的只是征求意见稿，但其在法律功效上的参照意义和象征意义是正式规范的，征求意见稿往往在实践中就会被参照执行起来。该标准拟降低我国食盐碘含量的上限值，同时全国也将不再统一碘盐浓度。至此，我国食用碘盐中的碘含量标准将不再搞一刀切，全国近21个省份可根据人群碘营养现状做小幅度调整。此次标准的出台是对历时几十年，特别是近一阶段民众前所未有地关注和质疑食盐碘含量问题的官方回应。按照卫生部专家的表态，这是一次很正常的微调，食盐加碘并未造成我国居民的碘摄入过量，我国居民碘缺乏的健康风险仍大于碘过量的健康风险。事实上，碘盐的标准根本不是卫生部一家之言操作得了的。《盐铁论》中2000年前的权力与财富集合效应还在延续。就在同一天，卫生部网站披露的最新消息还有就《食品用香料、香精使用原则（征求意见稿）》，向各有关单

---

① 鲍文娟，童宣，钟伟梅．8毛钱治好10万元病，患儿出院父亲向医院道歉［N］．广州日报，2011－10－29．

位公开征求意见。这类食品涉及面极广，包括纯乳、原味发酵乳、婴儿配方食品、较大婴儿和幼儿配方食品、食糖、蜂蜜等 25 类食品和食品原材料，均不得添加香精香料。

网站并未披露，为何食用香料、香精需要出台，为何是 25 类食材，专家是哪些，如何制定这些原则性的标准，等等。

上述两则政府信息的披露过程展示了一个共性，就是政府也可以充分利用网络媒体这样一种高新技术手段，在需要低调的时候依据情势不事张扬地完成公示形式。通过网络发布政府行政意见，一方面是落实政府信息公开的法定规定，另一方面表明，网络手段已经不再是社会的边缘化话语表达手段，电子媒体开始逐步被公权所用，成为与社会沟通的媒体技术手段。尽管新闻行政部门处于工作重点的不同，还在继续网络媒体的控制边界。但是，作为新颖技术的网络媒体同样具备可资政府利用的一面，其典型案例就是农业部有关转基因主粮安全性证书的颁布渠道与时机的创新利用过程，相关细节已在有关章节论述，不再重复。

7.7　大众媒体亟需提高自身科学素养以适应科技时代

香港大学新闻及传媒研究中心中国传媒研究计划主任、著名记者钱钢先生，十分了解我国大众媒体的执业现况。他发表的控制（Control）、变化（Change）和混沌（Choas）“3C”概括和演讲，对于中国目前媒体环境的评判总结是基本到位的①。设想依靠一个初级阶段的商业化媒体监督生命话语，促进科学进步，基本条件尚不够成熟。生命话语首先要关注生命，但现实中的一个报道案例几乎令人掉泪。成都一家媒体制作了这样的核心故事：一位 18 岁的少女承诺捐赠一部分肝脏给一位素不相识的病人。出于家庭、个人与安全等种种原因，少女第二天就被父母带回老家，消失在媒体视线中。眼见一个抓眼球的选题泡汤，编辑部急忙派记者追至乡下，苦

① 钱钢. 中国传媒与政治改革［M］. 香港：天地图书有限公司，2008：118.

苦劝说少女和家人继续捐肝行善，将底层民众的纯洁与善良绑架在道德约束与商业利益上就是这家媒体的出发点。花样年华的少女懵懵懂懂回到医院，于是，报纸开始了一场日进斗金的真人秀连续报道。类似藐视生命尊严、一味着眼商业眼球的媒体做派还影响到了中央电视台等主流媒体。

作为大众媒体，或曰“公众媒体”，关键在于对“众”字的把握。将广大受众委托的舆论监督公器瞄准诸如少女捐肝等私人领域，显然是公器私用，至少是大器小用。但在国际人质事件中，媒体一副事不关己、视若游戏的局外人姿态，又堕入到生命伦理的底线之外。新闻一旦成为商业和游乐的玩具，生命与健康也只是信手拈来的陪衬话语了。细致尖端的生命科学专业领域，对从业机构和人员的知识积累与道德水准要求更高，实际工作中低素质的媒体更难自我把握，案例不胜枚举。

21世纪初，洪昭光开始以卫生部首席健康教育专家的身份登场，通过强调“60岁起步，活到100岁”等老年人关注的自我保健话题，主攻离退休老干部、老知识分子等具备较高医疗保健条件的人群。至今为止，研究人员可以查阅到的各类正规或者私下的洪氏健康保健印刷物不下百种，不仅洪氏自己设立公司运作健康话题，就是老字号的出版机构也搭乘生命话语，在销量极大的草根健康出版物市场上大挣了一把。

10年来，洪氏现象带来了很多值得反思的线索。在官场信息闭塞的现况下，卫生部是否存在首席健康教育专家这样的官方头衔，我们只需通过网络就可以间接核实。目前自诩卫生部首席健康教育专家的网上名人不下10位，一个个包装得有模有样，这样一来，自称的所谓“首席”逻辑肯定就失灵了。卫生部倒是有卫生教育研究所，其离任所长经年致力于我国艾滋病的预防、治疗和社会诱因调研揭露，这样的首席专家才是真正把握了首要的国家战略问题的学者。洪氏作为一个接受了正规医学院教育的医务人员，涉足大众健康指导本来无可厚非，具备灵敏的商业智慧足以令人佩服。只是该先生以专家的头衔，采用商业运作方法最后倡导起来的健康话题娱乐化模式，在我国健康教育机制与操作中起到了相当负面的示范作用。对于国民素质不一的老年人和饱受疾病困扰的弱势群体，所谓专家的自我表演和诱人言论极易建立偶像作用。对于这些生命最后的守护者都是最后的圣言，具有宗教般的暗示与敬畏。最终，到底有多少老人在洪氏指导下活到了 100 岁，结论根本不值得科学统计，但是洪氏倡导起来的生命话语娱乐化的商业杂糅方法却产生了很大的负面作用。

最成功的洪氏模式效仿者是张悟本。张悟本原是技术工人，因为业余热衷医学，又能说会道，最后在其老板与商业策划团队——北京悟本堂健康科技有限公司的包装运作下，短短几年工夫就凭空成为被底层民众崇拜、大众媒体追踪的国医传人和养生大师，俨然华佗再世一般的健康保健代言人形象。其实，在他们运作的过程中，稍有理性头脑和科技常识的个人或者媒体，独立思考比对一下人类对抗疾病的历史，就会发现张悟本式自欺欺人的单一食物治疗与养生手法完全违背了生命科技的基本发展规律，与人类文明的发展历程背道而驰。但是，张悟本及其背后的支撑公司抓住了我国当前社会进程中的一条软肋，将其转化成促进他们企业盈利的契机，即国家医疗保障投入与机制的滞后与绝大多数低层民众对于社会医疗福利期望间的落差。他们充分把握了我国大众保健媒体的命脉，通过《将吃出来的疾病吃回去》这样一本主攻底层社会的功利书籍，将百姓对于医疗保健体制的昂贵无效、医患矛盾的激烈和对于健康的渴望，将各种利益诉求杂交起来，最后吸引了相当比例的底层民众，包括随波逐流的大众媒体。绿豆和茄汁包治百病，这只可能是巫术。

不光市井名嘴通过商业包装为养生保健媒界的宠儿，中央电视台也混迹于这样低劣的保健商业市场中。笔者曾奋笔反对[①]。2008 年，中央电视台“健康大讲坛”的内容被该台以《健康吃出来》为

---

① 方益昉. 吃，还是不吃？[N]. 文汇读书周报，2008 - 11 - 07.

题出版[①]。数十位院士、博导、教授和各路专家分别出镜中央电视台，在“健康大讲堂”上激情演讲，再与平面媒体联姻，继续继承全方位知识灌输和学术娱乐的营销模式，一厢情愿地将“最佳答案”灌输给受众，希望一举打破草根保健书籍垄断市场的局面。

问题是，强调某些学术圈内尚属似是而非的饮食保健内容，忽视食源性病因的危险警示，也缺乏高端科普作品的思考型养分，该书只是一味呼应百姓“我的健康我做主”这样的自恋主题，试图“解开健康长寿的密码”。学者一旦迷失在非其专长的商业迷雾中，往往就不知所云，不会理性全面地思考与表述科学问题了。这群凑在一起的专家学者，在强调健康吃出来的同时，既淡化了疾病也会吃出来的重要性，更不提少吃也不失为养生保健的重要环节。失之偏颇的言论和虚张声势的标题，一下就把积累终身的学术严谨出卖给了铜钱。按照他们的标准，远古先人们少吃、不吃或者半饥半饱的生活方式，简直是水深火热，殊不知那才是最适应肠胃解剖的需求，满足生命能量三羧酸循环的基本原理。古人在禁食的同时注重摄入微量元素，“去谷者食石韦”[②]。石韦类代表的草本植物，就是人类进化史中从来没有间断过的、从自然界采集的金石草木资源，用以获取重要的微量元素和维生素，平衡三大主要营养元素。另一方面，人生疾病还是社会分化发展过程中自我衍生的副产品，或者说也是富裕的物质伴随了人类逐渐退化的生理功能，导致比其他灵长类近亲更多的慢性病。先哲们早就认识到了多吃富裕的副作用[③]。现代营养学证实，就维持生命的基本能量而言，普通成人每天享用两只苹果，或者一包油炸土豆条，其热量足够 24 小时供能运行。所有超出人体基本需求的碳水化合物、蛋白质与脂肪三大营养元素，储存于器官组织后只有两条出路：或成为机体细胞超负荷运转

① CCTV 健康栏目. 健康吃出来［M］. 上海：上海科技教育出版社，2008.

② 马王堆出土汉代医书《却谷食气》。

③ 参见《庄子·在宥》：“黄帝曰：‘我闻吾子达于至道，敢问至道之精。吾欲取天地之精，以佐五谷，以养民人，吾又欲官阴阳，以遂群生，为之奈何？’广成子曰：‘而所欲问者，物之质也；而所欲官者，物之残也。自而治天下，云气不待族而雨，草木不待黄而落，日月之光益以荒矣。而佞人之心翦翦者，又奚足以语至道？’”

的危险因子，或成为细胞、组织和器官间功能协调与潜能发挥的抑制因子，结果都是患病危险度激增。这些基本的知识在商业气氛浓重的出版物和赞助商搭建的大讲坛上可以听见多少？反倒是一些官方的网站，比如甘肃省卫生厅网站，转载了数篇甘肃卫生厅刘维忠的文章，内容涉及中医食疗，其实就是该官员自信的猪蹄食疗奇效。而他对此特效知识的来源更具民间色彩。刘维忠亲口告诉采访者，20世纪80年代，他的大舅子脑溢血动手术，解放军医院的一个人对其说，让病人吃猪蹄辅助治疗，一周保证效果好。试了之后，果然效果很好[①]。在如此科学水准的卫生官员以权势推进所谓国粹的试验之下，保障全国人民医疗保健事业的现代化进程恐怕遥遥无期了。

诸如此类的商业巫术混合物，在眼光犀利的媒体面前，照说将其看穿并不费力，但为何一再穿帮，又一再成为媒体追逐的奶酪，这才是问题的核心之一。媒体除了展示新闻，就几乎不再涉足透视新闻背后的成因，主动放弃阻止把戏上演的第一道防线，直正目的在于为自己所在的行业打通了一条不断制造公众热点的新闻产业链。仅在2010年，长江下游的南京出现了养生教母马悦凌，长江上游的重庆则有养生道士李一，成为媒体“制造名人”的典型案例。

马悦凌，原五官科护士，20世纪60年代生人。90年代末，形象年轻、能说会道的马护士出任南京电视台“健康与保健”栏目的兼职主持人，这下她把握了媒体炒作养生保健的诀窍，连续出版了《不生病的智慧》《温度决定生老病死》《父母是孩子最好的医生》《马悦凌细说问诊单》几本书。出版社为了卖书故意包装了个“健康教母”的称号，而她自己也感觉完全能配得上这个称呼，俨然一副成功的养身专家模样，到处咨询演讲。但在她的利益圈内明码标价了商业利润，人类文明的积累和现代科技的成就成为演讲咨询表面文章的陪衬，最终无非就是搭卖马氏固元膏和泥鳅养生神话等货

① 吴鹏．甘肃卫生厅长谈推广“猪蹄食疗”，称与张悟本不同［N］．新京报，2011-11-01.

色。马悦凌故事的穿帮，源于自我膨胀过度，及至自称世界上独家根治渐冻人（运动神经元综合征的俗称），触及了医学科技的核心内容，最终被人揭发，身败名裂。此时，几年来追逐在她周围分羹求利的各类媒体，转身又是一副社会监督的正经面相，抛弃了马悦凌这颗棋子，他们马上就会搬弄出另一具热点四射的替代玩偶。

在长江上游，嘉陵江畔号称“道家嫡传”的李一，则完全抛弃了老子“生而不有，为而不持，长而不宰”的道家本义。李一本是杂技团艺人，了解些许肤浅的道术，比如占卜、祝由和服食之皮毛，本属江湖杂艺。到了21世纪，真要通晓汉代以前流行中原的国学六艺，将这些2 000多年前华夏大地的手艺复活起来，别说李一，就是术有专攻的北京大学李零教授也没法做到。李零教授深耕古籍，闭门谢客，偶有著述，也要体现真正学者的大师风范[①②③]。李一浪迹江湖的手腕就完全偏离了正宗，他比李零的高明之处在于通晓世故，玩时世于掌股。他首先辞去了国家饭碗，开山建寺，正儿八经地穿上道服，注册成为官方认可的体制内宗教人士，然后召集当地媒体与小富小资之徒。在这个信仰空白、文化迷茫的初级经济社会里，李一只需在人气旺盛的宗教仪式中少许卖弄几招雕虫小技，再招上几个带发修行的大腕明星信徒，通过他们的传播，还愁没有卖不出手的长寿膏丸、汤药秘方？作为学者，最为纳闷的是，中央电视台和当地官方宗教机构，即使出于传播国学的意图也该搭建平台，设法鼓励李零和李一同台传播国学方术，去粕存精，但是节目主持人宁可偏信李一，深陷李一骗术的乌龙无法自拔。

媒体从制造名人中获利其实是公开的秘密。作为国际闻名的公共信息和大众文化专家，美国西北大学教授厄尔文·雷恩将其定义为“声望产业”[④]。从投入、制造到获利，全面向社会公开和预警，无论律师、医生还是演员，了解了这门产业，并且与其结盟，现在

① 李零. 中国方术考（修订本）[M]. 上海：东方出版社，2001：1-5.
② 李零. 中国方术续考 [M]. 中华书局，2006：1-14.
③ 李零. 花间一壶酒 [M]. 北京：同心出版社，227-235.
④ 厄尔文·雷恩，等. 制造名人——创造并推销你的知名度 [M]. 王栎，等，译. 北京：新华出版社，2000：35-70.

和将来都大不一样。这就是公共媒体的现代性之一。

7.8　科学传媒的专业精神与现实意义

事实上，向公众社会提供知识的传播服务，特别是冷门知识和前沿知识的传播，要求传播机构具备严谨的作风。假如媒体从业者无知、幼稚或者求利，他们除了盲目歌颂、跟风崇拜和利益图谋，面对最新科技，传媒机构很少主动提出诸如“防范基因风险”[①]、“人类的终极厄运”的深度话题[②]，缺乏人文底蕴的媒体，他们制作的关于科技的产品对于民众往往不是味如嚼蜡，就是导致癫狂。稍好一些的有科学含量的作品也会造成出乎意料的科学事件。比如，讲述精神分裂症患者的好莱坞电影《美丽心灵》一面世，数学似乎有点流行了，有世界数学家大会，有各种各样的数学书出版和重印，弄得连上海的中学生也知道纳什了。又比如，当年在英国据说受过教育的人如果不知道霍金和他的《时间简史》，那就成为老土落伍之人，于是人人都去买一本《时间简史》——其实大部分人是读不懂的，结果是使这本书成为畅销书，而畅销书正是流行文化中一个非常重要的元素[③]。

“深蓝孩子”是世界末日预言中比较乐观的一种展望，将超自然文明与免疫强化技术的融合寄托于人类未来的孩子身上。而日本作家黑石一雄在诠释克隆技术对于人类的伦理冲击上，则寄托了更深层的人文关怀和深刻反省。他于2005年发表的英文幻想小说《别再让我死去》于2011年由好莱坞制成大片，讲述了英格兰乡间一所寄宿学校的学生偶然发现自己被养育的唯一目的就是等他们长大后为医疗需要捐献器官。捐献三四次后，他们的生命就完结了。这个科幻题材的人文作品在欧美好评如潮，获得英国布克奖提名、美国全国书评家协会奖提名，入选《时代》周刊百部优秀小说之

---

① R. 舍普，等. 技术帝国［M］. 刘莉，译. 上海：生活·读书·新知三联书店，1999：61.

② 凯文·渥维克. 机器的征途［M］. 李碧，等，译. 呼和浩特：内蒙古人民出版社，1998：273.

③ 江晓原，刘兵. 科学文化与流行文化［N］. 文汇读书周报，2002-10-04.

列。其中的原因在于，这样的科学人文作品不是就事论事的科学论文通俗版本，而是在科学预测的基础上，深度探索常人和未来克隆人之间的关系，揭示了科学的无情、技术的功利、人性的自私、虚伪的残酷，展现了作者对于未来的科学技术的人性化反思和对克隆人的悲悯情怀和一个假定：如果克隆人捐献两次器官，继续生存在世界，我们如何相处？

对作者而言，这样饱含人文关怀的作品确实需要具有较高的人文与科学积累。1945 年，石黑一雄生于日本长崎，5 岁移民英国。科学技术史上的阴暗事实如原子弹杀人等的阴影一直留在他的心中。2005 年，石黑一雄在生物技术发展和克隆羊多莉诞生的技术背景下，深度反思，他的创作主题超越轰动一时，通过大众感兴趣的“克隆羊”幻想以同一技术制造“克隆人”的可能。特别是当媒体将克隆技术诠释为“复制技术”时，大众的想象力更为狂放不羁。克隆人究竟是不是人？要是他们也是人，当下社会伦理下能不能当他们只是“器官捐赠者”？将“克隆人”当作人类的备件，与目前人类社会自律的最根本人文价值相互冲突，人性的神圣与尊严是不依赖科学发展而单独成立的。

在我国，不要说目前没有这样深度的科学人文作品，就连关注这样一本科幻作品的媒体评论也很少①，自然也就无法起到引领潮流、开启民智的作用。但在英语世界，批判与反思科学的传统则可以上溯到 1818 年问世的《科学怪人》。近 200 年来，科学技术激发的希望与失望，促成了极有活力的科学人文与科学哲学思潮，质疑科学仅仅追求客观知识，忽视人文关怀。在传统上，东西方哲人对于知识是否可以当作安身立命的基础，早就开始怀疑了，“吾生也有涯，而知也无涯，以有涯随无涯，殆而已矣”②。赫胥黎则让生物学与心理学扮演了关键角色，在《美丽新世界》中预言 600 年以后的世界，国家统治机器中的科学建构梦想。生物技术控制人的数

---

① 王道还．无情荒地有情天 [J]．读书，2007（7）．
② 庄子．养生主．

量、发育与品质。人至少分为五等，低等的人负责手工劳役，他们在胚胎阶段就要接受生物制约，例如调整供氧量，抑制脑子发育。但是，社会能够井然有序地运转，却是心理制约的功劳。即使是最高等级的人，在睡梦中也必须反复灌输：每个人都属于每一个人。换言之，每个人都可以与任何其他人发生性关系。没有人谈恋爱，也不应该，激情会破坏稳定。新世界之所以美丽，全因为稳定。

赫胥黎的预言毕竟部分已成现实。2010 年诺贝尔生理学或医学奖授予英国生理学家罗伯特·爱德华兹，以表彰他在体外受精技术领域做出的开创性贡献，这就是最佳的赫胥黎预言实证。20 世纪 70 年代，人工生殖技术曾遭遇激烈争论甚至反对，不少人担心人工生殖技术将培育出科学怪物或畸形人。也有很多人认为，人不能扮演“上帝”的角色，因为孩子是“上帝的礼物”，否则就会打开潘多拉的魔盒。然而，爱德华兹的获奖似乎让一切争论尘埃落定，成为人类逐步适应科学与伦理的平衡节奏，最终从科学层面对该项技术成果给予最高评价。

不过，人类关于人工生殖技术的争论还将继续。因为，这项技术在不断发展，人类对这项技术的应用也在不断扩大范围，因而必然会引发新问题，比如克隆人、合成生命等，面对这些不断创新的技术挑战，技术的应用是否会被社会接受，这个问题的背后则是更核心的问题，如何让科学只荫庇和护佑人，而不是相反。伦理学在这项技术之后，可以起到阻尼作用，但是否起到阻碍作用？尽管爱德华兹获得了科学的认同，但宗教认同还迟迟没有到来，作为人类社会基本价值体现的这个共同体，目前对辅助生殖技术的反对意见集中在三项具体的社会关注上：一是它让人类的孕育脱离了夫妻行为，家庭的价值取向；二是生命始于精子与卵子的结合，实验室技术伴随着对人体胚胎的损害与摧毁，也就是在连续杀人；三是催生了卵子买卖市场。

人工生殖技术还包括另一个更尖锐的社会问题，即人类是否同意克隆人。克隆人也属于人工生殖技术。既然试管婴儿能帮助不育患者获得天伦之乐，克隆技术同样能帮助失去孩子的家庭。因为，人们最能接受的克隆人的理由，是把失去的孩子找回来，还给丧子者一个一模一样的孩子。

爱德华兹获得最高科学奖起码在社会价值观上体现了一种进步，即相信人类社会的管理和对科学的纠错能力。克隆问题的两种结局终会解决：一是克隆人会在未来像今天人们接受试管婴儿一样被接受；二是通过社会的契约和管理，永远禁止诸如克隆人这样的人工生殖技术。

在文化传媒界，上述技术已被反复演义。如果说2004年拍摄的《逃出克隆岛》是以克隆作为新潮概念而继续动作片的好莱坞风格，那么，2010年的《别再让我死去》已经融入我们的日常生活，成为一种哲学反思。用科幻小说100多年的历史启迪我国科学传播的新路径，则是最好不过的媒体教育[①]。

到了近代，科学与政治紧密程度加剧以后，科学文化作者的反思意识萌动，开始摆脱小说的故事性与歌颂性，文字犀利，其中最具代表的是蕾切尔·卡逊（Rachel Carson）的《寂静的春天》。

诺贝尔奖获得者、前任美国副总统戈尔先生，在纪念蕾切尔·卡逊逝世30年的再版序中开门见山："作为一位被选出来的政府官员，给《寂静的春天》作序有一种自卑的感觉，因为它是一座丰碑，它为思想的力量比政治家的力量更强大提供了无可辩驳的证据。"一般来说，作为老练的政治人物，公开支持有争议的作家，风险极大，很不世故，违背政治学的平衡与中庸原则。但是另一方面，戈尔先生敢于举起一面环境保护的大旗，也足以表明他在认同作家观点上言行一致，体现他在收编作家粉丝上的手腕一流，甚至还可以假设，他在表达利益共同体的诉求中敢于一马当先。

"《寂静的春天》对我个人的影响是相当大的，它是我们在母亲的建议下在家里读的几本书之一，并且我们在饭桌旁进行讨论。姐姐和我都不喜欢把任何书拿到饭桌旁，但《寂静的春天》例外"，

---

① 吴岩．西方科幻小说发展的四个阶段［J］．名作欣赏，1991（2）．（作者认为科幻作品大致可分四个阶段，萌芽初创时代、黄金时代、新浪潮时代和新浪潮以后，即塞伯朋克阶段）．详见：http：//wenku. baidu. com/view/49139280e53a580216fcfe15. html.

在依托平面纸媒的20个世纪中叶，书本文字传达的一种理念，足足影响了戈尔先生一代的思想与行为。因为作品贯穿了一种人类的本能关怀，这种关怀与生俱来，只是等待着某一种机缘，开始向世人公开揭示。在20世纪60年代，这样的环境保护运动的触媒萌芽了。处于“二战”结束后的经济恢复时期，婴儿潮、粮食、住房、享受、慵懒，这些社会问题刚刚摆上桌面，一位双乳切除的恶性肿瘤患者居然全力指责，20年来著名的人工合成化学品有机氯类杀虫农药滴滴涕（DDT）不仅协助增产粮食，减少劳力，降低成本，还在恶化生态环境，抬高人群肿瘤发病率。一时间，舆论哗然，群情激奋，引发了日后波及全球的环境保护运动。但是，蕾切尔·卡逊的初期言论，社会各团体的原始表现，包括初版的《寂静的春天》，在战后迫切期待莺歌燕舞大好局面的当朝美国政治家看来，就是大逆不道，破坏安定团结。《寂静的春天》面世两年后，作者卡逊因乳腺癌病情恶化而去世。

1987年，当《科学》第2期发表笔者的综述文章《有关农药DDT的争议》时，我是上海第一医学院职业病与毒理学教研室的研究生，还没有机会阅读这本标题寄情、如今已成为环保主义经典的《寂静的春天》完整版本，有关DDT的学术判断，只有来自研究论文的阅读。如今遇上当年的编辑部主任，她还安慰我，“读来相当时髦”。但我自有一番感慨，当年的严谨学风和如今的虚浮世象，学者秉承学术的独立意志一向遭遇世道的干扰。当年的困惑是，海内外沟通相当有限，普通学生没有机会接触最新版本的外国原版著作，特别是涉及社会科学的国外流行新思潮和新主义，我们都是在其他专业文献中，凭借自己的天分间接推测，比如有关环境保护主义的起源、发展和进展信息等。对于《寂静的春天》著作内容的片言只语，完全是在阅读外版论文的注释中，慢慢感觉到它的重要性。对DDT的危险度判断，全凭阅读原始论文数据和分析，点点滴滴地自己分析整理。1997年，中文版《寂静的春天》再版序言中，翻译者吕瑞兰和李长生说，《寂静的春天》于1972～1977年间陆续译为中文，开首的几章曾在中国科学院地球化学研究所编辑出版的学术刊物《环境地质与健康》上登载过，全书于 1979 年由科学出版社正式出版”。但那时尽管科学春天已被宣布来临，换季的程序和脚步还在冬末的尾声中，出版业的互通性和透明度极低，没有广告，没有书评。百废待兴，根本无人顾及发展起来以后的 DDT 生态危机问题。

30 年来，这样的科学与社会生态变化极小。2009 年底，中国科学家已经获得规模化生产转基因玉米和水稻的行政许可。2010 年 5 月，美国科学家开始进入将无机分子组装制造人工生物的时代。DDT 的史实告诉我们，人工合成化学物的不当生产和管理引发了全球性的生态恶化与人类疾病，已经成为历史的惨痛教训。同理，人工合成的 DNA 片段和转基因片段，可以将无机分子合成有机生命，可以将成熟细胞逆转成万能幼稚细胞，结局有两条：替代胚胎干细胞克隆技术，或者替代化学品导致人体致癌、致畸、致突变。技术管理一旦失控，导致生物、生态和生命失控的可能性防不胜防。生命科学已经快速经历细菌致病、化学致癌阶段，正在走进基因迷失的通道，前进还是稍息，科学伦理的底线掌握在谁的手中？30 年前，DNA 重组技术引起人类健康威胁的问题，现在合成生物学问题依旧。2004 年 6 月，美国麻省理工学院（MIT）第一届合成生物学国际会议就重点讨论当前与未来的生物学风险、有关伦理学问题以及知识产权问题：人工合成的微生物有意或无意的误用，致病菌威胁人类和其他生物的安全；实验室中制造出未经自然选择而产生的物种特性可能影响生态环境，破坏生态平衡，危害一旦发生，后果难以预知和控制；合成生物技术用于制造生物武器，更会让人感到异常恐惧；但合成生物学的贡献和前景有目共睹，极大地推动了经济与社会的发展。一味地逃避风险而停下探索的脚步无异于因噎废食。当然，在进行各种类型的研究之前，一定的监督和对价值与风险的评估都是必要的。使这一学科向着对全人类有益的方向发展，在未来才会有更多生命科学的发明创造在能源、环境、资源、健康等领域得到应用。这些应用才是科学家开创合成生物学的真正初衷，也是合成生物学本身的意义所在。

作为一个有水准的科学传播媒体，不仅对科学发展本身，还要对科学带来的新一轮问题以及防范这类问题的框架有全面的了解和预测。伦理规范作为有别于科学话语的价值判断理论建构，伴随文化背景和社会发展的时空变化，这种与时俱进的性质成为评价西方伦理学说进步的特点之一。因此，作为 DNA 技术的升级版本，合成生物学的发展过程也一直伴随着有关伦理道德的争论。一些宗教组织认为生物合成无异于扮演上帝造物，有悖自然伦理。其实不然，类似于基因重组这样的工作几乎每天都发生在任何一个分子生物学实验室中。况且，病毒和细菌同样是自然界的产物，而人类却一直为消灭它们而进行着斗争，战天斗地改造自然。天花病毒早已灭绝，脊髓灰质炎病毒也几近绝迹，没有什么比这更像在充当上帝的角色，但也不会有哪个理智的人对此感到遗憾。当然，合成生物学远没有发展到可以任意创造生命的程度。“任意创造生命”既非目前合成生物学发展水平所能及，也不是发展该学科的最终意义。诺贝尔和平奖获得者史怀哲（Schweitzer）医生曾经写道：“我必须坚持这样一个事实：生命意识透过我展示了她自己，成为与其他生命意识相互依存的一员。”人们不该因为肤浅的信条而削减了认识自然与追求真理的动力。感受和领悟“生命之美”恰恰是每一个生命科学研究者的理想与责任。但同时，对生物伦理的担心与讨论也值得受到重视，相关的观点也应该受到尊重。

亚里士多德在《尼各马科伦理学》里警告：“一切技术，一切规划以及一切实践和选择，都以某种善为目标。……由于实践是多种多样的，技术和科学是多种多样的，所以目标也有多种多样。”①2 500 年后重温先贤，这里的深意是呼唤科学工作者的独立判断意志。这种意志正处于现代科技发展 300 年后最危难的关头，科学技术无法洁身自好，惟有设法填补与提升维系科学概念与科学实践之间社会因素的平衡艺术，而不是回避舆论，传播误会，更不应假借权力。正如威斯理大学约瑟夫·劳斯教授所言：“科学之于文化和

① 亚里士多德．尼各马科伦理学［M］．苗力田，译．北京：中国人民大学出版社，2003：1.

政治的不可或缺性以及政治问题之于科学的核心地位，远远超出了大多数科学家和哲学家所认可的程度。”

美国《时代周刊》2010年出版特刊，预测2040年即20多年后真正的超级人种就会出现，他们的大脑整合了电脑的优势，已经不再是传统意义上的生物人，超越克隆生物与合成生物。这一时刻，标志生物人种时代的终结，也体现了地球社会价值的重组与升级。

科学史与科学哲学任重道远。

◆ 未来延伸研究案例与关注焦点

中国院士选聘制度案例：

(1) 2011年科学院与工程院选聘风波；

(2) 为何行政高官热衷争当院士；

(3) 北京大学生命科学院院长为何无缘中国科学院；

(4) 中国院士的学术内涵与影响力外延研究；

(5) 透视通向院士顶峰的潜规则真伪。

第 8 章

结　语

本书在明确讨论概念，梳理学科背景和设立研究假定的框架基础上，对生命科学发展中的意识形态、话语竞争、学者操守、政府作为、资本野心和大众传媒的影响力展开了历史的和当下的比较分析，特别是以深入解剖黄禹锡事件作为核心案例，使得上述因子分析更加具有实证意义。为此，本研究获得以下 4 个结论：

（1）现代生命科学技术已经不再是实验中隔离净化培养出来的尤物；

（2）现代生命科学技术至少与意识形态、话语竞争、学者操守、政府作为、资本野心和大众传媒等外界因子具备互动联系；

（3）现代生命科学的良性发展环境与健康运用背景取决于上述外部因子的综合平衡；

（4）生命科学政治研究项目着力揭示与探讨涉及上述研究因子的平衡艺术。

事实上，上述研究结果仅为科学政治学研究的入门而已，未来的探索史料极其丰富，笔者已在有关章节的未来延伸研究案例与焦点中有所提示；同时，未来的研究重点也将进一步转移，从目前的单一因子分析转向侧重二元复合因子分析，其研究框架可以通过图 8－1、8－2 表示：

国家行政实践中，科学政治已经逐步在生命科技政策规划中体现。2010 年初，全国卫生工作会议强调，各级卫生系统将以深化医药卫生体制改革为中心工作，扎实做好公立医院改革试点和促进基本公共卫生服务逐步均等化等 12 项工作，全面贯彻落实国务院

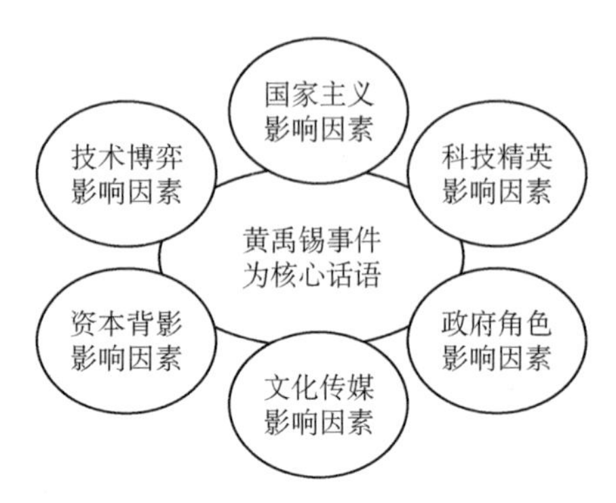

图 8-1 生命科学政治学单一因子研究模式

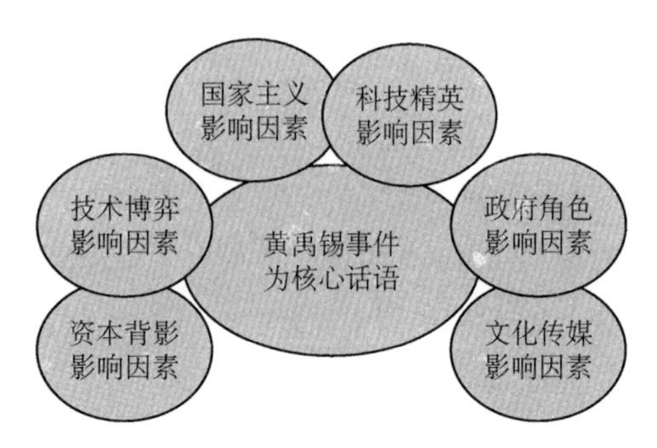

图 8-2 生命科学政治学二元因子研究构想

《医改意见》和中央经济工作会议精神①。卫生部每年召开一次类似的向上交待、向下指令的例行会议，强烈突出具有中国特色的政治意识和政治行为，以致有关生老病死的医药科技研发工作必须首先符合行政考核框架，而不是最大限度取舍权衡科研进程的本身。

以政治意识主宰个体健康的行政特征不仅是中国的现实，也是全球化趋势之一，其中美国医疗改革立法成功就是历史转折点。这份被称作“全民医保”的法案，覆盖最多不超过 95%的全美民众，诞生过程艰难曲折。它历时十余年，历经数届政府，不断调整各方利益诉求，直到利用本届参议院和众议院中民主党议员占多数的历

① 卫生部 2010 年十二项医药工作［EB/OL］. http://health.people.com.cn/GB/10709973.html.

史契机，最终获得微弱多数的赞成票[①]。通过政治艺术，管理生命健康，即将成为21世纪“生命与政治”的全球范式之一。

事实上，通过议会政治，无论是平衡国民健康、国家财政、保险集团利益、医药企业利润，还是维护医疗机构优势、医护人员权益和就诊个体保障，这样的技术路径，在过去几届美国政府和国会中已经积累了不少经验，最有特色的就是2001年起实施的维护民众权益的《病人权利法案》（Senate Bill S. 1052）。这项10年前开始讨论的法案，尽管不像“全民医保”方案那样直接涉及医疗费用，但是在立法程序上，为医疗改革方案的出台建立了法定标准，所涉内容更加切入病人、医疗技术和医学权威之间具体平衡的基本原则。比如，病人有权了解与自身相关的所有诊断技术和治疗技术细节，医护人员无权忽视患者全面具体了解这些技术细节的要求，最大程度纠正了传统医患关系中双方在信息、地位和利益不对称的交流中可能产生的不平等状态。又如，出于临床试验的原因，医护人员和医药研发机构必须完全、公开、透明地告知志愿者的义务，包括技术细节、医疗费用和法律后果。及时出台这些涉及病人权利的措施，其原因在于修正过去几十年中，科学技术在生命、健康和医疗的发展过程中，介入的越来越多有关利益、文化、道德、法律，甚至宗教的非技术性因素。科学技术在生命话语的表达中，已经含有相当规模的公共话语的政治成分。

2001年，克林顿总统签署了这份国会通过的2 500字的法律文本，标志着它在政治上已经获得多数利益诉求方面的认可。支撑了美国医疗系统全局的保险业，作为曾经最主要的极力反对该法案的利益集团之一，在过去几年中，雇用了各类政治说客，唯一的目的就是将该法案扼杀在摇篮中，维护其行业的巨额利润，但是最终败于民选议员对选民坚守的承诺。此项《病人权利法案》的一举通

---

① 2010年3月30日，美国总统奥巴马最终签署了获得参众两院通过的医疗改革方案（Health Care and Education Reconciliation Act of 2010）。《纽约时报》专题回顾了美国医疗改革历程：http：//topics. nytimes. com/top/news/health/diseasesconditionsandhealthtopics/health _ insurance _ and _ managed _ care/health _ care _ reform/index. html

过，部分校正了社会民众在医患关系中的弱势地位，成为最大的阶段性赢家。截至20世纪70年代，米歇尔·福柯针对生命话语和政治权力的博弈平衡进行过大量的研究，他的典型论述包括：规范化技术以及与其相联系的规范化权力，不仅仅是医学知识和司法权力相遇、结合，一个与另一个接通产生的效果，实际上，通过整个现代社会，这是某种类型的权力（既不是医学的，也不是司法的，而是其他的），它最终对医学知识和司法权力进行殖民和压制[①]。21世纪伊始，《病人权利法案》标志了社会公众在把握生命科技话语权的主动性上赢得第一个回合，这显然是个好兆头。历史行进到了鼓励学者探索生命科学政治学理论与实践的新世纪，我们生逢其时。

① 米歇尔·福柯. 不正常的人［M］. 钱翰，译. 上海：上海人民出版社，2003.

附录 1

黄禹锡事件时间表

▲ 1995 年，开始牛克隆技术探索并取得成功。

▲ 1999 年，成功培育出体细胞克隆牛。

▲ 2002 年，成功培育出体细胞克隆猪。

▲ 2003 年，成功培育出世界首例“抗疯牛病牛”。

▲ 2004 年 2 月，成功利用 SCNT 技术复制胚胎干细胞，从克隆人体胚胎中提取出世界首个人体胚胎干细胞。这一成果发表在《科学》杂志上。

▲ 2004 年 5 月，英国《自然》杂志披露，黄禹锡的 2 名助手在捐献卵子名单上，遭黄否认。

▲ 2005 年 5 月，黄禹锡团队宣布，成功把人类的体细胞移植到人的卵子细胞，提取出世界首例与病患者人体基因一致的人类胚胎干细胞，并成功把细胞培养成为胚胎。论文发表在《科学》上。其后，黄在记者会中批评当时的美国总统小布什对干细胞研究的政策，此事使他成为当时的科学新闻焦点人物。

▲ 2005 年 6 月，韩国文化广播公司接到举报，黄禹锡的研究违反伦理，其在 2005 年科学杂志上的论文有造假嫌疑。

▲ 2005 年 8 月 3 日，黄氏团队成功完成了狗克隆技术。在 3 000 多颗受精卵中，有 3 颗成功长成胚胎，并有一只狗出生，起名“史纳比”（Snubby）。黄禹锡成了韩国民族英雄，头像上了邮票，被韩国科技部授予“最高科学家”称号。

▲ 2005 年 11 月 13 日，黄禹锡的重要合作伙伴、美国匹兹堡大学教授夏腾（Gerald Schatten）宣布，因黄禹锡的研究涉嫌伦理问

题，决定停止与黄禹锡的一切合作。

▲ 2005 年 11 月 24 日，黄禹锡承认存在伦理瑕疵，宣布辞去所有公共职务。

▲ 2005 年 12 月 18 日，首尔大学介入调查。

▲ 2005 年 12 月 23 日，首尔大学公开调查报告，黄氏 11 个干细胞的实验数据中，有 9 个系伪造。随后，黄禹锡辞去首尔大学教职。

▲ 2005 年 12 月 29 日，韩国首尔大学调查委员会宣布，黄禹锡根本没有培育出与患者体细胞基因相同的特制胚胎干细胞。

▲ 2006 年 1 月 10 日，首尔大学调查委员会公布最终调查结果，黄禹锡研究小组 2004 与 2005 年发表在美国《科学》杂志上的干细胞研究成果属于造假，除了成功培育出全球首条克隆狗外，黄禹锡所“独创的核心技术”无法得到认证。

▲ 2006 年 1 月 12 日，美国《科学》杂志正式宣布，撤销韩国首尔大学科学家黄禹锡等人两篇被认定造假的论文。

▲ 2006 年 2 月 4 日，一名逾 50 岁的韩国卡车司机在韩国首都首尔自焚身亡。他在自焚前向路人分发了要求黄禹锡恢复干细胞研究的遗书。当天，大约 2 000 名黄禹锡的支持者在首尔市区举行支持黄禹锡的集会活动，其中还包括坐着轮椅的残疾人。集会者挥舞着韩国国旗并打出标语“黄禹锡博士应该恢复研究”。黄禹锡的支持者每周末在首尔举行烛光支持集会。

▲ 2006 年 3 月 2 日，黄禹锡在首尔检察厅接受韩国检察部门调查。这是他在“造假事件”曝光后首次接受司法调查。

▲ 2006 年 3 月 16 日，韩国保健福祉部宣布取消黄禹锡的干细胞研究资格，同时禁止他为了研究目的而获取人类卵子。

▲ 2006 年 5 月 12 日，韩国检察机关对黄禹锡案件正式提起诉讼，指控他在干细胞研究中犯有欺诈罪、侵吞财产罪、违反《生命伦理法》等罪名。检察官认为，黄禹锡是整个论文造假事件的总策划人，对此事负有不可推卸的责任，他的行为已涉嫌构成欺诈罪。同时遭到起诉的还有黄禹锡的几名重要助手。在共同

研究中负责培育干细胞的米兹梅迪医院研究员金善钟涉嫌犯有妨碍公务罪和毁灭证据罪。检察机关认定，金善钟隐瞒了黄禹锡和其他研究人员，在实验室2号胚胎干细胞死亡的情况下，私下多次将米兹梅迪医院的受精卵干细胞混入黄禹锡实验室的胚胎干细胞培养容器内，对胚胎干细胞研究造成了重大妨碍。此前金善钟还曾经在黄禹锡实验室的犬类胚胎干细胞实验中私自使用人类干细胞代替狗干细胞导致实验失败。为了毁灭证据，金善钟还要求米兹梅迪医院有关人员消除他取走受精卵干细胞的记录。韩国检察机关宣布对黄禹锡等6人不予拘留。

▲ 2006年7月4日，黄禹锡首次在法庭上承认曾指示手下在论文中造假，并表示愿为此承担责任。

▲ 2006年7月18日，韩国政府决定取消授予黄禹锡的科学技术勋章和创造奖章。

▲ 2006年8月18日，黄禹锡通过其律师宣布，将重新设立研究室开展动物克隆研究。黄禹锡的律师李建行说，本月早些时候，黄禹锡在首尔南部的生物研究设施已经开始运转，有30多名他以前实验室的工作人员与其一起工作。当日，韩国科技部证实，黄禹锡已于7月14日从科技部获得设立“修岩生命工程研究院”的许可。该机构由私人出资25亿韩元设立。

▲ 2006年10月24日，黄禹锡出庭作证说，他曾利用部分捐款从俄罗斯黑手党手中购买猛犸组织，以克隆这种动物，并把开支列为购买实验用的奶牛。

▲ 2007年8月2日，美国《时代周刊》和《细胞》宣布确认黄禹锡胚胎干细胞研究的重大价值。

附录 2

2005 年 12 月—2011 年 6 月间黄禹锡发表的主要学术论文

1. HWANG W S, JUNG Y H, SON W S, SON B W, KANG J S. D ynamics of tRNA (tyr) probed with long-lifetime metal-ligand complexes [J]. J Fluoresc, 2011, 21 (1): 231 - 237.
2. KIM H S, JEONG Y I, LEE J Y, JEONG Y W, HOSSEIN M S, HYUN H S, HWANG W S. Effects of recombinant relaxin on in vitro maturation of porcine oocytes [J]. J Vet Med Sci, 2010, 72 (3): 333 - 337.
3. HOSSEIN M S, JEONG Y W, PARK S W, KIM J J, LEE E, KO K H, KIM H S, KIM Y W, HYUN S H, SHIN T, HAWTHORNE L, HWANG W S. Cloning missy: obtaining multiple offspring of a specific canine genotype by somatic cell nuclear transfer [J]. Cloning Stem Cells, 2009, 11 (1): 123 - 130.
4. HOSSEIN M S, JEONG Y W, PARK S W, KIM J J, LEE E, KO K H, HYUK P, HOON S S, KIM Y W, HYUN S H, SHIN T, HWANG W S. Birth of Beagle dogs by somatic cell nuclear transfer [J]. Anim Reprod Sci, 2009, 114 (4): 404 - 414.
5. KIM S, PARK S W, HOSSEIN M S, JEONG Y W, KIM J J, LEE E, KIM Y W, HYUN S H, SHIN T, HWANG W S. Production of cloned dogs by decreasing the interval between

fusion and activation during somatic cell nuclear transfer [J]. Mol Reprod Dev, 2009, 76 (5): 483-489.

6. HOSSEIN M S, JEONG Y W, KIM S, KIM J J, PARK S W, JEONG C S, HYUN S H, HWANG W S. Protocol for the recovery of in vivo matured canine oocytes based on once daily measurement of serum progesterone [J]. Cloning Stem Cells, 2008, 10 (3): 403-408.
7. CHOI J, PARK S M, LEE E, KIM J H, JEONG Y I, LEE J Y, PARK S W, KIM H S, HOSSEIN M S, JEONG Y W, KIM S, HYUN S H, HWANG W S. Anti-apoptotic effect of melatonin on preimplantation development of porcine parthenogenetic embryos [J]. Mol Reprod Dev, 2008, 75 (7): 1127-1135.
8. LEE E, KIM J H, PARK S M, JEONG Y I, LEE J Y, PARK S W, CHOI J, KIM H S, JEONG Y W, KIM S, HYUN S H, HWANG W S. The analysis of chromatin remodeling and the staining for DNA methylation and histone acetylation do not provide definitive indicators of the developmental ability of inter-species cloned embryos [J]. Anim Reprod Sci, 2008, 105 (3-4): 438-450.
9. Lee GS, Kim HS, Hwang WS, Hyun SH. Characterization of porcine growth differentiation factor-9 and its expression in oocyte maturation. Mol Reprod Dev, 2008, 75 (5): 707-714.
10. LEE E, JEONG Y I, PARK S M, LEE J Y, KIM J H, PARK S W, HOSSEIN M S, JEONG Y W, KIM S, HYUN S H, HWANG W S. Beneficial effects of brain-derived neurotropic factor on in vitro maturation of porcine oocytes. Reproduction, 2007, 134 (3): 405-414.
11. HOSSEIN M S, KIM M K, JANG G, OH H J, KOO O, KIM J J, KANG S K, LEE B C, HWANG W S. Effects of thiol compounds on in vitro maturation of canine oocytes collected from

different reproductive stages. Mol Reprod Dev，2007，74（9）：1213－1220.

12. JEONG Y W，HOSSEIN M S，BHANDARI D P，KIM Y W，KIM J H，PARK S W，LEE E，PARK S M，JEONG Y I，LEE J Y，KIM S，HWANG W S. Effects of insulin-transferrin-selenium in defined and porcine follicular fluid supplemented IVM media on porcine IVF and SCNT embryo production. Anim Reprod Sci，2008，106（1－2）：13－24.
13. KIM M K，JANG G，OH H J，YUDA F，KIM H J，HWANG W S，HOSSEIN M S，KIM J J，SHIN N S，KANG S K，LEE B C. Endangered wolves cloned from adult somatic cells. *Cloning Stem Cells*. 2007，9（1）：130－137. Erratum in：Cloning Stem Cells，2007，9（3）：450.
14. OH B C，KIM J T，Shin N S，KWOM S W，KANG S K，LEE B C，HWANG W S. Production of blastocysts after intergeneric nuclear transfer of goral（Naemorhedus goral）somatic cells into bovine oocytes. J Vet Med Sci，2006，68（11）：1167－1171.
15. HWANG W S，LEE B C，LEE C K，KANG S K. Cloned human embryonic stem cells for tissue repair and transplantation. Stem Cell Rev，2005，1（2）：99－109. Review.
16. Lim K T，JANG G，KO K H，LEE W W，PARK H J，KIM J J，LEE S H，HWANG W S，LEE B C，KANG S K. Improved in vitro bovine embryo development and increased efficiency in producing viable calves using defined media. Theriogenology，2007，67（2）：293－302.
17. LEE E，LEE S H，KIM S，JEONG Y W，KIM J H，KOO O J，PARK S M，HASHEM M A，HOSSEIN M S，SON H Y，LEE C K，HWANG W S，KANG S K，LEE B C. Analysis of nuclear reprogramming in cloned miniature pig embryos by expression of Oct－4 and Oct－4 related genes. Biochem Biophys Res

Commun，2006，348（4）：1419－1428.

18. KIM S，LEE S H，KIM J H，JEONG Y W，HASHEM M A，KOO O J，PARK S M，LEE E G，HOSSEIN M S，KANG S K，LEE B C，HWANG W S. Anti-apoptotic effect of insulin-like growth factor（IGF）-I and its receptor in porcine preimplantation embryos derived from in vitro fertilization and somatic cell nuclear transfer. Mol Reprod Dev，2006，73（12）：1523－1530.

19. JEONG Y W，PARK S W，HOSSEIN M S，KIM S，KIM J H，LEE S H，KANG S K，LEE B C，HWANG W S. Antiapoptotic and embryotrophic effects of alpha-tocopherol and L-ascorbic acid on porcine embryos derived from in vitro fertilization and somatic cell nuclear transfer. Theriogenology，2006，66（9）：2104－2112.

20. HOSSEIN M S，HASHEM M A，JEONG Y W，LEE M S，KIM S，KIM J H，KOO O J，PARK S M，LEE E G，PARK S W，KANG S K，LEE B C，HWANG W S. Temporal effects of alpha-tocopherol and L-ascorbic acid on in vitro fertilized porcine embryo development. Anim Reprod Sci，2007，100（1－2）：107－117.

21. HASHEM M A，BHANDARI D P，KANG S K，LEE B C，SUK H W. Cell cycle analysis of in vitro cultured goral（Naemorhedus caudatus）adult skin fibroblasts. Cell Biol Int，2006，30（9）：698－703.

22. LEE H M，OH B C，YANG J H，CHO J，LEE G，LEE D S，HWANG W S，LEE J R. Age-dependent expression of immune-privilege and proliferation-related molecules on porcine Sertoli cells. Xenotransplantation，2006，13（1）：69－74.

23. KIM J H，LEE S H，KIM S，JEONG Y W，KOO O J，HASHEM M D，PARK S M，LEE E G，HOSSEIN M S，KANG S K，LEE B C，HWANG W S. Embryotrophic effects of

ethylenediaminetetraacetic acid and hemoglobin on in vitro porcine embryos development. Theriogenology, 2006, 66 (2): 449 - 455. Epub 2006 Feb 10.

24. KIM H S, LEE G S, KIM J H, KANG S K, LEE B C, HWANG W S. Expression of leptin ligand and receptor and effect of exogenous leptin supplement on in vitro development of porcine embryos. Theriogenology, 2006, 65 (4): 831 - 844. Epub 2005 Dec 13.

25. CHOI I, CHO B, KIM S D, PARK D, KIM J Y, PARK C G, CHUNG D H, HWANG W S, LEE J S, AHN C. Molecular cloning, expression and functional characterization of miniature swine CD86. Mol Immunol, 2006, 43 (5): 480 - 486. Epub 2005 Mar 23.

26. JANG G, BHUIYAN M M, JEON H Y, KO K H, PARK H J, KIM M K, KIM J J, KANG S K, LEE B C, HWANG W S. An approach for producing transgenic cloned cows by nuclear transfer of cells transfected with human alpha 1 - antitrypsin gene. Theriogenology, 2006, 65 (9): 1800 - 1812.

附录 3

遭遇诺奖惊喜[①]

屠呦呦研究员喜获诺奖当晚，有媒体主编与笔者认真讨论过相关选题与写作细节。这位复旦中文系高才生凭其专长，首先引经据典纠正了呦呦、坳坳、哟哟的发音与字义，令我佩服。眼前线上线下，新闻工作者瞬间遭遇措手不及。天上掉下个屠老太，其陌生程度达到连名字都频频出错，深度报道从何谈起？

“所以，我们的文章，必须将屠研究员经历的重大时间节点写明白，有实料”。主编铿锵有力的判断是有依据的，截至 10 月 5 日晚 7 点，网上搜索屠呦呦和青蒿（藁）素及其有关成就时，数据性细节十分贫乏。

或者说，此刻主编对媒体的作为，隐约嗅出滑铁卢气味。毕竟是中国籍自然科学家本土成果首获诺贝尔奖，本该翘首期盼零的突破，居然毫无事先预测和关注铺垫。比较起来，中国作家刚刚摘过诺奖，但娱记们照样不厌其烦地排名、热议近 10 名华裔被提名者的 2015 年结局。其实再愚笨的文科生也算得清楚，文学奖再次花落吾家的概率等于零。

次日晨，有关屠呦呦获奖的严肃报道和八卦搞笑版爆屏。科学史上打摆子、冷热病、金鸡纳、康熙大爷、奎宁抗疟的故事，以及过去几十年中常山抗疟、越战需求、523 项目，青蒿纯化、结晶分析、临床试验、人工合成、专利争夺、药企博弈等事无巨细的叙述、报道无遗。

---

① 本文编辑稿发表于 2015 年 10 月 11 日“文汇笔会”专栏。

2011年屠呦呦摘得拉斯克奖（Lasker），历届获奖者中有1/4继而荣获诺奖，这是明摆在台面上的大概率事件，理应成为督促科技主管部门、科学共同体、媒体从业人员和普世寻梦众生认真对待学术风向的国际指标。也就是说，历史曾经贴心地留出三四年时间，以便当局者做出技术性调整，避免首位中国籍自然学科诺奖者被烙上“三无”的尴尬标记。而如今满世界飘过的这个骇人标题，到底算调侃，还是抗议？

过去几年，海外华裔学者联名国际同行，每年提名屠呦呦为诺奖候选人，为正果终成，功不可没。本次诺奖的争取过程中无法回避海外学术共同体的集体推动作用，他们尽力在高分值SCI论文中引用屠呦呦贡献，留下学术印迹。传统植物药用成分的临床成功范例，包括麻黄素、紫杉醇、水杨酸、银杏叶等中医常用草药的现代制药，都依循青蒿素类似路径。

相反，国内有饶姓学者等大腕，2011年起发表看似公允的青蒿素回顾片断，但其叙事轻描淡写中国历史条件下，科学技术发展深受政治文化影响的史实要点。学界弥漫的科学主义迂腐书呆气，更多地将20世纪六七十年代军团作战式攻关项目中的技术摩擦，笼罩在不明学术真相的官员和大众面前，为屠呦呦等代表要角走上世界平添更多羁绊。另一位反中医方姓大V，一如既往地指责青蒿素抗疟与传统医学没有半毛钱关系。确实，屠呦呦获奖与国内学界正能量推荐，目前找不出正相关联系。

2006年，中科院上海药物所主编《青蒿素研究》，将我国学者历年所著804篇相关论文的摘要聚集成册，科研队伍之庞大，历史跨度之久远，唯中国特色所有，而且历史往往惊人的相似。从1957年“大跃进”开始到1960年代“文化大革命”时期，北京、上海的大学和科研机构分分合合，最终合成人工胰岛素结晶。这项成就世界第一，当年举世找不出竞争者。为此，1973年11月16日，杨振宁教授从纽约大学石溪分校致函中科院，愿意向诺奖学术委员会提名担保，请求推荐候选人；但是千人攻关，诸侯各路，大革命时期只能以革命的名义谢绝最接近诺奖的召唤之旅。作为同门血脉的

1967年523项目之青蒿素成果，延至21世纪唯有同室较劲，覆辙重踏才算公正？

10年前韩国“首席科学家”黄禹锡教授，凭借动物克隆和人体干细胞克隆两项世界一流成果，有望成为问鼎诺奖的民族英雄。殊不知，西方学术界从指责黄禹锡研究数据的伦理瑕疵开始，直接挑战黄禹锡关键成果有弄虚作假嫌疑。其结果是，韩国学术界、新闻界和政界一夜间内部反水，黄禹锡从科学巨人变为阶下囚。两年后，尽管有学者开始认识到黄禹锡工作的价值（2014年国际生命科学界惊呼“黄禹锡又回来了!”），但是，时过境迁，西方学术共同体早已超越韩国克隆研究水准好几个台阶。韩国的诺奖之梦，断送在内讧之中。

千回百转群雄会，交椅终须豪杰坐。青蒿素乙醚萃取者屠呦呦斩获拉斯克奖的当年10月，《自然》医学版第17卷第10期发表屠呦呦文章。按惯例，中国学者在《科学》《自然》等世界顶级学术期刊发文，其所在单位一般会大张旗鼓宣传，邀请有关电视台作重大新闻播报，但国内学界与民众对此综述至今相当陌生。过去24小时里，这篇被遗忘的旧文中，开始被频繁引用的段落是：

> 我们翻阅了大量的文献。唯一一篇关于使用青蒿减轻疟疾症状的文献出自于葛洪的《肘后备急方》。文中提到：“青蒿一握，以水二升渍，绞取汁，尽服之。”这句话给了我灵感。我们传统的提取方法里的加热步骤可能会破坏药物的活性成分。在较低的温度中提取可能有助于保持抗疟活性。果然，在使用较低温提取方法之后，提取物的活性得到了大幅提升。

于是，支持青蒿素抗疟源自中医中药者，据此作为原始凭证。而质疑者亦据此反驳，《黄帝内经》思想和经典五行学说与现代植物化学毫无瓜葛，青蒿素乙醚纯化路径与中药炮制、复方配伍等基本原则没有关联。

放眼屠呦呦纯化青蒿素抗疟的文化背景，道教医学文献中的传统知识经验，无疑是其成功领得半步先的史料机缘。从这点出发，李克强总理致信国家中医药管理局，祝贺该局下属单位员工喜获诺奖，并将之归功于同心协力管理、投资传统医药是合理的。

仔细分析，21 世纪以来的生理和医学诺贝尔奖，阳春白雪的分子医学内容覆盖主流，不涉及基因调控、细胞克隆、蛋白信息和免疫机制的生命科学项目，恐怕连获得提名的机会都相当渺茫。在某些研究群体中，上述高大上理论技术，垄断着学术标准话语，甚至奉为争奖的宗教和行动的主义。

2015 年的诺贝尔生理和医学奖评委会一反常态，极具新意。他们回归传统学术的人性本意，立足医学研究的疾病关怀，将常见并且高发的传染病防治，以及研究工作在受害人群中的获益实效作为授奖依据。屠呦呦与另外两位分享殊荣的科学家主要成就便是明证。

这样看来，科研战略思想要及时调整，未来学术路径中类似屠呦呦的传统技术手段获得青睐，不会再是意外惊喜。世界主流科学的追求，正在突破科学主义怪圈，逐步接纳传统文化、自然经验中的科学成分，即所谓的地方性知识。

汉医、蒙医、藏医、巫医，五千年华夏文化熔炉中至今尚未泯灭的传统医学遗存，浓缩着越来越有价值的研究线索。在有人看好前卫技术、有人重视传统关爱的科学研究探索路径中，“文汇笔会”不久前的讨论主题很具前瞻性，很有品位：“你关心人性，我关心生存。”社会面临抉择。

2015 年 10 月 10 日于沪上

附录 4

知耻后勇乃学术底色[①]

又到开学季，笑看校座秀。今年，河北科技大学校长的出场，比雄踞北京、上海的著名校座更吸引眼球。孙校寄语同学：一是以初心为舵，砥砺前行，“逆水行舟，不进则退”；二是以求知为帆，勇于探索；三是以实践为桨，知行合一。

校座引以为豪的“特色立校、和谐发展”办学方针包括：拥有丰富而优质的教育科研资源，拥有一批在教学上认真负责、在科研上勇于创新的教师队伍，特别是一批像韩春雨一样的年轻老师。

焦点正是韩老师！校长承诺，“个性化教育模式”的实施，能够帮助同学们挖掘个性潜能，获得更广阔的发展空间；各类开放的实验室，让同学们有机会接触学科前沿，在知识的海洋中尽情成长。此般愿景不一而足，为师者当身体力行。

问题是，如何实现地方性二流大学的“个性化教育模式”，并有效“接触学科前沿”，跻身国家“双一流”大学座次？河北科大似有神助，先摸到韩春雨发出的独创性基因编辑技术新牌，又巧遇教育部取消“985 工程”“211 工程”等高校洗牌新局面，新台面上新筹码，自然轻易不松手。“逆水行舟，不进则退”，千载难逢，遭遇契机。

事实上，有关韩氏发表的基因编辑技术及其文本，这块正被校方频频用以叩拜行政当局的敲门砖，不仅国内学术界存有疑问，国

---

① 本文为微信公众号《赛先生》约稿。

际学术界质疑声音更大。几个月来，论文首席韩教授对付质疑的姿态，以及河北科大的官方言行飘忽不定，目前索性采取不予理睬状。装聋作哑的做派，比质疑 NgAgo 高效还是低效，有效还是无效，更值得剖析。

或许，对地方性大学而言，韩的实验结果是否经得起独立第三方科学验证，并非校方有能力掌控的重点。但当局者领会以时间换空间，以几页《自然·生物技术》方案换取 100 万元国家自然科学基金，1 958 万元财政支付设备订货，2.24 亿元“河北科大基因编辑技术研究中心”的发改委许可秘诀，一夜暴富、落袋为安是实实在在的红利。

相比之下，区区研究团队或者学者个人技术数据层面的真实性争议，仅仅是算计“特色立校、和谐发展”的布局工具。中国科学界在国际科学共同体的整体信誉可能受重创，在地方院校的利益天平上，远远比不上打时间差争“双一流”的晋级工程重要。其频频高调的“初心为舵，砥砺前行”，一下主席台立即背离“知行合一”的原则。

比较起来，就在距今不远的 2014 年 1 月，生命科学研究共同体内的轰动事件有关日本理化研究所发育生物学中心的小保方晴子。她声称，调整培养基酸碱度可促使体细胞逆生长，转化成干细胞。

整个 2014 年期间，学术界反复质疑小保方晴子的实验无法复制，为此，理化研究所副所长兼小保方晴子导师笹井芳树教授承担了领导责任，他认为项目被质疑本身已经抵达“有耻”的层面，进而悬梁自尽。这位曾经誉满学界的发育生物学家对其学生的最后寄语是：“一定要将实验重复出来啊！”

近年来，被资本和虚名纠缠不休的 21 世纪学术江湖，居然遗存以死自证清白的东方志士，倒是让西方学术共同体始料不及。以师道自律的科学敬畏和献身行为，胜过河北孙校座夸夸其谈的寄语和承诺，令吾辈学人肃然起敬。相隔了一泓海峡，诸多校座、师长、学人，为净化学术空间，到底继承和实践了多少道义精神？

同样是 2014 年，中国生物学界的大事是：与笹井芳树同龄的北京农业大学动物克隆专家李宁院士涉嫌贪污几千万科研经费，为自家公司牟利。基于这条诚信丑闻，即使大腕们频许宏愿，为何世界学术共同体对国产成果还是越来越怀疑，便不难理解了。就此，把中国学界视作钱包富裕而敬畏贫瘠的学术江湖也许夸张了，但其中暴露的低级趣味，不断污染的学术空间，确是事实。

这些年，笔者致力于将东西方两大学术共同体的纷争置于放大镜下分析，并探究其中的科学政治交锋，探索生命技术领域的可能性路径。这样的问学身段，既入世又超脱。在科学政治框架下，有意选择境外事件作为启动窗口，好比“他山之石，可以攻玉”。对科学数据的质疑，是科学研究的理性过程，甚至利益交锋，真才实学当直面。

2014 年 1 月 23 日，《自然》发表大卫·科伦斯基（David Cyranosky）的《克隆再来》（*Cloning Comeback*）一文，重点分析距今 10 年前发生的黄禹锡不公正遭遇事件，对这件科学史上的大事件作了相对客观的总结，且与我数年前的研究报告不谋而合[①]。

与韩春雨实验数据的“暂时不易重复”，小保方晴子实验数据的“至今未予重复”以及李宁院士实验数据“得以重复，但挪入私库”不同，2005 年发生的韩国黄禹锡事件，先被西方学术共同体的伦理挑战点燃烽火，随即韩国政府与首尔大学基于政治考量，迅速抛弃黄禹锡。腹背受压的黄禹锡最终深潜民间研究机构，卧薪尝胆。

鉴于大众媒体对此后发生的苦孩子发奋套路兴趣乏乏，黄禹锡至今被笼罩在“造假者”魔影之下。故此，笔者以为本文该留数百字，以展示黄禹锡劫后余生概况。

2007 年，黄禹锡被认定“造假”500 天后，哈佛大学乔治·达

---

① 方益昉，江晓原. 当代东西方科学技术交流中的权益利害与话语争夺——黄禹锡事件的后续发展与定性研究 [J]. 上海交通大学学报（哲学社会科学版). 2011，19（2).《新华文摘》2011 年第 13 期作为封面文章全文转载。

利（George Daley）教授的研究团队，通过逐一复核黄氏干细胞株，确认其实验结果含有克隆特征①。又过了 100 天，体细胞克隆猴胚胎出笼②，“基因鸡尾酒”诱导的非胚胎干细胞，即诱导型多功能性干细胞（iPS 细胞）技术上桌③。

在转折性的 2007 年，有关生命本质的突破性成果全部超越了传统意义上的生殖克隆范畴，被美国和日本科学家尽收囊中。当年，斯坦福大学人类胚胎干细胞研究与教育中心主任瑞妮·R. 培勒教授（Renee R. Pera）所言，基本代表了科学同行的判断，“黄禹锡事件”大大影响了细胞核转移研究。如果黄禹锡当时认识到并宣布这是一项特殊的孤雌繁殖，他的工作成果将遥遥领先世界同行，使之成为真正的科学大师。

事实也正是如此，经历了 2005 年灭顶之灾的黄禹锡，此后几年继续发表大量学术论文。2008 年通过脂肪细胞核成功克隆 17 头面临绝迹的中国藏獒。2011 年，黄禹锡成功获得 8 只异种克隆的北美郊狼。2012 年，山中伸弥（Shinya Yamanaka）因 iPS 细胞分享诺奖，绕不开黄禹锡孤雌繁殖的先驱思路和相关脉络。

总之，2005 年以后，各国科研工作者在干细胞克隆研究领域，基本上采用了孤雌繁殖的整体思路和伦理原则，逐步告别了与性别和胚胎有关的传统研究路径，其战略意义在于避免生殖伦理羁绊。黄禹锡曾经获得并且发表的学术数据瑕不掩瑜，功不可没。

值得重申的是，遭遇伦理质疑和科研滑铁卢的黄禹锡团队，事后不再具有利用国库经费开展研究工作的资格；而且，即使为黄禹锡打抱不平的韩国各界人士，也必须遵纪守法，不得打着政治正确

---

① Kim K, Ng K, Rugg-Gunn PJ, Shieh JH, Kirak O, Jaenisch R, Wakayama T, Moore MA, Pedersen RA, Daley GQ. “Recombination signatures distinguish embryonic stem cells derived by parthenogenesis and somatic cell nuclear transfer” [J]. Cell Stem Cell, 2007, 1 (3): 346 - 352.

② Byrne JA, Pedersen DA, Clepper LL, Nelson M, Sanger WG, Gokhale S, Wolf DP, Mitalipov SM. “Producing primate embryonic stem cells by somatic cell nuclear transfer” [J]. Nature, 2007, 450 (7169): 497 - 502.

③ Takahashi K, Okita K, Nakagawa M, Yamanaka S. “Induction of pluripotent stem cells from fibroblast cultures” [J]. Nat Protoc, 2007, 2 (12): 3081 - 3089.

的旗号，利用职权想方设法为其套取国家资助。

现在看来，在质疑风暴中逆水行舟，为韩博士套上各种光环，把韩春雨从“试管”推向“事件”的，不光其自身，还有加紧蚕食韩记的饕餮们。纳税人自然好看韩博士像黄博士一般浴火重生，喜看土屋孵出土生土长的金凤凰。但是，默不作声装深沉，恐怕会害死大批人看好韩博士的同仁，包括曾为韩发声的仇子龙教授，我的校友。

现代生物细胞技术，不仅要求几何级的无污染实验环境，更需要空气水土净化的人文环境。也就是说，实验数据出岔并不惊奇，或订正，或抛弃；而蹲守实验室外勾兑学术红利的驻地狼，恐怕才是科研园地里捧杀、追杀学术新人的真元凶。

2016年9月12日

参考文献 | References

[1] 方益昉，江晓原．当代东西方科学技术交流中的权益利害与话语争夺——黄禹锡事件的后续发展与定性研究 [J]．上海交通大学学报（哲学社会科学版），2011，19（2）．

[2] 史蒂芬·科尔．科学的制造——在自然界与社会之间 [M]．林建成，等，译．上海：上海人民出版社，2001．

[3] 柯文．在中国发现历史——中国中心观在美国的兴起 [M]．北京：中华书局，1989．

[4] 约瑟夫·劳斯．知识与权力——走向科学的政治哲学 [M]．盛晓明，等，译．北京：北京大学出版社，2004．

[5] 林尚立．科学的政治学与政治学的科学化 [J]．政治学研究，1998（1）．

[6] 孙立平．社会失序是当下的严峻挑战 [N]．经济观察报，2011-02-28．

[7] 孙立平．守卫底线 [M]．北京：社会科学文献出版社，2007．

[8] 巴伯．科学与社会秩序 [M]．顾昕，等，译．上海：三联书店，1991．

[9] 韩来平．贝尔纳科学政治学思想研究 [D]．太原：山西大学，2007．

[10] 贝尔纳．科学的社会功能 [M]．陈体芳，译．桂林：广西师范大学出版社，2003．

[11] 恩道尔．粮食危机 [M]．赵刚，等，译．北京：知识产权出版社，2008．

[12] 北京大学中国与世界研究中心．“曲棍球杆曲线”丑闻、气候泡沫与气候政治的未来 [R]．北京：北京大学中国与世界研究中心，2010．

[13] 肯尼斯·费德．骗局、神话和奥秘——考古学众中的科学与伪科学 [M]．陈淳，译．上海：复旦大学出版社，2010．

[14] 王骏．科学骗局的“集体制造”——“黄禹锡事件”的另类解读 [J]．科学文化评论，2006，3（2）．

[15] 史蒂芬·科尔．科学的制造——在自然界与社会之间 [M]．林建成，等，译．上海：上海人民出版社，2001．

[16] 熊卫民．辉煌瞬间：解密人工合成胰岛素 [N]．中国青年报，2005-11-24．

[17] 袁凤山，张坤，杨立新，王大会，尤春暖．人胰岛素原基因胰外表达重组体的构建及鉴定 [J]．中国医科大学学报，2004，33（4）．

[18] 中共中央文献研究室．毛泽东书信选集 [M]．北京：人民出版社，1983．

[19] 张锡金．拔白旗——大跃进岁月里的知识分子 [M]．香港：时代国际出版有限公司，2010．

[20] 冯永康. 中国遗传学大事记 [J]. 中国科技史料，2000，21 (2).

[21] 威廉·B. 布鲁尔. 盟军首脑决策内幕解密 [M]. 王献志，等，译. 长沙：湖南人民出版社，2005.

[22] Stengel R. Inside the Red Border [J]. Time，June 28，2010：4.

[23] 冯崇义. 罗素与中国——西方思想在中国的一次经历 [M]. 上海：三联书店，1994.

[24] 岩佐茂. 环境的思想 [M]. 北京：中央编译出版社，1997.

[25] 乔新生. 国家主义的历史终结 [EB/OL]. http：//new. 21ccom. net/articles/zgyj/ggzhc/article _ 2010080114593. html

[26] 何季民. 中国科学家在 1958 [N]. 中华读书报，2008 - 11 - 26.

[27] Kim K，Ng K，Rugg-Gunn P J，Shieh J H，Kirak O，Jaenisch R，Wakayama T，Moore M A，Pedersen R A，Daley G Q. Recombination Signatures Distinguish Embryonic Stem Cells Derived by Parthenogenesis and Somatic Cell Nuclear Transfer [J]. Cell Stem Cell，2007，1 (3).

[28] BYRNE J A，PEDERSEN D A，CLEPPER L L，NELSON M，SANGER W G，GOKHALE S，WOLF D P，MITALIPOV S M. Producing Primate Embryonic Stem Cells by Somatic Cell Nuclear Transfer [J]. Nature，2007，450 (7169).

[29] TAKAHASHI K，OKITA K，NAKAGAWA M，YAMANAKA S. Induction of Pluripotent Stem Cells from Fibroblast Cultures [J]. Nat Protoc. 2007，2 (12).

[30] Kenji Kitajima，et al：In Vitro Generation of HSC-like Cells from Murine ESCs/iPSCs by Enforced Expression of LIM-homeobox Transcription Factor *Lhx2*. Blood 2011 117：3748 - 3758；doi：10. 1182/blood-2010-07-298596 http：//www. bloodjournal. org/content/117/14/3748? sso-checked=true

[31] 有关干细胞治疗疾病的夸大宣传，以关键词“中华干细胞”检索：http：//www. gxbcn. com/zf/20110323 _ 1788. html

[32] Gibson D G，Glass J I，Lartigue C，et al. Creation of a Bacterial Cell Controlled by a Chemically Synthesized Genome [J]. Science，2010，329 (5987).

[33] VENTER J C. Genome-sequencing Anniversary. The Human Genome at 10：Successes and Challenges [J]. Science，2011，331 (6017).

[34] 孙明伟，李寅，高福. 从人类基因组到人造生命：克雷格·文特尔领路生命科学 [J]. 生物工程学报，2010，26 (6).

[35] 蒲慕明. 立足本土规划科研生涯 [J]. 科学，2011 (1).

[36] 方益昉. 转基因水稻：科学伦理的底线在哪里？[N]. 东方早报，2010 - 03 - 21.

[37] Lin Zhang，et al. Exogenous Plant MIR168a Specifically Targets Mammalian LDLRAP1：Evidence of Cross-kingdom Regulation by MicroRNA [J]. Cell Research，advance online publication. 20 September 2011. http：//www. nature. com/cr/journal/vaop/ncurrent/full/cr2011158a. html

[38] 关增建. 通识教育有什么用 [N] 新闻晨报，2009 - 06 - 14
[39] 董进泉. 黑暗与愚昧的守护神——宗教审判所 [M]. 杭州：浙江人民出版社，1988.
[40] 格雷格·迈尔斯. 书写生物学——科学知识的社会建构文本 [M]. 孙雍君，等，译. 南昌：江西教育出版社，1999.
[41] 尼耳斯·布莱依耳. 和谐与统一——尼耳斯·玻尔的一生 [M]. 龙苹，译. 上海：东方出版中心，1998.
[42] S. E. 卢瑞亚. 老虎机与破试管 [M]. 房树生，译. 上海：三联书店，1997.
[43] 盛俊义. 大字报选（第一集）[M]. 上海：上海文化出版社，1958.
[44] 余凤高. 瘟疫的文化史 [M]. 北京：新星出版社，2005.
[45] 温淑萍. 麻疹疫苗风波：儿童会否产生免疫性疾病无法得出结论 [N]. 经济观察报，2010 - 09 - 10.
[46] 李锐. 大跃进亲历记 [M]. 上海：上海远东出版社，1996.
[47] 许未来. 恩道尔："粮食危机"背后的政治 [N]. 21 世纪经济报道，2008 - 11 - 22.
[48] 张启发简历 [EB/OL]. http：//www. baike. com/wiki/%E5%BC%A0%E5%90%AF%E5%8F%91&prd=so _ auto _ doc _ list
[49] 范云六简历 [EB/OL]. http：//www. hudong. com/wiki/%E8%8C%83%E4%BA%91%E5%85%AD
[50] Shuqun Fang. Genetic Engineering—Helping Hunger [C] //Acta of Sino-American Biomedical Frontier，2006（1）：55 - 62.
[51] 岩佐茂. 环境的思想 [M]. 北京：中央编译出版社，1997.
[52] 方益昉，江晓原. 通天免酒祭神忙——《夏小正》思想年代新探 [J]. 上海交通大学学报（哲学社会科学版），2009，17（5）.
[53] C-SPAN 电视频道. http：//www. c-spanvideo. org/program/294437-1
[54] 蒲慕明. 谁在纵容中国的科研不端 [N]. 科学新闻，2011 - 03 - 07.
[55] 潘能伯格. 人是什么——从神学看当代人类学 [M]. 李秋零，等，译. 上海：上海三联书店，1997.
[56] 韩硕熙. 黄禹锡事件带来的不安和希望 [N]. 文汇报，2006 - 01 - 11.
[57] 新华网. 韩国克隆技术突破：既敢提目标又狠抓落实"EB/OL". http：//www. most. gov. cn/ztzl/jqzzcx/zzcxcxzzo/zzcxcxzz/zzcxgwcxzz/200508/t20050809 _ 23765. htm
[58] 巴里·E. 齐然尔曼，戴维·J. 齐然尔曼. 在岩石上漂浮 [M]. 张树昆，等，译. 南京：江苏人民出版社，1998.
[59] 农业部信息中心 [EB/OL]. http：//www. stee. agri. gov. cn/biosafety/gljg/t20051107 _ 488652. htm
[60] 国务院关于第五批取消和下放管理层级行政审批项目的决定 [EB/OL]. http：//www. gov. cn/zwgk/2010-07/09/content _ 1650088. htm
[61] 玄奘. 大唐西域记 [M]. 桂林：广西师范大学出版社，2007.
[62] 卫生部. 控烟与未来——中外专家中国烟草使用与烟草控制联合评估报告 [R]. 2010 - 01 - 06.

[63] 田鹏. 控烟失效症结 [N]. 经济观察报，2011-01-08.
[64] 张陵洋. 海普瑞限售股解禁机构谁都怕抬轿 [N]. 北京商报，2010-08-06.
[65] 国家发改委和商务部. 外商投资产业指导目录 [EB/OL]. http://www.ndrc.gov.cn/zcfb/zcfbl/2007ling/t20071107_171058.htm
[66] 韩长赋. 问答神州 [EB/OL]. http://news.ifeng.com/mainland/detail_2011_03/20/5253966_0.shtml
[67] Pohl M E D, et al. Microfossil Evidence for Pre-Columbian Maize Dispersals in the Neotropics from San Andrés, Tabasco, Mexico PNAS 2007, 104 (16): 6870-6875; published ahead of print April 10, 2007, doi: 10.1073/pnas.0701425104
[68] 迈克尔·波伦. 植物的欲望 植物眼中的世界 [M]. 王毅，译. 上海：上海世纪出版集团，2005.
[69] 索飒. 全球化进程中的拉丁美洲传统作物（土豆篇）[EB/OL]. http://www.wyzxwk.com/Article/guoji/2009/09/51307.html
[70] 王保宁，曹树基. 清至民国山东东部玉米、番薯的分布——兼论新进作物与原作物的竞争 [J]. 中国历史地理论丛，2009，24 (4): 37-61.
[71] 彭慕兰，史蒂夫. 贸易打造的世界——社会、文化、世界经济，从1400年到现在 [M]. 台北：如果出版社，2007.
[72] 蕾切尔·卡逊. 寂静的春天 [M]. 李长声，等，译. 长春：吉林人民出版社，1997.
[73] 和静钧. 从地震报道看日本传媒的操守 [N]. 新京报，2011-03-14.
[74] 生物安全听证会视频 [EB/OL]. http://www.c-spanvideo.org/program/294437-1
[75] 鲍文娟，童宣，钟伟梅. 8毛钱治好10万元病，患儿出院父亲向医院道歉 [N]. 广州日报，2011-10-29.
[76] 钱钢. 中国传媒与政治改革 [M]. 香港：天地图书有限公司，2008.
[77] 方益昉. 吃，还是不吃? [N]. 文汇读书周报，2008-11-07.
[78] CCTV健康栏目. 健康吃出来 [M]. 上海：上海科技教育出版社，2008.
[79] 周世荣. 马王堆导引术：却谷食气 [M]. 长沙：岳麓书社，2005.
[80] [战国] 庄周，庄子：在宥 [M]. 长沙：岳麓书社，2011.
[81] 吴鹏. 甘肃卫生厅长谈推广“猪蹄食疗”，称与张悟本不同 [N]. 新京报，2011-11-01.
[82] 李零. 中国方术考（修订本）[M]. 上海：东方出版社，2001.
[83] 李零. 中国方术续考 [M]. 中华书局，2006.
[84] 李零. 花间一壶酒 [M]. 北京：同心出版社，2005
[85] 厄尔文·雷恩，等. 制造名人——创造并推销你的知名度 [M]. 王栎，等，译. 北京：新华出版社，2000.
[86] F. 贝尔，等. 技术帝国 [M]. 刘莉，译. 上海：三联书店，1999.
[87] 凯文·渥维克. 机器的征途 [M]. 李碧，等，译. 呼和浩特：内蒙古人民出版社，1998.
[88] 江晓原，刘兵. 科学文化与流行文化 [N]. 文汇读书周报，2002-10-

04.
[89] 王道还. 无情荒地有情天 [J]. 读书，2007 (7).
[90] [战国] 庄周. 庄子：养生主 [M]. 长沙：岳麓书社，2011.
[91] 吴岩. 西方科幻小说发展的四个阶段 [J]. 名作欣赏，1991 (2).
[92] 亚里士多德. 尼各马科伦理学 [M]. 北京：中国人民大学出版社，2003.
[93] 卫生部 2010 年十二项医药工作 [EB/OL]. http://health.people.com.cn/GB/10709973.html
[94] 《纽约时报》专题回顾美国医疗改革历程 [EB/OL]. http://topics.nytimes.com/top/news/health/diseasesconditionsandhealthtopics/health_insurance_and_managed_care/health_care_reform/index.html
[95] 米歇尔·福柯. 不正常的人 [M]. 钱翰，译. 上海：上海人民出版社，2003.

跋

重归思想的放逐——个性化体验下的科学政治学

本书主体成稿于三年前，现在修订出版，自以为更加结实了。因为三年来不断出现的新素材和新观点，可以作为本书旁证。也就是说，即使本书资料偏旧了一些，但基于研究思路是生命科学史，而非前沿技术探讨，所以对以往的相关研究，反倒更自信了。

2016 年 1 月，江晓原教授与我合著的《科学中的政治》，已由商务印书馆出版，书中收集了相关的延续研究。所以，将本书以原始面貌出版是明智的，前后工作有案可查，供方家评阅。对读书人而言，也算好事成双罢。

我成长于素有书香的大家族。从我任职上海交通大学算起，前后共积累了 20 多年的生物医学尖端科研经历，故自以为上对得起祖宗，下对得起自己，好歹没有辱没门庭。比如，截至 2012 年，我的主要生命科学研究论文获得了全球同行 300 多次的他引成绩。按照目前体制内设立的学术评价标准，我的科研成果已属难得。按照传统的学术范例，建立这样的研究基础后，我本应自我激励，继续在纯科学研究的路径上蜿蜒前行，就此走完人生而不悔。但是，从 2007 年起，我毅然加盟科学史与科学文化研究，特别醉心于科学政治学的探索。本人出格的学术换栏动作，招徕不少侧目，细究渊源，一言难尽，但下述视角，自忖有必要与同仁分享。

2011 年是标志型的年份，理应有场纪念仁人志士照搬西式政治体制、建立共和国体的百年盛典，并就此作为海内外再次深刻反省中国社会政治变革的契机。考察 1900 年前后半个世纪的百年历史，华夏故国一方面饱受西方坚船利炮的攻击，同时也面临着西方社会科学技术和民主制度等先进思潮的冲击。也就是说，洋务运动以来的“中体西用”之辩，或者五四时期提出的“科学”与“民主”两个关键词，在中国社会的实际变迁中，一直成为各方利益冲突纠纷中的平衡砝码，只要在现实政治中对己有利，不惜随时抑此扬彼，科学与民主这对一卵双生的现代产物，远未获得纯洁生命健康成长所需的公正待遇。其发育结果是：出生、成长、奋斗在这个时期的一代华夏科技先驱，纵有百般抱负，绝大部分科学救国的理想，最终落空于迟迟难以兑现的民主制度建设的权争之中。科技先驱丁文江等人提出并实践的“好人政府”就是这段悲剧往事的最早先例。从此以来，悠悠岁月，无情流逝。

近年来，不少国内学者包括华裔学者，在学术层面启动了发掘有关科技历史人物的中国留学生史研究，使得幼童留美、庚款留美等留学生历史，逐步有了宏观的现代叙述；但这段特定的“公派留学”历史，相对于同期民间自发的规模性海外留学谋生事件，毕竟总量有限，规模不大，后者或许才是推动中国近代历史变迁的决定性事件，其影响之深入超乎预期。比如，本人祖籍浙闽交界沿海小镇，在与我外祖父年龄相仿的家族中人，先后就有 6 位男女前辈，几乎同时自费赴日留学，其潮流之猛完全不输 21 世纪当下的出国规模。但是，即便这桩家族性的就学往事，对我这样一个怀旧成癖的学人，也只是历尽探寻家族磨难的曲折之后才意外发现其历史真相，感受其社会意义。在上一代人的生存环境中，祖辈和父辈们显然刻意自我清除家族记忆，回避与淡忘这段具有社会推动作用的个性化细节。

到了 20 世纪 80 年代中期，正值我大学毕业准备继续研究生学业的那段夏季，祖母审时度势，看中了我这个初长成人的长房长孙。她郑重其事地交代了一项任务：去政府上访，为祖父平反。照例说，这样一桩关系家族大事的任务，当由父辈承担。可怜这些自懂事起就被视为另类的“红旗下的蛋”，早被政治气候与生存环境吓破了胆，破壳偷生已属不易，哪里还有评理翻案的胆识？祖母虽是家庭妇女，民国初年却上过高小，即类似当今初中的培训，家乡著名的九峰书院助她小脚放开。从年轻时代起，她追随丈夫走南闯北，襄助军营、官府，见识自然胜人一筹，仅其生育 11 个子女均健康生存一项，即见其不同于普通家庭妇女。此刻，我这个尚不识世事深浅的大学生上阵了，那段被刻意回避和掩盖了 30 年的家族历史，在我眼前逐次展开，其细节居然比小说、电影还要丰富精彩。当我将申述状递交上海某法院的时候，我明显地感觉到，自己全国名牌大学毕业生身份帮我增添了不少印象分。这份出自科技新人的上诉文字，在 20 世纪 80 年代，获得相对重视。当然，我将费尽心思从中国内地以及香港和台湾地区亲朋好友处收集来的证据精心排列，辅以明白有力的逻辑表述，于情于理，都为殒命铁窗而从未谋面的祖父，尽到了血脉后裔最后的本分责任。申冤走访的过程，比预计要顺利得多，处于收拾“文化大革命”残局历史阶段的法院，也相对清明。最后，官方以中国式的运筹技巧结案，即淡化原判，不搞牵连，恢复直系亲属所有权益。为此，民国初年获得西式启蒙教育的祖母，以其眼光、魄力和坚韧，告慰丈夫于九泉，自己也得以安度晚年、高寿西去，而我则顺势成为数十位家族父辈眼中，改变他们下半截人生环境的小卒勇士。

于是，事情一发而不可收。家族长辈们聚会期间，口耳相传的故事中，外祖父的形象越来越生动起来。我幼年时，母亲作为外祖父留在大陆的唯一幼女，暑假必要回浙江故里省亲，我也得以拜见他老人家几回。在我朦胧记忆中，外祖父就像懂事后接触到的清代黑白影像中长须威严的老者，丝毫没有留给幼童任何亲近的感觉。外祖父毕业于清末杭州的国立民办两级师范工程优级科，与周树人、沈钧儒等名流，历经师生和同事交集。当时的浙江青年，引领时尚风气，纷纷赴日留学，吸收新鲜知识。所以，外祖父的求学经历中又增加了在日本明治大学深造法学的内容，并且直接介入了同盟会、辛亥革命、地方立宪、军阀纷争等重大历史事件。这些往往与伟人相连的历史，一夜之间进入我的个人生活，有些难以辨别真伪。1987 年，我利用为绍兴县提供生物技术服务的机会，设法进入了当时还属保密单位的县档案机构，在那里果真查到了外祖父于民国初年就任会稽县县令的原始记录，并且认真阅读了他利用自身掌握的当时并不多见的工程技术，带领民众治理县域北部，加强杭州湾水域防洪堤坝的规划与重建工程。这个区域接近2013年贯通的嘉绍大桥，可见其技术判断之合理。这样开明的绅士业绩，冲击了我从小被灌输的县太爷腐朽烙印，即便不计工程实效，就以他当时掌握的工程技术和法政知识，废除将童男童女抛掷江海以慰龙王的陈规陋习，外祖父老爷也算是留下了值得记载、纪念的县治政绩。一旦通过原始的第三者资料证实了外祖父的学识与政绩传说，我对他的亲近感立即跨越了时空的屏障。此时，他早已驾鹤西去20载。重要的是，外祖父的故事直接消除了我辈从记事起，就被不断灌输的前朝遗老遗少的猥琐烙印。我开始采信往往带有自诩性质的家族故事，这些前辈们一样经历过年轻气盛、富有理想朝气的阶段，他们为家乡和国家奔波，视机奉献满腹经纶，特别是那个年头刚刚学到的粗浅和时髦的西学见识。外祖父历任浙江省咨议厅议员、浙东数个县令职位，以及交通运输等具有相当技术性质的“厅局级”职位。在我曾叔公辅助浙江老乡蒋介石，派赴河南代主政事期间，外祖父也作为同乡俊才，应邀出任员工上万，规模宏大的洛阳兵工厂上校工程科科长。抗战初期，随着日寇轰炸机毁灭了中国最先进的抗日军械基地，老人百念俱灰，卸甲故里，外游羽山，内修丹田。

自绍兴城斜桥下沿硝皮弄陈氏姑娘与我连理喜结，她家祖父安详长寿、起居有序的生活态度引起我的关注。但直到我从毛脚荣升东床20年后，这位出身绍兴旧城的青年俊杰，只身北赴天津，跟随我国铁路事业开拓者詹天佑前辈学习和管理铁路运行的不凡人生，才被岳丈淡然确认。中国留美第一人容闳在其回忆录中曾以现代眼光这样记载绍兴城：“绍兴城内污秽，不适于卫生，与中国他处相仿佛。城中河道，水黑如墨。以城处于山坳低湿之地，雨水咸潴蓄河内，能流入而不能泄出。故历年堆积，竟无法使之清除。总绍兴城之情形，殆不能名之为城，实含垢纳污之大沟渠，为一切微生物繁殖之地耳，故疟疾极多。”试想，这样一位来自与近代西方文明格格不入的衰旧城市、绍兴口音浓重的年轻学子，只身来到杭州获得启蒙，再赴天津加以深造，最后升任东北南满铁路某火车站站长的经历，是多么富有传奇色彩。他每天用日语指挥来往车辆，维护车站运营，协调人员交际，从未出过差迟。这是百年前一个历经现代科技文明洗礼的南方乡下精英，成功北漂的最早版本。他的个人魅力尤其表现在：当日寇强行入侵华北时，毅然放弃高薪铁碗，回归故里，终老一生，留下了一段现代科技教育下的成功人格范例。

可以说，家族里各位前辈，在科学技术与社会政治中跌宕起伏，影响着我的学术道路。或者正是家族基因使然，从2000年起，我决定逐步远离生物医学科研第一线，将临床服务、产业创新和行业投资，作为事业中的首次更换跑道。20世纪80年代末的交大校园里，流传着生动的现实写照："造火箭的"不如"卖茶鸡蛋的""学院出来的"不如"山上下来的"。说实话，我们这批刚刚踏上学术前沿的知识新人，哪里承受得了这样的轻视。当人到中年，学识、人脉、时机和资金初备，下海一试高低，绝对是热血男儿的不二选择。结果是，我成了自然竞争法则下及时浮出水面的一个基因产品。过去十几年中，更多的选择、更深的思考呈现在海滩上：到底是做一个纯粹的商人，还是逐渐回归思想者原位？怎样的抉择将对个人、家庭和社会更有平衡意义？本书就是我的答案。其实下海之初，我就将自己确定的未来计划好，婉转地告诉采访我的媒体，我愿做一家最挣钱的小公司，去拓宽理想中的大视野。

本书关注的科学政治研究和写作，是基于生命科学技术的角度逐步拓展的。但是，这种有关科学政治的研究视角和研究原则，应该也是可以在科学技术史的其他研究领域中重复尝试和反复验证的。上述思考与研究，始于2005年下半年爆发的韩国黄禹锡干细胞生物技术事件。为此，本书写作中以该事件为轴心，辅以中外科技界中的历史与当下案例，展开比较研究和平行分析。本书写作的基础和讨论重点，在于引进与比较有助论点实证的我国历史中和当下发生的生命科技相关案例，包括对照研究关键的海外生命科技相关案例。

从事学术研究需要的敏锐、激情和实干，恰是我的天赋与爱好。从青葱的大学岁月起，我就开始发表学术论文，其中包括当今学界极为推崇的CSCI封面之作；海外求学期间，我很快适应了过渡期，连续三年每年发表一篇高级别的SCI论文，于是迅速在医学院内获得晋升；下海创业迫使我中断学术研究，但再次涉足科学文化交叉研究阵地后，论文《当代东西方科学技术交流中的权益利害与话语争夺——黄禹锡事件的后续发展与定性研究》[①] 的发表，第一时间被《新华文摘》全文转载。在出乎意料的通顺的学术路径上，我时刻惦记着一路关爱、指导我的同行者。他们除了我的衣食父母和爱妻乖囡外，还包括复旦大学的梁友信教授，上海交通大学的朱章玉教授、林志新教授，他们与我旅美外籍导师们一样，尽力为我创造好的学术机会。复旦大学陈淳教授是贾兰坡院士的高足，也是我心存感念与愧疚的学者，当他知道我有心从事文史研究的时候，曾鼓励我跟随他从事远古人类生理发育与疾病考证。尽管我从学生时代起，就对该学术领域情有独钟，但一直心有旁骛，左右犹豫。最后，我拜席泽宗院士的高足——江晓原教授为自己科学史与科学文化专业的导师，我至今庆幸这个最后的抉择。祝福所有爱我的人们，我也爱你们！

2013年5月初稿于银湖

2016年7月修订于湾畔

① 该文提出的“生命科技畸化”概念，起源于生物学中诱导染色体质量和数量变化从而发生畸形和死亡的专用概念。在此，特指与外界影响因子有关的当下生命科技异化现象。